高等职业教育建筑设备类专业"互联网+"数字化创新教材

建筑电气施工技术

吕丽荣　方友村　主编

中国建筑工业出版社

图书在版编目（CIP）数据

建筑电气施工技术 / 吕丽荣，方友村主编. -- 北京：中国建筑工业出版社，2025.3. --（高等职业教育建筑设备类专业"互联网＋"数字化创新教材）. -- ISBN 978-7-112-30677-0

Ⅰ. TU85

中国国家版本馆 CIP 数据核字第 202566GM83 号

本教材依据国家最新颁布的电气安装工程施工验收规范、标准、安装图集，在校企合作与工程实践的基础上进行编写。全书采用基于工作过程的项目任务为载体，将理论知识与实践应用有机结合。共分为 9 大项目，分别为建筑电气工程施工基本知识、电气施工常用的材料及工器具、常用室内配线、常用低压电气设备的安装、照明器具的安装、室外配线工程、接地装置的安装、防雷装置的安装、建筑施工现场临时供配电。教材内容由浅入深，紧密结合实际，采用了较多的现场施工图片，便于读者理解和掌握，每个项目后面设置了实训项目和强化训练习题，以巩固所学知识，提高操作技能。

本教材内容结构合理，注重应用，实用性强，适合作为高职专科及职业（应用型）本科建筑电气类和建筑设备类专业以及相关专业的教材；也可作为从事建筑电气领域内相关施工技术人员、工程监理人员、运行维护等人员的岗位培训教材及参考用书。

为了便于本课程教学，作者自制免费课件资源，索取方式为：1. 邮箱：jckj@cabp.com.cn；2. 电话：（010）58337285；3. QQ 服务群：622178184。

责任编辑：司　汉
责任校对：姜小莲

高等职业教育建筑设备类专业"互联网＋"数字化创新教材

建筑电气施工技术

吕丽荣　方友村　主编

*

中国建筑工业出版社出版、发行（北京海淀三里河路 9 号）
各地新华书店、建筑书店经销
北京鸿文瀚海文化传媒有限公司制版
天津安泰印刷有限公司印刷

*

开本：787 毫米×1092 毫米 1/16　印张：16　字数：396 千字
2025 年 3 月第一版　　2025 年 3 月第一次印刷
定价：**48.00** 元（赠教师课件）
ISBN 978-7-112-30677-0
（43963）

版权所有　翻印必究
如有内容及印装质量问题，请与本社读者服务中心联系
电话：（010）58337283　　QQ：2885381756
（地址：北京海淀三里河路 9 号中国建筑工业出版社 604 室　邮政编码：100037）

本书编委会

主　编

吕丽荣　内蒙古建筑职业技术学院
方友村　广东建设职业技术学院

副主编

刘海智　内蒙古建筑职业技术学院
李　晋　青海建筑职业技术学院
高　歌　广东建设职业技术学院

参　编

姜　莉　内蒙古建筑职业技术学院
侯　冉　辽宁建筑职业学院
康兰兰　河南建筑职业技术学院
张显亮　黑龙江建筑职业技术学院
赵　伟　包钢集团设计研究院

主　审

林梦圆　北京电子科技职业学院

前 言

随着建筑行业的快速发展，建筑电气施工技术不断更新与提升，对于从事该领域的专业人才也提出了更高的要求。因此，为了满足行业需求和高校教育教学的实际需要，我们结合多年的实践经验和最新的研究成果，编写了这本《建筑电气施工技术》教材。本教材将新技术、新工艺、新规范纳入教学标准和教学内容，满足职业教育教学模式、具有"互联网＋"背景且适应"产教融合、校企合作"的需求，密切关注行业发展趋势和技术创新动态，及时将最新的技术和理念引入教材内容中，保证教材内容的时效性和前瞻性。

本教材在传授建筑电气施工技术专业知识的同时，巧妙地融入了思政元素，实现了专业技能培养与思政教育的有机结合。在教材内容的选择上，注重体现建筑电气施工技术的行业特点和发展趋势，通过思政案例，培养学生的职业担当和精益求精的工匠精神，帮助学生养成良好的职业习惯和安全意识，这种新形态教材不仅有助于提高学生的专业技能水平，也有助于培养他们的社会责任感和职业素养。

本教材教学资源丰富多样，满足多元化学习需求，为内蒙古自治区级职业教育在线精品课程（可在学银在线平台上搜"建筑电气施工技术"查看）配套教材，包括多媒体课件、微课、动画、实训指导手册等，这些资源方便了教师的课堂教学，也为学生提供了多元化的学习途径。

本教材旨在为学生提供全面、系统的建筑电气施工技术知识，同时注重理论与实践的结合，全书采用基于工作过程的项目任务为载体，将理论知识与实践应用有机结合。共分为9大项目，分别为建筑电气工程施工基本知识、电气施工常用的材料及工器具、常用室内配线、常用低压电气设备的安装、照明器具的安装、室外配线工程、接地装置的安装、防雷装置的安装、建筑施工现场临时供配电。本教材按照建筑电气施工技术的逻辑顺序进行编排，章节之间衔接紧密，便于学生理解和记忆，内容由浅入深，紧密结合实际，采用了较多的现场施工图片，便于读者理解和掌握。每个项目后面设置了实训项目和强化训练习题，以巩固所学知识，提高操作技能。

本教材由内蒙古建筑职业技术学院吕丽荣、广东建设职业技术学院方友村担任主编，内蒙古建筑职业技术学院刘海智、青海建筑职业技术学院李晋、广东建设职业技术学院高歌担任副主编，北京电子科技职业学院林梦圆担任主审。吕丽荣负责全书组织与统稿工作并编写项目2、项目3、项目5、任务8.2；方友村、高歌编写任务4.2~4.4；李晋编写任务1.3、1.4；刘海智编写项目6；内蒙古建筑职业技术学院姜莉编写项目7、任务8.1、8.3；辽宁建筑职业学院侯冉、黑龙江建筑职业技术学院张显亮编写项目9；河南建筑职业技术学院康兰兰编写任务4.1；企业工程师赵伟编写任务1.1、1.2并提供了大量的现场施工图及实践指导。

本教材在编写过程中参阅了大量的参考书籍和国家有关规范、标准和图集，并将成熟的内容加以引用。在此，对相关参考书籍的原作者们表示衷心的感谢。

目　录

项目1　建筑电气工程施工基本知识　1
- 任务1.1　建筑电气工程概述及施工特点　2
- 任务1.2　建筑电气工程施工依据　6
- 任务1.3　建筑电气工程施工标准与质量验收规定　8
- 任务1.4　建筑电气工程施工三大阶段　10
- 知识梳理与总结　16
- 习题　16

项目2　电气施工常用的材料及工器具　18
- 任务2.1　电气施工常用材料　19
- 任务2.2　电气施工常用工器具　26
- 知识梳理与总结　35
- 实训项目　36
- 习题　37

项目3　常用室内配线　38
- 任务3.1　配线方式及基本规定　39
- 任务3.2　线管配线　40
- 任务3.3　塑料护套线配线　58
- 任务3.4　线槽配线　60
- 任务3.5　封闭插接母线的安装　66
- 任务3.6　硬母线的安装　70
- 任务3.7　电缆桥架配线　75
- 任务3.8　电气竖井配线　79
- 任务3.9　导线的连接　82
- 知识梳理与总结　90
- 实训项目　91
- 习题　92

项目4　常用低压电气设备的安装　94
- 任务4.1　变压器的安装　95

任务 4.2　电动机的安装 ……………………………………………………… 102

任务 4.3　常用低压电器的安装 ……………………………………………… 108

任务 4.4　配电箱（柜、屏、盘）的安装 …………………………………… 117

知识梳理与总结 …………………………………………………………………… 129

实训项目 …………………………………………………………………………… 130

习题 ………………………………………………………………………………… 130

项目 5　照明器具的安装 …………………………………………………… 132

任务 5.1　电气照明基本知识 ………………………………………………… 133

任务 5.2　照明装置的安装 …………………………………………………… 139

任务 5.3　照明工程交接与验收 ……………………………………………… 157

知识梳理与总结 …………………………………………………………………… 158

实训项目 …………………………………………………………………………… 158

习题 ………………………………………………………………………………… 159

项目 6　室外配线工程 ……………………………………………………… 161

任务 6.1　架空线路安装 ……………………………………………………… 162

任务 6.2　电缆线路施工 ……………………………………………………… 170

知识梳理及总结 …………………………………………………………………… 182

习题 ………………………………………………………………………………… 183

项目 7　接地装置的安装 …………………………………………………… 184

任务 7.1　接地系统的构成与接地形式 ……………………………………… 185

任务 7.2　接地装置的安装 …………………………………………………… 191

任务 7.3　建筑物等电位连接 ………………………………………………… 202

任务 7.4　临时和特殊环境中电气装置的接地 ……………………………… 206

任务 7.5　接地装置的竣工验收 ……………………………………………… 212

知识梳理与总结 …………………………………………………………………… 213

实训项目 …………………………………………………………………………… 213

习题 ………………………………………………………………………………… 214

项目 8　防雷装置的安装 …………………………………………………… 216

任务 8.1　防雷装置的组成与防雷措施 ……………………………………… 217

任务 8.2　防雷装置的安装 …………………………………………………… 220

任务 8.3　防雷装置的竣工验收 ……………………………………………… 232

知识梳理与总结 …………………………………………………………………… 233

习题 ………………………………………………………………………………… 234

项目 9　建筑施工现场临时供配电 ·· 235

任务 9.1　施工现场临时供配电的基本要求 ·································· 236
任务 9.2　施工现场用电负荷计算及配电装置选择 ···························· 238
任务 9.3　施工现场安全用电管理与用电组织设计 ···························· 241
知识梳理与总结 ·· 243
习题 ·· 244

数字资源二维码索引 ·· 245
参考文献 ·· 247

项目1
建筑电气工程施工基本知识

Project 01

知识目标

1. 了解建筑电气施工的基本概念及内容;
2. 了解建筑电气施工的依据;
3. 熟悉施工验收规范及验收流程。

技能目标

1. 能熟练地识读施工图;
2. 能对工程项目进行质量验收。

素质目标

1. 培养学生能正确分析工程实践及实施对社会、环境、健康、法律及文化的影响;
2. 培育学生养成良好的职业道德和社会责任感。

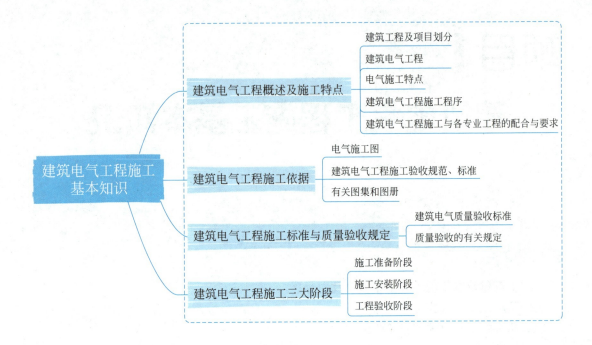

任务 1.1　建筑电气工程概述及施工特点

一、建筑工程及项目划分

建筑工程是通过对各类房屋建筑及其附属设施的建造和与其配套线路、管道、设备等的安装所形成的工程实体。

建筑工程是为新建、扩建或改建房屋建筑物和附属构筑物所进行的规划、勘察、设计、施工、竣工等各项技术工作，完成工程实体及与其配套的设备、管道、线路进行的安装工程。

建筑工程项目包括建设项目、单项工程、单位工程、分部工程和分项工程。建设项目组成结构如图 1.1 所示。

1. 建设项目

建设项目指具有一个设计任务书和总体设计，经济上实行独立核算，管理上具有独立组织形式的工程。例如一个工厂、一个住宅小区、一所学校等。一个建设项目往往由一个或几个单项工程组成。

2. 单项工程

单项工程是指在一个建设项目中具有独立的设计文件，建成后能够独立发挥生产能力或工程效益的工程。例如工厂中的生产车间、办公楼、住宅；学校中的教学楼、食堂、宿舍等。单项工程是工程建设项目的组成部分，应单独编制工程概预算。

3. 单位工程

单位工程是指具有独立设计，可以独立组织施工，但建成后一般不能进行生产或发挥

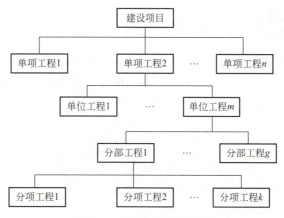

图1.1 建设项目组成结构

效益的工程。例如土建工程、安装工程等。

单位工程是单项工程的组成部分。建筑规模较大的单位工程，可将其能形成独立使用功能的部分作为一个子单位工程。

4. 分部工程

根据建筑部位及专业性质可将一个单位工程划分为几个部分。一般情况下，一个单位工程最多可分为地基与基础、主体结构、建筑装饰装修、建筑屋面、建筑给水排水与供暖、建筑电气、智能建筑、通风与空调及电梯九大分部工程。

当分部工程较大或较复杂时，可按材料种类、施工特点、施工顺序、专业系统和类别等划分成若干子分部工程。

5. 分项工程

通过较为简单的施工过程就可以生产出来，以适当的计量单位就可以进行工程量及其单价计算的建筑工程或安装工程称为分项工程。例如基础工程中的土方工程、钢筋工程等。

二、建筑电气工程

建筑电气工程是建筑工程的重要组成部分，根据建筑电气工程的功能，通常分为强电工程和弱电工程。其中，强电工程的处理对象是能源（电力），其特点是电压高、电流大、功率大、频率低。强电系统可以把电能引入建筑物，通过用电设备转换成光能、热能和机械能等。例如室外电气工程、变配电工程、供电干线工程、电气动力工程、电气照明安装工程、备用和不间断电源安装工程、防雷接地安装工程等。

建筑电气安装工程是依据设计与生产工艺的要求，依照施工平面图、规程规范、设计文件、施工标准图集等技术文件的具体规定，按特定的线路保护和敷设方式将电能合理分配输送至已安装就绪的用电设备及用电器具上，满足建筑物预期的使用功能和安全要求，也能满足使用建筑物的人的安全需要。其安装质量必须符合设计要求，符合施工及验收规范，符合施工质量检验评定标准。

电气工程安装的基本原则是用最少的消耗、最短的施工周期、最简便的施工手段和施工方法创造出最佳的产品。为适应建筑市场的需要，不断学习、应用新技术、新标准、新工艺、新材料，提高操作技能。

三、电气施工特点

建筑电气安装工程对象种类繁多，涉及范围广，实践性强，技术复杂且质量要求高。除一般照明工程、车间动力工程、变配电工程、电缆工程外，还有多层建筑及高层建筑中的弱电安装工程，以及这些工程的检测和调试工作等。与其他行业相比，建筑电气工程有其独特的特点。其主要特点如下：

1. 施工作业空间范围广，施工周期长，原材料品种多；
2. 立体交叉作业多、手工作业多，工序复杂；
3. 高处作业多、地下作业多；
4. 工程质量直接影响生产运行及人身安全。

有些电气设备安装工程是高空作业，这就要求从事该项工作的人员既要有一定的理论知识，又要熟悉工艺过程、技术要求及安全操作规程，还要对相关工程（如钳工、焊工等）的简单技术有所了解。

四、建筑电气工程施工程序

建筑电气安装工程涉及面广，内外协作配合的环节很多，因此必须遵循一定的程序，按计划、有步骤、有秩序地合理施工，这样才能达到高质量、高速度、高工效、低成本的预期效果。

施工程序的合理安排将起到关键作用，影响能否取得事半功倍的效果，决定工程全局的成败。施工程序是基本建筑程序的一个组成部分，是施工单位按照客观规律合理组织施工的顺序安排。

1. 承接施工任务、签订施工合同

施工单位获得施工任务的方法，主要是通过投标且中标承接。有一些特殊的工程项目可由国家或上级主管部门直接下达给施工单位。不论哪种承接方式，施工单位都要检查其施工项目是否有批准的正式文件、是否列入基本年度计划、是否落实了投资等。

承接施工任务后，建设单位和施工单位应根据《中华人民共和国民法典》的有关规定签订施工合同。施工合同的内容包括承包的工程内容、要求、工期、质量、造价及材料供应等，明确合同双方应承担的义务和职责及应完成的施工准备工作。施工合同经双方法人代表签字后具有法律效力，双方必须共同遵守。

2. 全面统筹安排，做好施工规划

接到施工任务后，首先应对其进行摸底工作，了解工程概况、建设规模、特点及期限，调查建设地区的自然、经济和社会等情况；在此基础上，拟定施工规划或编制施工组织总设计或施工方案，部署施工力量，安排施工总进度，确定主要工程的施工方案等；批准后，组织施工人员进入现场，与建设单位密切配合，共同做好施工规划确定的各项全局性的施工准备工作，为建设项目正式开工创造条件。

3. 落实施工准备，提出开工报告

签订完施工合同，施工单位做好全面施工规划后，应认真做好施工准备工作。其内容主要有：会审图纸；编制和审查单位工程施工组织设计；进行施工图预算和施工预算；组织好材料的生产加工和运输；组织施工机具进场；建立现场管理机构，调遣施工队伍；布置施工现场的临时设施等。具备开工条件后，提交开工报告，经审查批准后即可正式开工。

4. 精心组织施工

开工报告批准后即可进行全面施工。施工前期为与土建工程配合的阶段，要按设计要求将需要预留的孔洞、预埋件等设置好；进线管、过墙管也应按设计要求设置好。施工时，各类线路的敷设应按图纸要求进行，并合乎验收规范的各项要求。

在施工过程中提倡科学管理，文明施工，严格履行经济合同；合理安排施工顺序，组织确保均衡连续施工；在施工过程中应着重对工期、质量、成本和安全进行科学地督促、检查和控制，使工程早日竣工及交付使用。

5. 竣工验收，交付使用

竣工验收是施工的最后阶段。在竣工验收前，施工单位内部应先进行预验收，检查各分部分项工程的施工质量，整理各项交工验收的技术、经济资料，绘制竣工图，协同建设单位、设计单位及监理单位完成验收工作；验收合格后，双方签订交接验收证书，办理工程移交，并根据合同规定办理工程结算手续。

五、建筑电气工程施工与各专业工程的配合与要求

建筑电气工程施工是比较复杂的，它需要与土建、给水排水、供暖、通风等专业工种密切配合。电气安装工程是整个建筑工程项目的重要组成部分，与其他施工项目必然发生多方面的联系，尤其和土建施工关系最为密切，如电源的进户、明暗管道的敷设、防雷接地装置的安装等，都要在土建施工中预埋构件和预留孔洞。随着现代设计和施工技术的发展，以及许多新结构、新工艺的推广应用，施工中的协调配合就越来越重要。在土建施工阶段，应针对建筑结构及施工方法的基本特点采取相应的方法，充分做好电气安装的配合施工。

1. 电气安装工程在施工前与土建施工的配合

在工程项目的设计阶段，由电气设计人员对土建设计提出技术要求。例如，开关柜的基础型钢预埋及电气设备、线路和固定件预埋等，这些要求应在土建结构施工图中得到反映。土建施工前，电气施工人员应同土建施工技术人员共同审核土建和电气施工图，以防遗漏和发生差错。电气施工人员应该学会看懂土建施工图，了解土建施工进度计划和施工方法，尤其是要了解梁柱、地面、屋面的做法及其相互间的连接方式，并仔细校核拟采用的电气安装方法是否与此项目的土建施工相适应。电气施工前，必须加工制作和备齐土建施工阶段中的预埋件、预埋管道和零配件等。

2. 电气安装工程在基础阶段与土建施工的配合

基础工程施工时，应及时配合土建施工做好强电、弱电专业的进户电缆穿墙管及止水挡板的预留、预埋工作。这一方面要求电气施工应在土建施工做墙体防水处理之前完成，避免电气施工破坏防水层造成墙体渗漏；另一方面要求格外注意预留的轴线、标高、位置、尺寸、数量、用材、规格等方面是否符合图纸要求。进户电缆穿墙管的预留、预埋是不允许返工修理的，返工后土建做二次防水处理很困难，所以电气施工人员应特别留意与土建施工的配合。

3. 电气安装工程在结构施工阶段与土建施工的配合

根据土建浇筑混凝土的进度要求及流水作业的顺序，逐层逐段地做好电气配管的暗敷工作，这是整个电气安装工程的关键工序。失误不仅影响土建施工进度与质量，而且也影响整个电气安装工程后续工序的质量与进度，应引起足够的重视。例如，现浇混凝土楼板内配管时，在底层钢筋绑扎完后，上层钢筋未绑扎前，应根据施工图尺寸位置配合土建施工；在浇筑混凝土时，应留电气施工人员看守，以免振捣时损坏配管或使得灯头盒移位。

4. 电气安装工程在装修阶段与土建施工配合

在土建工程砌筑隔断墙之前，应与土建工长和放线员将水平线及隔墙壁线核实，这样可以使电气施工人员按此线确定管路预埋位置及确定各种灯具、开关、插座的位置及标高。在土建抹灰前，电气施工人员应按设计和规范要求查对核实，符合要求后将箱盒进行安装。当电气器具已安装完毕，土建施工开始修补喷浆或墙面时，一定要保护好电气器具，防止器具污损。

5. 电气安装工程与给水排水、供暖、通风空调等专业工程的配合

电气安装工程与给水排水、供暖、通风空调等专业工程要统一协调，避免各种管道之间相互交叉碰撞、相互干扰。特别是电气管线怕水、怕热，电气施工人员要仔细查阅水暖煤气的施工图纸，检查是否有相互矛盾之处，施工时要确保各管线之间的距离符合验收规范的要求。

任务 1.2 建筑电气工程施工依据

建筑电气工程施工的主要依据有电气施工图、建筑电气工程施工规范、标准和有关图集、图册等。施工前一定要看懂施工图纸，领会设计意图；施工时严格按施工图、施工规范、图集等要求进行施工。如有疑问，应在施工图纸会审时提出；若在施工过程中发现问题要及时与设计方联系，按设计方下发的变更通知单进行施工。

一、电气施工图

建筑电气施工图反映了设计人员的设计思想，是电气工程预算、施工及维护管理的主要依据。电气施工图的内容包括图纸目录、设计说明、图例材料表、系统图、平面图、电路图、安装接线图、详图（大样图）等。

1. 图纸目录

图纸目录的内容包括图纸的组成、名称、张数、图号顺序等。绘制图纸目录的目的是便于查找。

2. 设计说明

设计说明用于阐明单项工程的概况、设计依据、设计标准以及施工要求等，主要是补充说明图纸上不能利用线条、符号表示的工程特点、施工方法、线路、材料及其他注意事项。

3. 图例材料表

主要设备及器具在表中用图形符号表示，并标注其名称、规格、型号、数量及安装方式等。

4. 系统图

系统图是表明供电分配回路的分布和相互联系的示意图。具体反映配电系统和容量分配情况、配电装置、导线型号、导线截面、敷设方式及穿管管径、控制及保护电器的规格及型号等。系统图包括照明系统图、动力系统图、消防系统图、电话系统图、有线电视系统图、综合布线系统图等。

5. 平面图

平面图是表明建筑物内各种电气设备、器具的平面位置及线路走向的图纸。电气总平面图包括干线平面图、照明平面图、动力平面图、防雷接地平面图、电话平面图、有线电视平面图、综合布线平面图等。

6. 电路图

电路图也称作电气原理图，主要是用来表现某一电气设备或系统的工作原理的图纸，它是按照各个部分的动作原理图采用分开表示法展开绘制的。通过对电路图的分析，可以清楚地看出整个系统的动作顺序。电路图可以用来指导电气设备和器件的安装、接线、调试、使用与维修。

7. 安装接线图

安装接线图也称为安装配线图，主要是用来表示电气设备、电器元件和线路的安装位置、配线方式、接线方法，它不反映动作原理。主要用作配电柜二次回路安装接线。

8. 详图

详图是用来表明设备安装方法的图纸，大多采用全国通用电气装置标准图集。

二、建筑电气工程施工验收规范、标准

建筑电气工程技术人员、质量检查人员及施工人员不仅要掌握一定的电工基础理论知识，还必须学习国家颁发的建筑电气工程施工及验收规范。规范是对操作行为的规定，是使工程质量达到一定技术指标的保证，在施工和验收过程中必须严格遵守。

常用的电气工程施工规范有：

《电梯工程施工质量验收规范》GB 50310—2002；

《电气装置安装工程 低压电器施工及验收规范》GB 50254—2014；

《建筑电气工程施工质量验收规范》GB 50303—2015；

《电气装置安装工程接地装置施工及验收规范》GB 50169—2016 等。

除了以上电气装置安装工程施工及验收规范外，国家还颁发了与之相关的各种设计规范、标准，以及与电气材料等有关的技术标准及标准图集，这些技术标准是与施工及验收规范互为补充的。部分电气工程设计规范如下：

《供配电系统设计规范》GB 50052—2009；

《建筑物防雷设计规范》GB 50057—2010；

《通用用电设备配电设计规范》GB 50055—2011；

《低压配电设计规范》GB 50054—2011；

《建筑设计防火规范（2018年版）》GB 50016—2014；
《民用建筑电气设计标准》GB 51348—2019；
《建筑照明设计标准》GB/T 50034—2024 等。

在施工中除遵循以上列出的国家规范以外，还应遵循部门规范、地方规定及企（行）业标准。使用各种规范、标准时，一定要选择现行最新版本。

三、有关图集和图册

图集就是按照标准化的要求统一编制的规范样本及说明文件的集合，可以指导施工。在图纸中，有些细节不能表现出来就需要查图集解决。与建筑电气安装有关的主要标准图集和图册有：

《钢导管配线安装》03D301-3；
《室外变压器安装》04D201-3；
《常用低压配电设备安装》04D702-1；
《常用低压配电设备及灯具安装》D702-1～3；
《接地装置安装》14D504；
《电缆桥架安装》22D701-3；
《建筑物防雷设施安装》15D501 等。

1.1 电气安装工程的施工依据

任务 1.3　建筑电气工程施工标准与质量验收规定

建筑工程质量是反映建筑工程满足相关标准规定或合同约定的要求，包括其在安全、使用功能、耐久性能、环境保护等方面所有明显和隐含能力的总和。建筑电气工程技术人员、质量检查人员及施工人员必须学习国家颁发的建筑电气工程施工及验收规范。规范是对操作行为的规定，是使工程质量达到一定技术指标的保证，是在施工和验收过程中应严格遵守的条款。

一、建筑电气质量验收标准

民用建筑电气质量验收主要依照国家颁布的《建筑电气工程施工质量验收规范》GB 50303—2015 和《建筑工程施工质量验收统一标准》GB 50300—2013 等。上述规范和标准同时还是质量监督机构在处理施工质量纠纷时仲裁的依据。

1. 规范的作用及内容

规范是建筑电气工程施工项目的成品、半成品必须满足的国家强制性标准。其评定标准突出了安全用电和使用功能，强调了工程质量要在施工全过程中进行检验。规范的指导思想是评验分离、强化验收、完善手段及过程控制。施工过程中，施工单位还必须将施工质量管理与《建设工程质量管理条例》提出的事前控制、过程控制结合起来，确保对工程质量和工程成品、半成品质量的有效控制。

项目1　建筑电气工程施工基本知识

规范规定了每个项目的检查内容、检查数量及检验方法，是建筑电气工程施工竣工验收的依据和原则。

2. 标准的作用及内容

标准是规范的法律解释、操作标准和使用规定。它解释规范中的专业用语，明确规定验收的条件、工程的划分等级、工程的合格指标、资料种类及填写内容、各个环节的责任人验收的程序、参加人员及验收内容等标准。

二、质量验收的有关规定

质量验收是指建筑工程在施工单位自行质量检查评定的基础上，参与建设活动的有关单位共同对检验批、分项、分部、单位工程的质量进行抽样复验，根据相关标准以书面形式对工程质量达到合格与否做出确认。

1. 质量验收的一般规定

（1）安装电工、焊工、起重吊装工和电气调试人员等，按有关要求持证上岗。安装和调试用各类计量器具，应先检验、鉴定、测试合格，并在有效期内使用。

（2）除设计要求外，承力建筑钢结构构件上，不得采用熔焊连接固定电气线路、设备和器具的支架、螺栓等部件，且严禁热加工开孔。

（3）额定电压交流1kV及以下、直流1.5kV及以下的应为低压电器设备、器具及材料；额定电压大于交流1kV、直流1.5kV的应为高压电器设备、器具和材料。

（4）电气设备上计量仪表和与电气保护有关的仪表应检验、鉴定、测试合格；当投入试运行时，应在有效期内使用。

（5）建筑电气动力工程的空载试运行和建筑电气照明工程的负荷试运行应按《建筑电气工程施工质量验收规范》GB 50303—2015的规定执行。建筑电气动力工程的负荷试运行，应依据电气设备及相关建筑设备的种类、特性，编制试运行方案或作业指导书，并经施工单位审查批准、监理单位确认后执行。

（6）动力和照明工程的漏电保护装置应做模拟动作试验。

（7）接地（PE）或接零（PEN）支线必须单独与接地（PE）或接零（PEN）干线相连接，不得串联连接。

（8）高压的电气设备和布线系统及继电保护系统的交接试验必须符合现行国家标准《电气装置安装工程 电气设备交接试验标准》GB 50150—2016的规定。

（9）低压的电气设备和布线系统的交接试验应符合《建筑电气工程施工质量验收规范》GB 50303—2015的规定。

（10）送至建筑智能化工程变送器的电量信号精度等级应符合设计要求，状态信号应正确；接收建筑智能化工程的指令应使建筑电气工程的自动开关动作符合指令要求，且手动、自动切换功能正常。

2. 现场质量管理

建筑电气施工现场质量管理应有相应的施工技术标准，健全的质量管理体系、施工质量检制度和综合施工质量水平评定考核制度。施工现场质量管理检查记录应由施工单位按二维码1.2的要求进行检查记录。

1.2 施工现场质量管理检查记录表

3. 质量控制

（1）建筑工程采用的主要材料（包括半成品、成品、建筑构配件、器具和设备等）应进行进场验收。进场验收是对进入施工现场的材料、构配件、设备等按相关标准规定要求进行检验，对产品达到合格与否做出确认。凡涉及安全、功能的有关产品，应按各专业工程质量验收规范规定进行复验，并经监理工程师（或建设单位技术负责人）检查认可。

（2）各工序应按施工技术标准进行质量控制，每道工序完成后，都应进行检查。

（3）相关各专业工种之间应进行交接检验（由施工的承接方与完成方双方检查并对可否继续施工做出确认的活动），并形成记录。未经监理工程师（或建设单位技术负责人）检查认可，不得进行下道工序的施工。

4. 验收要求

（1）建筑工程施工质量应符合《建筑电气工程施工质量验收规范》GB 50303—2015和相关专业验收规范的规定。

（2）建筑工程施工应符合工程勘察、设计文件的要求。

（3）参加工程施工质量验收的各方人员应具备规定的资格。

（4）工程质量验收均应在施工单位自行检查评定的基础上进行。

（5）隐蔽工程在隐蔽前应由施工单位通知有关单位进行验收，并应形成验收文件。

（6）涉及结构安全的试块、试件以及有关材料，应按规定进行见证取样检测（在监理单位或建设单位监督下，由施工单位有关人员现场取样，并送至具备相应资质的检测单位所进行的检测）。

（7）检验批（按统一的生产条件或按规定的方式汇总起来供检验用的，由一定数量样本组成的检验体）的质量应按主控项目（建筑工程中对安全、卫生、环境保护和公众利益起决定性作用的检验项目）和一般项目（除主控项目以外的检验项目）验收。

（8）对涉及结构安全和使用功能的重要分部工程，应进行抽样检测（按照规定的抽样方案，随机地从进场的材料、构配件、设备或建筑工程检验项目中按检验批抽取一定数量的样本所进行的检验）。

（9）承担见证取样检测及有关结构安全检测的单位应具有相应资质。

（10）工程的观感质量（通过观察和必要的量测所反映的工程外在质量）应由各方验收人员通过现场检查，并应共同确认。

任务 1.4　建筑电气工程施工三大阶段

建筑电气安装工程的施工可分为三个阶段进行，即施工准备阶段、施工安装阶段和工程验收阶段。每一阶段都有不同的工作内容，只有做好每一个阶段的工作，才能使电气安装工程达到高质量、高速度、高工效、低成本。

一、施工准备阶段

施工准备阶段是指工程施工前将施工必需的技术、物资、机具、劳动力及临时设施等方面的工作事先做好，以备正式施工时组织实施。

施工准备的形式有阶段性施工准备和作业条件性准备两种。阶段性施工准备是指开工前的各项准备工作；作业条件性准备是为某一个施工阶段，某个分部、分项工程或某个施工环节所做的准备。

施工准备通常包括技术准备、施工现场准备，物资、机具及劳动力准备以及季节性施工准备。

1. 施工准备的内容

（1）熟悉和审查施工图纸

熟悉和审查图纸包括识读图纸、了解设计意图、掌握设计内容及技术条件、会审图纸、核对土建与安装图纸之间有无矛盾与错误，以及明确各专业的配合关系。

（2）编制施工组织设计

编制施工组织设计是做好施工准备的核心内容。建筑电气安装工程必须根据工程的具体要求和施工条件，采用合理的施工方法。每项工程都需要编制施工组织设计，以确定施工方案、施工进度和施工组织方法，作为组织和指导施工的重要依据。

（3）编制施工预算

按照施工图纸的工程量、施工组织设计（或施工方案）拟定的施工方法，参考建筑工程预算定额和有关施工费用规定，编制出详细的施工预算。施工预算可以作为备料、供料、编制各项具体施工计划的依据。

（4）技术交底

工程开工前，由设计部门、施工部门和业主等多方技术人员参加的技术交底是施工准备工作不可缺少的一个重要步骤，是施工企业技术管理的一项主要内容，也是施工技术准备的重要措施。

2. 施工其他准备

施工其他准备主要是施工现场准备，物资、机具及劳动力准备，以及季节性施工准备。

二、施工安装阶段

建筑电气施工安装阶段是建筑电气设计的实施和实现过程，是对设计的再创造和再完善的过程。施工图是建筑电气施工的主要依据，施工验收及验收相关规范是施工技术的法律性文件。

施工安装阶段的主要工作有：配合土建和其他施工单位施工；预埋电缆电线保护管和支持固定件；预留安装设备所需孔洞、固定接线箱、灯头盒及电器底座；安装电气设备等。随着土建工程的进展，逐步进行设备安装、线路敷设、单体检查试验。

1. 安装工序

（1）主要设备、材料进场验收。对其合格证明文件进行确认，并进行外观检查，以消除运输保管中的缺陷。

（2）配合土建工程预留预埋。预留安装用孔洞；预埋安装用构件及暗敷线路用导管。

（3）检查并确认土建工程是否符合电气安装的条件。包括电气设备的基础、电缆沟、电缆竖井、变配电所的装饰装修等是否具备可开始电气安装的条件；同时，确认日后土建工程的扫尾工作不会影响已安装好的电气工程质量。

（4）电气设备就位固定。按预期位置组合，组立高低压电气设备，并对开关柜等内部接线进行检查。

（5）电线、电缆、导管、桥架等贯通。按设计位置配管、敷设桥架，以达到各电气设备或器具间贯通。

（6）电线穿管、电缆敷设、封闭式母线安装。供配电、控制线路敷设到位。

（7）对电气、电缆、封闭式母线绝缘检查，并与设备器具连接。与高低压电气设备和用电设备电气部分接通；民用工程要与装饰装修配合施工，随着低压器具逐步安装而完成连接。

（8）做电气交接试验。高压部分有绝缘强度和继电保护等试验项目；低压部分主要是绝缘强度试验；试验合格，则具备受电、送电试运行条件。

（9）电气试运行。空载状态下，操作各类控制开关，带电无负荷运行正常；照明工程可带负荷试验灯具照明是否正常。

（10）负荷试运行。应与其他专业工程联合进行。试运行前，要视工程具体情况决定是否要联合编制负荷试运行方案。

2. 施工要点

电气工程施工表现为物理过程，即通过施工完成安装，不会像混凝土施工那样出现化学过程。施工安装后不会改变所使用设备、器具、材料的原有特性，电气安装施工只是把设备、器具、材料按预期要求可靠合理地组合起来，以满足功能需要。关于组合是否可靠合理，则主要体现在两个方面：一是要依据设计文件要求施工，二是要符合相关规范要求的规定。因此，电气工程施工必须掌握以下要点：

（1）使用的设备、器具、材料规格和型号符合设计文件要求，不能错用；

（2）依据施工设计图纸布置的位置来固定电气设备、器具和敷设布线系统，且需固定牢固可靠；

（3）确保导线连接及接地连接的连接处紧固不松动，保持良好导通状态；

（4）坚持先交接试验后通电运行、先模拟动作后通电启动的基本原则；

（5）确保通电后的设备、器具、布线系统有良好的安全保护措施；

（6）保持施工记录的形成与施工进度基本同步，保证记录的准确性和可追溯性。

3. 电气工程施工外部衔接

（1）与材料和设备供应商的衔接；

（2）与土建工程配合是电气工程施工程序的首要安排；

（3）与建筑设备安装工程其他施工单位的配合；

（4）与装饰装修工程的衔接。

三、工程验收阶段

建筑电气安装工程施工结束后，应进行全面质量检验和验收。质量检验和验收应依据现行电气装置安装工程施工及验收规范，按分项、分部和单位工程的划分，对其保证项目、基本项目和允许偏差项目逐项进行。

工程验收根据施工过程又可分为隐蔽工程验收、中间验收和竣工验收。在施工过程中，应根据施工进度情况，适时对隐蔽工程、阶段工程和竣工工程进行检查验收。

1. 隐蔽工程验收

隐蔽工程是指在施工过程中，上一工序的工作结果将被下一工序所掩盖，其是否符合质量要求，无法再次进行检查的工程部位。

隐蔽工程验收是指隐蔽在装饰表面内部的管线工程和结构工程。管线工程包括电气回路、给水排水、煤气管道、空调系统等；结构工程指用于固定、支撑房屋荷载的内部构造。

隐蔽工程在验收前应由施工单位通知有关单位进行验收，并形成验收文件。由施工单位项目技术负责人主持，监理工程师、建设单位参加。一般情况下，施工单位应提前48小时发出通知，监理、建设单位应在24小时内签批。如监理、建设单位未派人参加，施工单位可自行验收，由项目技术负责人签字；如监理单位怀疑工程有质量问题，可剥揭检验，或凿出钻孔检查；如验收合格，相关费用由建设单位负责；如验收不合格，相关费用由施工单位负责。

2. 中间验收

对于重要的分项工程，由监理工程师按照工程合同的质量等级要求，根据该分项工程施工的实际情况，参照质量检验评定标准进行阶段性验收，也称为中间验收。

对单位工程或分部工程，在土建工程完工后转交安装工程施工前，或其他中间过程，均应进行中间验收。承包单位得到监理工程师中间验收认可的凭证后，才能继续施工。

分部（子分部）工程应由施工单位将自行检查评定合格的表填写好后，由项目经理交给监理单位或建设单位，由总监理工程师组织施工项目经理及有关勘察（地基与基础部分）、设计（地基与基础及主体结构等）单位项目负责人进行验收。

中间验收应在完工后30个工作日内，施工单位应按照国家有关验收规范及标准全面检查工程质量，整理工程技术资料，并填写《分部（子分部）工程质量验收申请表》，一起提交给监理单位审核。

监理单位应在5个工作日内审核完毕，同时按照有关规定对工程实物进行检查，经总监理工程师签署意见后，连同工程技术资料一并送至负责该工程的质量监督机构抽查。

监督机构应在5个工作日内对工程技术资料进行抽查，在《分部（子分部）工程质量核查记录表》上填写资料抽查意见，并将抽查意见书面通知给监理单位。

监理单位通知勘察、设计、施工、建设等单位的有关人员进行验收，还须提前通知质量监督机构到场实施验收监督。

在组织完验收后，监理单位应在5日内将填写、签章《分部（子分部）工程质量验收记录》及其他有关资料文件，办理分部（子分部）工程中间验收登记手续。

3. 竣工验收

工程竣工验收是对建筑安装企业技术活动成果的一次综合性检查验收。建设项目通过竣工验收后，才可以投产使用，形成生产能力。

工程竣工验收指建设工程项目竣工后开发建设单位会同设计、施工、设备供应单位及工程质量监督部门，对该项目是否符合规划设计要求，以及对建筑施工和设备安装质量进行全面检验。竣工验收建立在阶段验收的基础上，前面已经完成验收的工程项目一般在竣工验收时就不再重新验收。

4. 工程质量验收的程序和组织

工程质量验收的程序均应在施工单位自行检查的基础上，按施工顺序进行，即检验批→分项工程→分部工程→单位工程。程序要求循序进行，不能漏项。每项都应坚持实测，评定的部位、项目、计量单位、偏差、检查点数、检查方法及使用的工具仪表，都要按照评定标准的规定进行。

检验批及分项工程应由监理工程师（建设单位项目技术负责人）组织施工单位项目专业质量（技术）负责人等进行验收。

分部工程应由总监理工程师（建设单位项目负责人）组织施工单位项目负责人和技术、质量负责人等进行验收；地基与基础工程、主体结构分部工程的勘察、设计单位工程项目负责人和施工单位技术、质量部门负责人也应参加相关分部工程的验收。

单位工程完工后，施工单位应自行组织有关人员进行检查评定，并向建设单位提交工程验收报告。

建设单位收到工程验收报告后，应由单位（项目）负责人组织施工（含分包单位）、设计、监理等单位（项目）负责人进行单位（子单位）工程验收。

单位工程由分包单位施工时，分包单位对所承包的工程项目应按规定的程序进行检查评定，且总包单位应派人参加。分包工程完成后，应将工程有关资料交给总包单位。

5. 工程质量验收的方法

（1）检验批质量验收。按统一的生产条件或按规定的方式汇总起来供检验用的，由一定数量样本组成的检验体称为检验批。检验批是构成建筑工程质量验收的最小单位，是判定单位工程质量合格的基础。

检验批质量合格应符合下列规定：

1）主控项目和一般项目的质量经抽样检验合格。主控项目是指对检验批质量有致命影响的检验项目。它反映了该检验批所属分项工程的重要技术性能要求。主控项目中所有子项必须全部符合专业验收规范规定的质量指标，这样才能判定该主控项目质量合格；反之，只要其中某一子项甚至某一抽查样本经检验后达不到要求即可判定该检验批质量为不合格，则该检验批将被拒收。

1.3 检验批质量验收记录表

2）具有完整的施工操作规程和质量验收记录，检验批质量验收记录见二维码 1.3。

（2）分项工程质量验收

要求：分项工程所含的检验批均应符合合格质量的规定；分项工程所含的检验批的质量验收记录应完整。

分项工程质量应由监理工程师（建设单位项目专业技术负责人）组织项目专业技术负责人等进行验收，并按二维码 1.4 记录。

1.4 分项工程质量验收记录表

（3）分部（子分部）工程质量验收

要求：分部（子分部）工程所含分项工程的质量均应验收合格；质量控制资料应完整；地基与基础、主体结构和设备安装等分部工程有关安全及功能的检验和抽样检测结果应符合有关规定；观感质量验收应符合要求。

分部（子分部）工程质量应由总监理工程师（建设单位项目专业负责人）组织施工项

目经理和有关勘察、设计单位项目负责人进行验收，并按二维码1.5记录。

（4）单位（子单位）工程质量验收及竣工验收

要求：单位（子单位）工程所含分部（子分部）工程的质量均应验收合格；质量控制资料应完整；单位（子单位）工程所含分部工程有关安全和功能的检测资料应完整；主要功能项目的抽查结果应符合相关专业质量验收规范的规定；观感质量验收应符合要求。

1.5 分部(子分部)工程验收记录表

单位工程在施工单位自检合格的基础上报请监理单位进行工程预验收；预验收通过后向建设单位提交工程竣工报告，并填写《单位工程质量竣工验收记录》；建设单位应组织设计单位、监理单位、施工单位等相关人员进行工程质量竣工验收并记录，验收记录上各方代表签字并加盖公章。

二维码1.6为单位（子单位）工程质量竣工验收记录表，内容由施工单位填写，验收结论由监理（建设）单位填写。综合验收结论由参加验收各方共同商定，建设单位填写，应对工程质量是否符合设计和规范要求及总体质量水平做出评价。

在验收的过程中，对单位（子单位）工程质量、安全和功能、观感质量等进行抽查记录。二维码1.7为单位（子单位）工程质量控制资料核查记录，二维码1.8为单位（子单位）工程安全和功能检验资料核查及主要功能抽查记录，二维码1.9为单位（子单位）工程观感质量检查记录。各项目经审查符合要求后，由监理单位或建设单位在二维码1.6"验收结论"栏内填写"同意验收"的结论；各方均同意验收结论后，由建设单位在"综合验收结论"填写"通过验收"。

1.6 单位(子单位)工程质量竣工验收记录表

1.7 单位(子单位)工程质量控制资料核查记录表

1.8 单位(子单位)工程安全和功能检验资料核查及主要功能抽查记录表

1.9 单位(子单位)工程观感质量检查记录表

1.10 施工三大阶段

6. 工程质量不合格的处理

经返工（对不合格的工程部位采取的重新制作、重新施工等措施）重做或更换器具、设备的检验批，应重新进行验收。经有资质的检测单位检测鉴定能够达到设计要求的检验批，应予以验收；经有资质的检测单位检测鉴定达不到设计要求，但经原设计单位核算认可能够满足结构安全和使用功能的检验批，可予以验收。

经返修（对工程不符合标准规定的部位采取整修等措施）或加固处理的分项、分部工程，虽然改变外形尺寸但仍能满足安全使用要求，可按技术处理方案和协商文件进行验收。通过返修或加固处理仍不能满足安全使用要求的分部工程、单位（子单位）工程，严禁验收。

当参加验收各方对工程质量验收意见不一致时，可请当地建设行政主管部门或工程质量监督机构协调处理。

单位工程质量验收合格后,建设单位应在规定时间内将工程施工验收报告和有关文件报送至建设行政管理部门备案。

知识梳理与总结

建筑电气工程是建筑工程的重要组成部分,根据建筑电气工程的功能,通常分为强电工程和弱电工程。其安装基本原则是用最少的消耗、最短的施工周期、最简便的施工手段和施工方法创造出最佳的产品。

电气工程施工的依据是电气施工图、建筑电气施工安装规范、标准和有关图集、图册。

建筑电气工程质量验收主要依照国家颁布的《建筑电气工程施工质量验收规范》GB 50303—2015 和《建筑工程施工质量验收统一标准》GB 50300—2013 等。

电气施工的三大阶段:第一阶段是施工准备阶段,具体准备工作包括施工技术准备、施工现场准备、物资和机具准备、劳动力准备及季节施工准备;第二阶段是施工阶段,它是最重要的阶段,也是周期最长的阶段,工程的安全性、可靠性和高质量主要通过这个阶段体现;第三阶段是竣工验收阶段,是在工程交付使用前,最后全方位对工程质量的检验和把关,主要包含验收程序、验收的方法及验收的内容等,是根据建筑电气施工质量验收标准对检验批质量、分项工程质量、分部(子分部)工程质量、单位(子单位)工程质量进行验收。

知识拓展

上海中心大厦

上海中心大厦始建于 2008 年 11 月,后于 2016 年 3 月完成建筑总体的施工工作,于 2017 年 1 月投入试运营。它是中国第一高楼,也是反映中国建筑技术和建造水平的代表建筑之一。上海中心大厦总高度 632m,共有 127 层,集商业、办公、酒店、观光于一体。主体施工时,主楼核心筒内共 20 台施工电梯,其中 11 台为人货两用电梯,9 台为利用永久电梯进行施工的施工电梯。大楼客户功能定位高,有高级酒店和高端商业办公、会议、重要 IT 机房等,供电负荷等级高,供电要求必须绝对可靠,确保供电的连续性。其超大的建筑体型,负荷容量大,总计算负荷为 39.8MW。该建筑以其独特的设计、卓越的建筑技术和深厚的文化内涵,成为上海的地标性建筑。高标准和高要求的施工过程展示了建设者的责任担当和精益求精的工匠精神。

习 题

一、选择题

1. 质量验收从下列哪项开始?(　　)

A. 单位工程   B. 分项工程
C. 分部工程   D. 检验批

2. 隐蔽工程在隐蔽前在（ ）进行验收后进行隐蔽。
A. 施工单位   B. 设计单位
C. 监理单位   D. 材料供应商

3. 见证取样是在谁的见证下取样？（ ）
A. 设计单位负责人   B. 施工单位负责人
C. 监理单位负责人   D. 勘察单位项目负责人

4. 电气施工的依据有（ ）。
A. 电气施工图   B. 施工及验收规范
C. 标准和图集   D. 图册

5. 电气施工图包括（ ）。
A. 设计说明   B. 系统图
C. 平面图   D. 详图

二、简答题

1. 建筑电气施工图包括哪些内容？
2. 建筑电气安装工程的施工准备需要完成哪些工作？
3. 建筑电气施工的依据是什么？
4. 建筑电气工程施工准备包括哪些内容？
5. 建筑电气安装工程分为哪几个阶段？

项目 2
电气施工常用的材料及工器具

Project 02

知识目标

1. 了解电气施工常用材料；
2. 熟悉常用工器具的用途；
3. 掌握电气测量仪表的使用方法及维护保养。

技能目标

1. 施工过程中能选择合适的材料；
2. 能够正确选用常用施工工具并进行现场操作。

素质目标

1. 使学生具有施工安全意识的品质；
2. 培养学生爱党、爱国，遵纪守法，坚定理想信念，加强品德修养。

项目 2　电气施工常用的材料及工器具

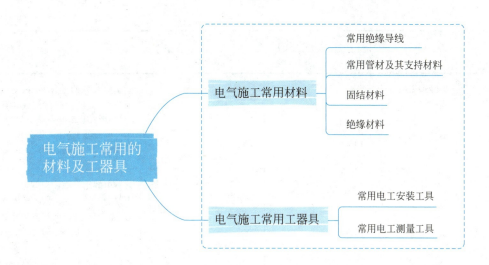

任务 2.1　电气施工常用材料

一、常用绝缘导线

常用绝缘导线的型号及主要特点见表 2.1。

绝缘导线的型号及主要特点　　　　　　　　　　　表 2.1

名称	类型	型号		主要特点
		铝芯	铜芯	
聚氯乙烯绝缘线	普通型	BLV、BLVV（圆型）、BLVVB（平型）	BV、BVV（圆型）、BVVB（平型）	这类电线的绝缘性能良好，制造工艺简便，价格较低。其缺点是对气候适应性能差，低温时变硬发脆，高温或日光照射下增塑剂容易挥发而使绝缘层老化加快。因此,在未具备有效隔热措施的高温环境、日光经常照射或严寒地区,宜选择相应的特殊型塑料电线
	绝缘软线		BVR、RV、RVB（平型）、RVS（绞型）	
	阻燃型		ZR-RV、ZR-RVB（平型）ZR-RVS（绞型）ZR-RVV	
	耐热型	BLV-105	BV-105、RV-105	
丁腈聚氯乙烯复合绝缘软线	双绞型复合物软线		RFS	这类电线具有良好的绝缘性能,并具有耐寒、耐油、耐腐蚀、不延燃、不易热老化等特点。在低温下仍然柔软,使用寿命长,远比其他型号的绝缘软线性能优良。适合做交流额定电压 250V 及以下或直流电压 500V 及以下的各种移动电器、无线电设备和照明灯座的连接线
	平型复合物软线		RFB	

19

续表

名称	类型	型号		主要特点
		铝芯	铜芯	
橡皮绝缘线	棉纱编织橡皮绝缘线	BLX	BX	这类电线弯曲性能较好,对气温适应较广,玻璃丝编织线可用于室外架空线或进户线。但是,由于这两种电线生产工艺复杂,成本较高,已被塑料绝缘线所取代
	玻璃丝编织橡皮绝缘线	BBLX	BBX	
	氯丁橡皮绝缘线	BLXF	BXF	这种电线绝缘性能良好,且耐油、不易霉、不延燃、适应气候性能好,光老化过程缓慢,其老化时间约为普通橡皮绝缘电线的两倍,因此适宜在室外敷设。但由于绝缘层机械强度比普通橡皮线弱,因此不推荐用于穿管敷设

二、常用管材及其支持材料

1. 金属管

配管工程中常使用的钢管有厚壁钢管、薄壁钢管、金属波纹管和普利卡金属套管四类。

（1）厚壁钢管

厚壁钢管又称焊接钢管或低压流体输送钢管（水煤气管），有镀锌和不镀锌之分。厚壁钢管用做电线、电缆的保护管，可以暗配于一些潮湿场所或直埋于地下，也可以沿建筑物、墙壁或支吊架敷设，明敷设一般在生产厂房中应用较多，如图2.1所示。

（2）薄壁钢管

薄壁钢管又称电线管，多用作敷设在干燥场所的电线、电缆的保护管，可明敷或暗敷，如图2.2所示。

2.1 常用绝缘导线

图2.1 厚壁钢管

图2.2 薄壁钢管

（3）金属波纹管

金属波纹管也叫金属软管或蛇皮管，主要用于设备上的配线，如冷水机组、水泵等。

它是用 0.5mm 以上的双面镀锌薄钢带加工压边卷制而成，轧缝处有的加石棉垫，有的不加，其规格尺寸与薄壁钢管相同，如图 2.3 所示。

(4) 普利卡金属套管

普利卡金属套管是电线、电缆保护套管的更新换代产品。其种类很多，但基本结构类似，都是由镀锌钢带卷绕成螺纹状，属于可挠性金属套管。普利卡金属套管具有搬运方便、施工容易等特点，可用于各种场合的明、暗敷设和现浇混凝土内的暗敷设，如图 2.4 所示。

图 2.3　金属波纹管

图 2.4　普利卡金属套管

2. 塑料管

建筑电气工程中常用的塑料管有硬质塑料管、半硬质塑料管和软塑料管。

(1) 硬质塑料管

硬质塑料管又称 PVC 管，适用于民用建筑或室内有酸、碱腐蚀性介质的场所。由于塑料管在高温下机械强度下降，老化加速，所以环境温度在 40℃以上的高温场所不应使用。另外，在经常发生机械冲击、碰撞、摩擦等易受机械损伤的场所也不应使用。

硬质塑料管应具有耐热、耐燃、耐冲击等性能，并有产品合格证，内外径应符合国家统一标准。外观检查时，管壁壁厚应均匀一致，无凸棱、凹陷、气泡等缺陷。在电气线路中使用的硬质塑料管必须有良好的阻燃性能。硬质塑料管配管工程中，应使用与管材相配套的各种难燃材料制成的附件。PVC 管及 PVC 管配件如图 2.5、图 2.6 所示。

图 2.5　PVC 管

图 2.6　PVC 管配件

(2) 半硬质塑料管

半硬质塑料管多用于一般居住建筑和办公建筑等干燥场所的电气照明工程中,用于暗敷设布线。常见的有难燃聚氯乙烯波纹管(简称塑料波纹管),如图2.7所示。

3. 管材支持材料

(1) U形管卡

U形管卡用圆钢械制而成,安装时与钢管壁接触,两端用螺母紧固在支架上,如图2.8所示。

图2.7 难燃聚氯乙烯波纹管

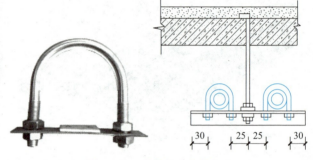
图2.8 U形管卡及安装方法

(2) 鞍形管卡

鞍形管卡用钢板或扁钢制成,安装时与钢管壁接触,两端用木螺钉、胀管直接固定在墙上,如图2.9所示。

(3) 塑料管卡

用木螺钉、胀管将塑料管卡直接固定在墙上,然后用力把塑料管压入塑料管卡中,如图2.10所示。

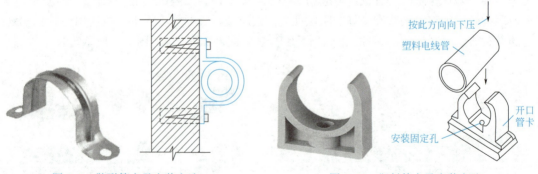
图2.9 鞍形管卡及安装方法　　图2.10 塑料管卡及安装方法

三、固结材料

常用的固结材料除圆钉、扁头钉、自攻螺钉、铝铆钉及各种螺丝钉外,还有直接固结于硬质基体上所采用的水泥钢钉、射钉、塑料胀管和膨胀螺栓。

1. 水泥钢钉

水泥钢钉是一种可以直接打入混凝土、砖墙等的手工固结材料。其应有出厂合格证及产品说明书。操作时,最好先将水泥钢钉钉入被固定件内,再往混凝土或砖墙上钉。水泥钢钉如图2.11所示。

图2.11 水泥钢钉

2. 射钉

射钉是采用优质钢材经过加工处理后制成的新型固结材料,具有很高的强度和良好的韧性。射钉需要与射钉枪、射钉弹配套使用,利用射钉枪去发射射钉弹,弹内火药燃烧释放的能量将各种射钉直接钉入混凝土、砖砌体等硬质材料的基体中,从而将被固定件直接固定在基体上。利用射钉固结便于现场及高空作业,施工快速简便,劳动强度低,操作安全可靠。射钉分为普通射钉、螺纹射钉和尾部带孔射钉。射钉杆上的垫圈起导向定位作用,一般用塑料或金属制成。尾部有螺纹的射钉便于在螺纹上直接拧螺丝。尾部带孔的射钉用于悬挂连接件。射钉弹、射钉和射钉枪必须配套使用,如图2.12所示。

图2.12 射钉及射钉枪

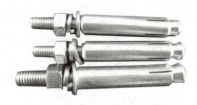

图2.13 膨胀螺栓

3. 膨胀螺栓

膨胀螺栓由底部呈锥形的螺栓、膨胀套管、平垫圈、弹簧垫片和螺母组成,如图2.13所示。需要用电锤或冲击钻钻孔后,安装于各种混凝土或砖结构上。螺栓自铆,可代替预埋螺栓,铆固力强,施工方便。

用电锤钻孔安装膨胀螺栓时,钻孔位置要一次定准、一次钻成,避免位移、重复钻孔造成"孔崩"。钻孔直径与深度应符合膨胀螺栓的使用要求。在强度低的基体(如砖结构)上打孔时,其钻孔直径要比膨胀螺栓直径缩小1~2mm;钻孔时,钻头应与操作平面垂直,不得晃动和来回进退,以免孔眼扩大而影响锚固力;当钻孔遇到钢筋时,应避开钢筋重新钻孔。

膨胀螺栓的安装方法如图2.14所示。

4. 塑料胀管

塑料胀管是以聚乙烯、聚丙烯为原料制成的,如图2.15所示。它比膨胀螺栓的抗拉、抗剪能力要低,适用于静定荷载较小的材料。在实际工程中,当向塑料胀管内拧入木螺钉时,应顺胀管导向槽拧入,不得倾斜拧入,以免损坏胀管。

23

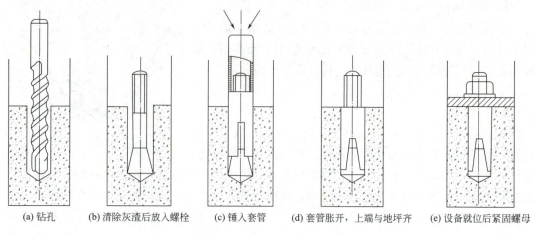

(a) 钻孔　　(b) 清除灰渣后放入螺栓　　(c) 锤入套管　　(d) 套管胀开，上端与地坪齐　　(e) 设备就位后紧固螺母

图 2.14　膨胀螺栓的安装方法

图 2.15　塑料胀管

四、绝缘材料

电工常用的绝缘材料按其化学性质不同可分为无机绝缘材料、有机绝缘材料和混合绝缘材料。常用的无机绝缘材料有云母、石棉、大理石、瓷器、玻璃、硫黄等，主要用作电机及电器的绕组绝缘、开关的底板和绝缘子等；有机绝缘材料有虫胶、树脂、橡胶、棉纱、纸、麻、人造丝等，大多用以制造绝缘漆及绕组导线的被覆绝缘物等；混合绝缘材料是由以上两种材料经过加工制成的各种成型绝缘材料，用作电器的底座、外壳等。

1. 绝缘油

绝缘油主要用来填充变压器、油开关以及浸渍电容器和电缆等。绝缘油在变压器和油开关中起着绝缘、散热和灭弧作用。

2. 树脂

树脂是有机凝固性绝缘材料，它的种类很多，在电气设备中应用极广。电工常用的树脂有虫胶（洋干漆）、酚醛树脂、环氧树脂、聚氯乙烯和松香等。

3. 环氧树脂

常见的环氧树脂是由二酚基丙烷与环氧丙烷在苛性钠溶液的作用下缩合而成的。其按分子量的大小可分为低分子量和高分子量两种。电工常用的环氧树脂以低分子量为主，这种树脂的收缩性小、黏附力强、防腐性能好、绝缘强度高，被广泛用作电压、电流互感器和电缆接头的浇筑物。

4. 聚氯乙烯

聚氯乙烯是热塑性合成树脂。它的性能较稳定，有较高的绝缘性，耐酸、耐蚀，能抵抗大气、日光、潮湿的作用，可用作电缆和导线的绝缘层和保护层，还可以做成电气安装工程中常用的聚氯乙烯管和聚氯乙烯带等。

5. 绝缘漆

绝缘漆按用途可分为浸渍漆、涂漆和胶合漆等。浸渍漆用来浸渍电机和电器的线圈，如沥青漆（黑凡立水）、清漆（清凡立水）和醇酸树脂漆（热硬漆）等；涂漆用来涂刷线圈和电机绕组的表面，如沥青漆、灰磁漆和红磁漆等；胶合漆用于黏合各种物质，如沥青漆和环氧树脂等。

6. 橡胶和橡皮

橡胶分为天然橡胶和人造橡胶两种。橡胶的特性是弹性大、不透气、不透水，且有良好的绝缘性能。但纯橡胶在加热和冷却时都容易失去原有的性能，所以在实际应用中常把一定数量的硫黄和其他填料加在橡胶中，然后再经过特别的热处理，使橡胶能耐热和耐冷。这种经过处理的橡胶即称为橡皮。含硫黄25%～50%的橡皮叫硬橡皮，含硫黄2%～5%的橡皮叫软橡皮。软橡皮弹性大，有较高的耐湿性，被广泛用于电线和电缆的绝缘，以及制作橡皮包带、绝缘保护用具（手套、长筒靴及橡皮毡等）。

人造橡胶是碳氢化合物的合成物，这种橡胶的耐磨性、耐热性、耐油性都比天然橡胶好，但造价比天然橡胶高。目前，人造橡胶中具有耐油、耐腐蚀特性的氯丁橡胶、丁腈橡胶和硅橡胶等，都被广泛应用在电气安装工程中，如丁腈耐油橡胶管可用作环氧树脂电缆头引出线的堵油密封层、硅橡胶用来制作电缆头附件等。

7. 玻璃丝（布）

电工常用的玻璃丝（布）是用无碱、铝硼硅酸盐的玻璃纤维制成的。它的耐热性高、吸潮性小、柔软、抗拉强度高、绝缘性能好，因而可做成许多种绝缘材料，如玻璃丝带、玻璃丝布、玻璃纤维管、玻璃丝胶木板以及电线的编织层等。电缆接头中常用无碱玻璃丝带作为绝缘包扎材料，其机械强度高、吸水性小、绝缘强度好。

8. 绝缘包带

绝缘包带又称绝缘包布，在电气安装工程中主要用于电线、电缆接头的绝缘。绝缘包带的种类很多，最常用的有如下几种：

（1）黑胶布带

黑胶布带又称黑胶布，是电线接头时用来包缠的绝缘材料。它是将干燥的棉布涂上有黏性、耐湿性的绝缘剂制成的。

（2）橡胶带

橡胶带主要是用于电线接头时包缠的绝缘材料，分为生橡胶带和混合橡胶带两种。其规格一般为宽度20mm，厚度0.1～1.0mm，每盘长度7.5～8m。

（3）塑料绝缘胶带

采用聚氯乙烯和聚乙烯制成的绝缘胶粘带都称为塑料绝缘胶带，是在聚氯乙烯和聚乙烯薄膜上涂敷胶粘剂卷切而成。塑料绝缘胶带可以代替布绝缘胶带，也能作绝缘防腐密封保护层，一般可在−15～60℃范围内使用。

任务2.2 电气施工常用工器具

在建筑电气安装工程施工过程中，施工人员会使用很多工器具，能否正确使用工器具关系到工程质量和施工安全。常用的工器具有电工安装工具和电工测量工具。

一、常用电工安装工具

1. 螺丝刀

螺丝刀也称起子，主要用来紧固和拆卸螺钉。螺丝刀的种类很多，按头部形状可分为一字形和十字形两种，按柄部材料和结构可分为木柄和塑料柄两种。

一字形螺丝刀用来紧固或拆卸一字槽的螺钉和木螺钉，它的规格用柄部以外的刀体长度表示，常用的有100mm、150mm、200mm、300mm和400mm五种规格。十字形螺丝刀专供紧固或拆卸十字槽的螺钉和木螺钉，它的规格用刀体长度和十字槽规格号表示，十字槽规格号有四个：Ⅰ号适用的螺钉直径为2～2.5mm；Ⅱ号为3～5mm；Ⅲ号为6～8mm；Ⅳ号为10～12mm。其外形如图2.16所示。

使用较大螺丝刀时，用大拇指、食指和中指夹住握柄，手掌顶住握柄的末端，如图2.17（a）所示；使用小螺丝刀时，大拇指和中指握住握柄，用食指顶住握柄的末端，如图2.17（b）所示。握好后将刀口放入螺钉槽内，旋拧时施力要适中。

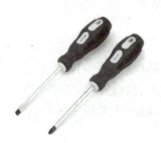

图2.16 螺丝刀

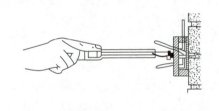

(a) 大螺丝刀的使用方法

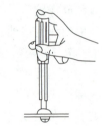

(b) 小螺丝刀的使用方法

图2.17 螺丝刀的使用方法

当用螺丝刀紧固和拆卸带电螺钉时，手不得触及螺钉旋具的金属杆，以免发生触电。为了避免螺丝刀的金属杆触及皮肤或附近带电体，应在金属杆上套绝缘管。

2. 钳子

常用的钳子有钢丝钳、尖嘴钳、斜口钳和剥线钳。

（1）钢丝钳

钢丝钳是一种钳夹和剪切工具，电工常用的钢丝钳带有绝缘护套，可用于低压带电操作。钢丝钳常用的规格有150mm、175mm和200mm三种。其功能是用钳口来弯绞或钳夹导线线头；齿口用来紧固和起松螺母；刀口用来剪切导线和剖切软导线的绝缘层。其外形如图2.18所示。

（2）尖嘴钳

尖嘴钳的头部尖而细长，适用于狭小空间和特殊场合的操作，绝缘的耐压等级为500V。尖嘴钳有铁柄和绝缘柄两种，其规格以全长表示，有130mm、160mm、180mm和

200mm 四种。带有刃口的尖嘴钳能剪断细小金属丝,可以夹持狭小空间内较小的螺钉、垫圈、导线等元件,接线时可以用来弯制单股线芯的压线圈。其外形如图 2.19 所示。

图 2.18 钢丝钳

图 2.19 尖嘴钳

(3) 斜口钳

斜口钳也称断线钳,专供剪断电线、电缆使用。其钳柄有铁柄、管柄和绝缘柄三种形式,其中,绝缘柄断线钳的耐压等级为 500V。其外形如图 2.20 所示。

(4) 剥线钳

剥线钳是用来剥除 $6mm^2$ 以下电线绝缘层的专用工具,它的手柄是绝缘的,可以用于工作电压为 500V 以下的带电操作。剥线钳的规格以全长表示,有 140mm 和 180mm 两种。刀口有 0.5~3mm 多个直径的切口,以适应不同规格芯线的切剥,剥线时应注意安全距离。其外形如图 2.21 所示。

图 2.20 斜口钳

图 2.21 剥线钳

3. 扳手

常用的扳手有活动扳手、梅花扳手和套筒扳手。

(1) 活动扳手

活动扳手又称活络扳手,是用来紧固和起松螺母的一种专用工具。活动扳手由头部和柄部组成,头部由活动扳唇、呆扳唇、扳口、涡轮和轴销构成。旋动涡轮可以调节扳口的大小。活动扳手的规格用"长度×最大开口宽度"(单位:mm)来表示,电工常用的活动扳手有 150mm×19mm、200mm×24mm、250mm×30mm 和 300mm×36mm 四种规格。其外形如图 2.22 所示。

使用活动扳手扳动大螺母时,需要较大力矩,手应握在近尾柄处,如图 2.23(a)所示;扳动小螺母时,需要力矩不大,但螺母过小易打滑,所以手应提在近头部的地方,可随时调节涡轮,收紧活动扳唇防止打滑,如图 2.23(b)所示。

(2) 梅花扳手

梅花扳手是用来紧固和起松螺母的一种专用工具,有单头和双头之分。其外形如图 2.24

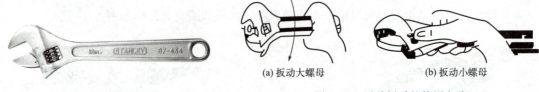

图 2.22　活动扳手　　　　　　(a) 扳动大螺母　　　　　(b) 扳动小螺母

图 2.23　活动扳手的使用方法

所示。其中，双头梅花扳手的两端都有一个梅花孔，它们分别与两种相邻规格的螺母相对应，如图 2.24（a）所示。

(a) 双头梅花扳手　　　　　　(b) 单头梅花扳手

图 2.24　梅花扳手

（3）套筒扳手

套筒扳手是用来拧紧或旋松有沉孔的螺母，或在无法使用活动扳手的地方使用。套筒扳手由套筒和手柄两部分组成。其通常配备不同尺寸的套筒以配合螺母规格选用，它与螺母配合紧密，不伤螺栓。套筒扳手使用时省力，工作效率高。其外形如图 2.25 所示。

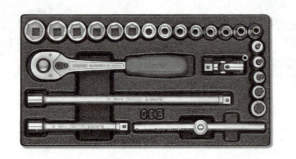

2.2 常用通用工具

图 2.25　套筒扳手

4. 电工刀

电工刀是用来剖削或切割电工器材的常用工具，其种类较多，其外形如图 2.26 所示。使用电工刀时应注意正确的操作方法。剥离导线绝缘层时，应刀口朝外以 45°角倾斜推削，用力要适当，不可损伤导线金属体。电工刀的刀口应在单面上磨出呈圆弧状的刃口。在剖削绝缘体的绝缘层时，必须使圆弧状刀面贴在导线上进行切割，这样刀口就不易损伤线芯。其用法分别如图 2.27 所示。

5. 压接钳

压接钳是制作大截面导线接线鼻子的压接工具，常见的有手动冷压压接钳（图 2.28）、手动液压压接钳（图 2.29）等。

压接钳的使用方法：用压接钳对导线进行冷压接时，应先将导线表面的绝缘层及油污清除干净，然后将两根需要压接的导线头对准中心，确认在同一轴上后，用手扳动压接钳的手柄，压 2～3 次，铝-铜接头压 3～4 次。

项目2 电气施工常用的材料及工器具

图2.26 电工刀

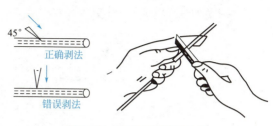

图2.27 电工刀的使用方法

图2.28 手动冷压压接钳

图2.29 手动液压压接钳

6. 验电器

验电器是检验导线和电气设备是否带电的一种电工常用工具。按电压可分为低压验电器和高压验电器;按结构可分为氖泡发光式验电器和液晶显示式验电器;按形式可分为笔式验电器和螺丝刀式验电器。

(1) 低压验电器。低压验电器又称测电笔(简称电笔)。液晶显示式测电笔如图2.30 (a) 所示,可以用来测试交流电或直流电的电压,可显示12V、36V、55V、110V和220V五段电压值。其正确握法如图2.31 (a) 所示。

(a) 液晶显示式测电笔 (b) 发光式低压测电笔

图2.30 测电笔

发光式低压测电笔如图2.30 (b) 所示。发光式低压测电笔检测电压的范围为60~500V。使用发光式低压测电笔时,必须按照如图2.31 (b) 所示的正确方法把笔握妥。以

29

手指触及笔尾的金属体，使氖管小窗背光朝向自己。当用电笔测试带电体时，电流经带电体、电笔、人体到大地形成通电回路，只要带电体与大地之间的电压差超过60V时，电笔中的氖管就发光。

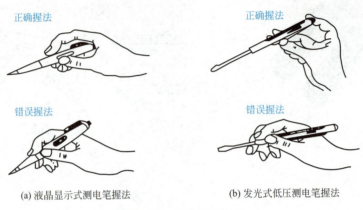

图 2.31 测电笔的握法

（2）高压验电器。高压验电器又称高压测电器。10kV高压验电器由金属钩、氖管、氖管窗、固定螺钉、护环和握柄等构成，外形如图2.32所示。

高压验电器在使用时，应特别注意手握部位不得超过护环，如图2.33所示。

图 2.32 高压验电器

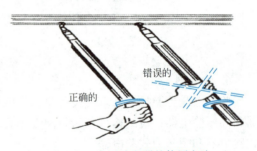

图 2.33 高压验电器的使用方法

验电器在使用前应在电源处测试，证明验电器确实良好后方能使用；使用发光式低压测电笔时，应使测电笔逐渐靠近被测物体，直至氖管发光，只有在氖管不亮时，它才可与被测物体直接接触；室外使用高压验电器时，必须确保气候条件良好，在雪、雨、雾及温度较高的情况下，不宜使用，以防发生危险；高压验电器测试时必须戴上符合耐压要求的绝缘手套；不可一个人单独测试，身旁要有人监护；测试时要防止发生相间或对地短路事故；人体与带电体应保持足够的安全距离，10kV高压的安全距离为0.7m以上。

7. 台虎钳

台虎钳又称台钳，其外形如图2.34所示。台虎钳是用来夹持工件的夹具，有固定式和回转式两种。

图 2.34 台虎钳

台虎钳的规格以钳口的宽度表示，有 100mm、125mm 和 150mm 等。在安装台虎钳时，必须使固定钳身的工作面处于钳台边缘以外，钳台的高度为 800~900mm。

8. 弯管器

弯管器是弯曲金属管用的工具，有手动弯管器、手动液压弯管机和电动液压弯管机等，其外形分别如图 2.35 所示。

(a) 手动弯管器　　　　　(b) 手动液压弯管机　　　　　(c) 电动液压弯管机

图 2.35　弯管器

9. 电动切管套丝机

电动切管套丝机用于加工管外螺纹，其主要功能有套丝、切管及倒角等。其外形如图 2.36 所示。

10. 手电钻

手电钻是一种钻孔的工具，分为手枪式和手提式两种。手电钻常用的钻头是麻花钻，柄部用来夹持、定心和传递动力，钻头直径为 13mm 以下的一般都制成直柄式；直径为 13mm 以上的一般都制成锥柄式。手电钻通常采用为 220V 或 36V 的交流电源，为保证安全，使用电压为 220V 的电钻时，应戴绝缘手套；在潮湿的环境中，应采用 36V 的电压。如图 2.37 所示为手提式电钻。

图 2.36　电动切管套丝机

11. 冲击电钻和电锤

冲击电钻是一种旋转带冲击的电钻，一般制成可调式结构。当调节环在旋转无冲击位置时，装上普通麻花钻头能在金属上钻孔；当调节环在旋转带冲击位置时，装上镶有硬质合金的钻头，能在砖石、混凝土等脆性材料上钻孔。单一的冲击是非常轻微的，但每分钟 40000 多次的冲击频率可以产生连续的力。冲击电钻如图 2.38 所示。

图 2.37　手提式电钻

图 2.38　冲击电钻

图2.39 电锤

电锤是通过旋转和捶打来工作的。其钻头为专用的电锤钻头。电锤的捶打力非常高,具有每分钟1000～3000次的捶打频率。与冲击钻相比,电锤需要最小的压力来钻入硬材料,如石头和混凝土(特别是对较硬的混凝土)等。用电锤凿孔并使用胀栓,可提高各种管线、设备等安装速度和质量,降低施工费用。但在使用过程中,不要对电锤外加很大的力,钻凿深孔须分几次完成。电锤如图2.39所示。

二、常用电工测量工具

在电工作业中,为了判断电气设备的故障和运行情况是否正常,除人们在实践中凭借经验进行观察分析外,还经常需要借助仪表进行测量,以提供电压、电流、电阻等参数的数据。其中,万用表、兆欧表和钳形电流表(俗称电工三表)是不可缺少的测量工具。正确使用电工仪表不仅是技术上的要求,而且对人身安全也是非常重要的。

1. 万用表

万用表能测量直流电流、直流电压、交流电压和电阻等参数,有的还可以测量功率、电感和电容等,是电工最常用的仪表之一。其常见的类型有:

(1) 指针式万用表

指针式万用表主要由指示部分、测量电路和转换装置三部分组成。指示部分通常为磁电式微安表,俗称表头;测量部分是把被测的电量转换为适合表头要求的微小直流电流,通常包括分流电路、分流电压和整流电路;不同种类电量的测量仪表及量程的选择是通过转换装置来实现的。指针式万用表如图2.40所示。

图2.40 指针式万用表

指针式万用表的使用方法:

1)端钮(或插孔)选择要正确。红色表笔连接线要接到红色端钮上(或标有"+"号的插孔内);黑色表笔的连接线应接到黑色端钮上(或标有"-"号的插孔内)。

2)转换开关位置的选择要正确。根据测量对象将转换开关转到需要的位置上。

3)量程选择要合适。根据被测量的大致范围,将转换开关转至该种类的适当量程上。测量电压或电流时,最好使指针在量程的1/2～2/3的范围内,这样读数较为准确。

4)正确进行读数。在万用表的标度盘上有很多标度尺,它们分别适用于不同的被测对象,因此,测量时在对应的标度尺上读数的同时,还应注意标度尺读数和量程挡的配合,以免出现差错。

5)欧姆挡的正确使用。测量电阻时,应选择合适的倍率挡。倍率挡的选择应以使指针停留在刻度线较稀的部分为宜。指针越接近标度尺的中间则读数越准确;越向左刻度线靠近,读数的准确度则越差。

测量电阻前,应将指针式万用表调零,即将两根测试棒碰在一起,同时转动"调零旋钮",使指针刚好指在欧姆刻度尺的零位上,这一步骤称为欧姆挡调零。每换一次欧姆挡,测量电阻之前都要重复这一步骤,从而保证测量的准确性。如果指针不能调到零位,则说明电池电压不足,需要更换。

不能带电测量电阻。万用表是由干电池供电的,被测电阻绝不能带电,以免损坏表头。在使用欧姆挡间隙中,不要让两根测试棒短接,以免浪费电池。

指针式万用表操作注意事项:

1) 在使用指针式万用表时要注意,手不可触及测试棒的金属部分,以保证安全和测量的准确度;

2) 在测量较高电压或较大电流时,不能带电转动转换开关,否则有可能使开关烧坏;

3) 万用表用完后最好将转换开关转到交流电压最高量程挡,此挡对万用表最安全,以防下次测量时疏忽而损坏万用表;

4) 在测试棒接触被测线路前应再做一次全面检查,看看各部分是否有误。

(2) 数字式万用表

目前,数字式测量仪表已成为主流,有取代模拟式仪表的趋势。与模拟式仪表相比,数字式仪表灵敏度和准确度高,显示清晰,过载能力强,便于携带,且使用更简单。数字式万用表外形结构如图 2.41 所示。

图 2.41 数字式万用表

数字式万用表的使用方法:

1) 使用前,应认真阅读有关使用说明书,熟悉电源开关、量程开关、插孔、特殊插口的作用。

2) 将电源开关置于 ON 位置。

3) 交/直流电压的测量。根据需要将量程开关拨至 DCV(直流)或 ACV(交流)的合适量程,红表笔插入 V/Ω 孔,黑表笔插入 COM 孔,并将表笔与被测线路并联,读数即显示被测电压值。

4) 交/直流电流的测量。将量程开关拨至 DCA(直流)或 ACA(交流)的合适量程,红表笔插入 mA 孔(小于 200mA 时)或 10A 孔(大于 200mA 时),黑表笔插入 COM 孔,并将数字式万用表串联在被测电路中。测量直流量时,数字式万用表能自动显示极性。

5) 电阻的测量。将量程开关拨至欧姆挡的合适量程,红表笔插入 V/Ω 孔,黑表笔插入 COM 孔。如果被测电阻值超出所选择量程的最大值,数字式万用表将显示"1",这时应选择更高的量程。

2. 兆欧表

兆欧表又称高阻表,也称摇表,用于测量大电阻值,主要是绝缘电阻的直读式仪表。它是专用于检查和测量电气设备和供电线路的绝缘电阻的便携式仪表,如图 2.42 所示。

(1) 兆欧表的选用

选择兆欧表要根据所测量的电气设备的电压等级和测量绝缘电阻范围而定。选用其额定电压一定要与被测电气设备或电气设备线路的工作电压相对应。

图 2.42 兆欧表

测量额定电压在 500V 以下的电气设备时，宜选用 500V 或 1000V 的兆欧表；如果测量高压电气设备或电缆，可选用 1000～2500V 的兆欧表，量程可选 0～25000Ω 的兆欧表。

（2）兆欧表使用前的检查

首先将被测的设备断开电源，并进行 2～3min 放电，以保证人身和设备的安全，这一要求对具有电容的高压设备尤其重要，否则绝不能进行测量。

兆欧表测量之前应做一次短路和开路试验。如果兆欧表表笔"地（E）""线（L）"处于断开的状态，转动摇把，观察指针是否指在"∞"处，再将兆欧表表笔"地（E）""线（L）"两端短接起来，缓慢转动摇把，观察指针是否在"0"位。如果上述检查发现指针不能指到"∞"或"0"位，则表明兆欧表有故障，应检修后再用。

（3）兆欧表测量接线的方法

兆欧表有三个端钮，即接地 E 端、线路 L 端和保护环 G 端。测量电路绝缘电阻时，E 端接大地，L 端接电路，即测量的是电路与大地之间的电阻；测量电动机的绝缘电阻时，E 端接电动机的外壳，L 端接电动机的绕组；测量电缆绝缘电阻时，除 E 端接电缆外壳，L 端接电缆芯外，还需要将电缆壳、芯之间的内层绝缘接至 G 端，以消除因表面漏电而引起的测量误差，如图 2.43 所示。

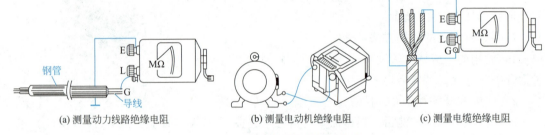

(a) 测量动力线路绝缘电阻　　(b) 测量电动机绝缘电阻　　(c) 测量电缆绝缘电阻

图 2.43　兆欧表测量接线的方法

3. 钳形电流表

在电工维修工作中，经常要求要在不断开电路的情况下测量电路电流，而钳形电流表可以满足这个要求，其外形如图 2.44 所示。钳形电流表不断开电路测量负载电流如图 2.45 所示。具体使用方法如下：

2.3 常用电工测量工具

图 2.44　钳形电流表

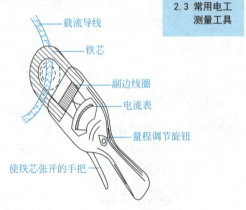

图 2.45　钳形电流表不断开电路测量负载电流示意图

（1）在测量之前，应根据被测电流大小、电压高低选择适当的量程。若对被测量值无法估计，应从最大量程开始，逐渐变换合适的量程，但不允许在测量过程中切换量程挡，即应松开钳口，换挡后再重新夹持载流导体进行测量。

（2）测量时，为使测量结果准确，被测载流导体应放在针形口的中央。钳口要紧密接合，若遇有杂音，可重新开口一次再闭合；若杂音仍存在，应检查钳口有无杂物和污垢，待清理干净后再进行测量。

（3）测量小电流时，为了获得较准确的测量值，可以设法将被测载流导线多绕几圈夹入钳口进行测量。但此时应把读数除以导线绕的圈数，所得数才是实际的电流值。测量完毕后，一定要把仪表的量程开关置于最大量程位置上，以防下次使用时忘记换量程而损害仪表。使用完毕后，将钳形电流表放入箱内保存。

钳形电流表使用注意事项：

（1）使用钳形电流表进行测量时，应当注意保护人体与带电体之间有足够的安全距离。电业安全规则中规定，最小安全距离不应小于 0.4m。

（2）测量裸导线上的电流时，要特别注意防止引起相间短路或接地短路。

（3）在低压架空线上进行测量时，应戴绝缘手套，并使用安全带；必须有两人操作，一人操作，另一人监护；测量时不得触及其他设备；观察仪表时，要特别注意保持头部与带电部位的安全距离。

（4）钳形电流表的把手必须保持干燥，并且进行定期检查和试验，一般一年进行一次。

知识梳理与总结

电气安装常用材料有绝缘导线、管材及其他支持材料、紧固材料、绝缘材料等。

电气施工常用的通用工具有螺钉旋具、剥线钳、电工刀、钳子、扳手等；常用安装工具有电钻、冲击电钻、电锤、弯管器、管子台虎钳等。

常用电工测量用具有万用表、兆欧表、钳形电流表。

施工时，应根据施工对象选择合适的工具，这样才能事半功倍；检测、检验电气线路时应选择合适的仪表，这样不仅能保证测试数据的正确性，而且能保护仪器仪表不受损坏。

知识拓展

古代工匠楷模——鲁班

鲁班，又称公输班，春秋时期鲁国人，被后世尊称为"木匠鼻祖"。鲁班发明过许多实用的工具和器械，包括锯子、墨斗、刨子、铲子、曲尺等。其中，发明锯子的故事尤为著名。有一次鲁班在上山砍树时，手被一种野草的叶子划破了，他仔细观察后发现叶子边缘有许多锋利的小齿，这个发现启发了他。于是，鲁班经过多次试验后，终于发明了锋利的锯子，大大提高了工作效率。他的一生都在致力于发明和创造，无论是木工工具还是建筑构造，都体现出他严谨细致、追求完美的工匠精神，也体现了他坚持不懈、勇于创新的精神。鲁班的作品不仅美观实用，更展现出高超的技艺和智慧，成为古代工匠的典范。

实训项目

一、常用工具和测量仪表的使用

1. 目的

使学生了解电工常用工具和测量仪表的规格型号，掌握常用工具和测量仪表的正确使用方法，以及工具和仪表的维护保养方法。

2. 能力及标准要求

能正确使用常用电工工具和万用表、兆欧表、钳形电流表，并对其进行保养。

3. 准备

钢丝钳、剥线钳、尖嘴钳、一字起、十字起、活动扳手、套筒扳手、试电笔、液压钳、梅花扳手、扭矩扳手、内六角扳手、万用表、兆欧表、钳形电流表。

4. 步骤

（1）常用工具的使用；

（2）万用表、兆欧表、钳形电流表的使用。

5. 注意事项

（1）要爱惜工具和仪表，在使用前要细心观察老师的示范；

（2）万用表在使用时一定要注意表笔插孔及转换开关位置的选择；

（3）兆欧表在使用前一定要判断其好坏；

（4）实训完成后要把工具和仪表收好放到指定的位置，并清理好场地。

6. 讨论

（1）工程上一般为什么只用钳形电流表测量电流，而不用万用表测量电流？

（2）能用万用表测量绝缘电阻值吗？选用兆欧表型号的依据是什么？

二、常用手持电动工具和机具的使用

1. 目的

使学生了解常用手持电动工具和机具的规格型号，掌握常用手持电动工具和机具的正确使用方法，以及手持电动工具和机具的维护保养方法。

2. 能力及标准要求

（1）能认识各种手持电动工具的规格型号和使用场所，掌握其正确的使用方法；

（2）能认识各种机具的规格型号和使用场所，掌握其正确的使用方法；

（3）掌握常用手持电动工具和机具的维护保养方法。

3. 准备

电锤、电钻、冲击电钻、手锯、金属管割刀、PVC管子割刀、管子台虎钳、手动套丝机、电动套丝机、电动切割机、手动弯管机、电动弯管机。

4. 步骤

（1）使用手锯、管子切割刀或电动切割机进行金属管的切割；

（2）使用弯管机对金属管进行弯曲；

（3）用电锤、冲击电钻打孔；

2.4 常用工器具、仪表使用实训任务单

(4) 用电钻、冲击电钻钻孔；

(5) 用手动套丝机、电动套丝机套丝。

5. 注意事项

(1) 使用电动切割机、电动套丝机、电动弯管器、电锤、电钻等工具时，要特别注意人身安全；

(2) 使用电动工具和机具时，一定要在老师现场指导下进行。

6. 讨论

(1) 电动工具是如何分类的？

(2) 使用电动套丝机进行套丝时，可以人为调整其套丝长度吗？

实训报告及分组情况表

习 题

一、选择题

1. 剥线钳是用来剥除（　　）以下电线绝缘层的专用工具。

　A. $2.5mm^2$　　　B. $4mm^2$　　　C. $6mm^2$　　　D. $16mm^2$

2. 电气施工金属管材中，通常用 TC 表示的金属管材为（　　）。

　A. 焊接钢管　　B. 水煤气管　　C. 电线管　　D. 金属波纹管

3. 测量电气设备或供电线路的绝缘电阻时可用（　　）来测量。

　A. 万用表　　　B. 兆欧表　　　C. 测电笔　　　D. 钳形电流表

4. 在不断开电路的情况下测量电路电流时可用（　　）来测量。

　A. 万用表　　　B. 兆欧表　　　C. 测电笔　　　D. 钳形电流表

5. 电动套丝机的功能有（　　）。

　A. 套丝　　　　B. 切管　　　　C. 倒角　　　　D. 弯管

二、简答题

1. 电气施工时常用的紧固材料有哪些？

2. 常用的金属管材有哪些？

3. 简述手电钻、冲击电钻和电锤的区别。

4. 简述钳形电流表的使用步骤。

5. 简述兆欧表的使用步骤。

项目 3

常用室内配线

知识目标

1. 了解线管配线的种类及使用场合;
2. 熟悉各种配线的施工工艺流程;
3. 掌握各种配线的安装要求。

技能目标

1. 能根据现场条件正确选择适合的配线方式;
2. 能按施工工艺要求合理进行现场施工;
3. 掌握并能熟练操作导线的连接。

素质目标

1. 培养学生追求精益求精的工匠精神;
2. 培养学生具备施工质量意识、安全意识及自我保护的能力;
3. 培养学生勇于创新、敬业乐业的工作作风。

项目3 常用室内配线

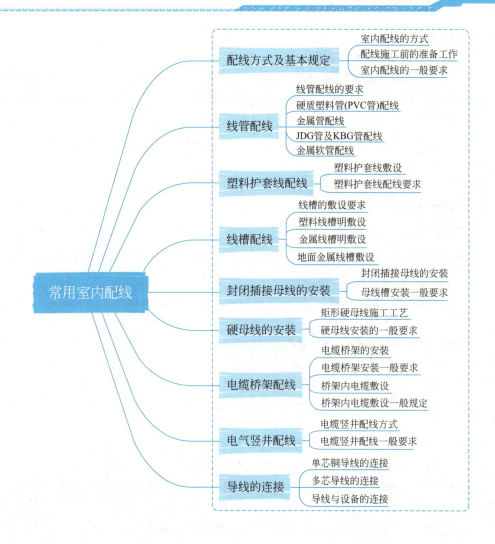

任务3.1 配线方式及基本规定

一、室内配线的方式

敷设在建筑物内的配线统称室内配线,也称室内配线工程。根据房屋建筑结构及要求的不同,室内配线又分为明配线和暗配线两种。明配线是敷设于墙壁、顶棚的表面及桁架等处;暗配线是敷设于墙壁、顶棚、地面及楼板等处的内部,一般是先预埋管子,然后再向管内穿线。按配线敷设方式,可分为线管配线、塑料护套线配线、线槽配线、封闭插接母线配线、硬母线配线、电缆桥架配线及电气竖井配线等。

二、配线施工前的准备工作

1. 全面熟悉施工图纸

(1) 弄清设计图纸的设计内容及设计意图,对图中选用的电气设备和主要材料等进行

39

统计，以做好备料工作。

（2）注意图纸提出的施工要求。

（3）考虑与主体工程和其他工程的配合，确定合理的施工方法。为防止破坏建筑物的强度和损害建筑物的美观，应配合土建施工做好预埋预留工作。同时还应根据规范要求考虑好与其他管线工程的关系，避免施工时发生位置的冲突而造成返工。

在熟悉图纸的同时，还必须熟悉与电气安装工程的技术规范、工程质量验收规范等有关的技术资料。

2. 做好工器具、材料的准备。

3. 有序组织施工人员进场。

三、室内配线的一般要求

室内配线的原则是既要安全可靠、经济方便，又要布局合理、整齐且牢固。室内配线工程的基本规范要求如下：

1. 配线工程的施工应按已批准的设计进行。当需要修改设计时，应经原设计单位同意方可进行。

2. 采用的器材应符合国家现行标准的有关规定，型号、规格及外观质量均应符合设计要求和规范的规定。

3. 配线工程施工中的安全技术措施应符合现行规范和国家标准的规定。

4. 电气线路经过建筑物、构筑物的沉降缝或伸缩缝处，应装设两端固定的补偿装置，导线应留有余量。

5. 电气线路沿发热体表面敷设时，与发热体表面的距离应符合设计规定。

6. 电气线路与设备管道间的最小安全距离应满足规范要求。

7. 配线工程用的管卡、支架、吊钩、拉环和盒（箱）等黑色金属附件，均应涂防锈漆。

8. 配线工程中非带电金属部分的接地（PE）和接零（PEN）应可靠。

任务 3.2　线管配线

把绝缘导线穿入管内敷设，称为线管配线。这种配线方式比较安全可靠，可避免腐蚀气体的侵蚀和遭受机械损伤，且更换电线方便，故而在工业与民用建筑中使用最为广泛。

线管配线常使用的线管有水煤气钢管（又称焊接钢管，分为镀锌和不镀锌两种，其管径以内径计算）、电线管（管壁较薄，管径以外径计算）、硬质塑料管、半硬质塑料管、塑料波纹管、软塑料管和软金属管（俗称蛇皮管）等。

一、线管配线要求

1. 线管配线的一般要求

（1）敷设在多尘或潮湿场所的电线保护管，管口及其各连接处均应密封。

(2) 当线路暗配时，电线保护管宜沿最近的路线敷设，并应减少弯曲。埋入建筑物、构筑物内的电线保护管，与建筑物、构筑物表面的距离不应小于 15mm。

(3) 进入落地式配电箱的电线保护管，排列应整齐，管口宜高出配电箱基础面 50～80mm。

(4) 电线保护管不宜穿过设备或建筑物、构筑物的基础；若必须穿过时，应采取保护措施。

(5) 电线保护管的弯曲处不应有褶皱、凹陷和裂缝，且弯扁程度不应大于管外径的 10%。

(6) 电线保护管的弯曲半径应符合下列规定：

1) 当线路明配时，其弯曲半径不宜小于管外径的 6 倍；当两个接线盒间只有一个弯曲时，其弯曲半径不宜小于管外径的 4 倍。

2) 当线路暗配时，其弯曲半径不应小于管外径的 6 倍；当埋设于地下或混凝土内时，其弯曲半径不应小于管外径的 10 倍。

(7) 当电线保护管遇下列情况之一时，中间应增设接线盒，且接线盒的位置应便于穿线：

1) 管长度每超过 30m，无弯曲；
2) 管长度每超过 20m，有一个弯曲；
3) 管长度每超过 15m，有两个弯曲；
4) 管长度每超过 8m，有三个弯曲。

(8) 垂直敷设的电线保护管遇下列情况之一时，应增设固定导线用的拉线盒：

1) 管内导线截面面积为 50mm^2 及以下，长度每超过 30m；
2) 管内导线截面面积为 70～95mm^2，长度每超过 20m；
3) 管内导线截面面积为 120～240mm^2，长度每超过 18m。

(9) 水平或垂直敷设的明配电线保护管，其水平或垂直安装的允许偏差为 1.5%，全长偏差不应大于管内径的 1/2。

(10) 在 TN-S、TN-C-S 系统中，当金属电线保护管、金属盒（箱）、塑料电线保护管、塑料盒（箱）混合使用时，金属电线保护管和金属盒（箱）必须与保护地线（PE 线）有可靠的电气连接。

2. 线管选择

线管选择主要从以下三个方面考虑：

(1) 线管类型的选择。应根据使用场合、使用环境、建筑物类型和工程造价等因素选择合适的线管类型。一般明配于潮湿场所和埋于地下的管子，均应使用厚壁钢管；明配或暗配于干燥场所的钢管，宜使用薄壁钢管；硬质塑料管适用于室内有酸、碱等腐蚀性介质的场所，但不得在高温和易受机械损伤的场所敷设；半硬质塑料管和塑料波纹管适用于一般民用建筑的照明工程暗敷设，但不得在高温场所敷设；软金属管多用来作为钢管和设备的过渡连接。

(2) 线管管径的选择。一般要求管内导线的总截面面积（包括绝缘层）不应超过管内径截面面积的 40%。

(3) 线管外观的选择。所选用的线管不应有裂缝和严重锈蚀，其弯扁程度不应大于管外径的10%,线管应无堵塞,管内应无铁屑及毛刺,切断口应锉平,管口应光滑。

二、硬质塑料管（PVC管）配线

硬质塑料管配线一般适用于室内场所和有酸、碱等腐蚀性介质的场所,但在易受机械损伤的场所不宜敷设。硬质塑料管可明敷或暗敷,但在高层建筑中不建议使用此敷设方式。

1. 硬质塑料管暗敷设施工工艺流程

管材选择→管子切割→管子弯曲→管子连接→线管敷设→管子穿越。

（1）管材选择

施工时,应按施工图设计要求选择管子类型及规格。PVC管管壁厚度均匀,无裂缝、空洞、气泡及变形现象。

（2）管子切割

PVC管的切割可使用钢锯,切割时应一次切割到底,否则管子切口会不整齐。也可使用PVC专用剪管器进行剪切,如图3.1所示。

剪切时,应一边稍微转动管子一边进行剪切,使刀口易切入管壁;刀口切入管壁后,应先停止转动PVC管（以保证切口平整）,再继续剪切,直至管子切断为止,如图3.2所示。

图3.1　PVC专用剪管器

图3.2　剪切PVC管

（3）管子弯曲

PVC管的弯曲通常采用冷煨法,也可采用热煨法。管径为25mm及以下的PVC管可以采用冷煨法。冷煨法主要采用手弯、膝弯或弯管器进行弯管。手弯是将弹簧插入（PVC）管内的煨弯处,两手抓住弯簧两端头,用力弯曲并控制弯曲角度,如图3.3所示;也可以采用弯管器或者膝弯法进行弯管,分别如图3.4、图3.5所示。

图3.3　手弯PVC管

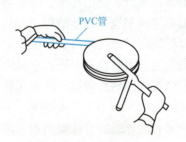

图3.4　弯管器弯PVC管

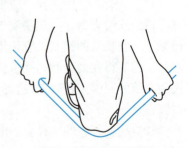

图3.5　膝弯PVC管

热熄法是加热煨弯。对于管径 20mm 及以下的 PVC 管,也可直接采用热熄法。加热时,应均匀转动管身,达到适当温度后,立即将管放在平木板上,用手握住需煨弯处的两端进行弯曲,也可采用模型煨弯。当弯曲成型后将弯曲部位插入冷水中冷却定型。

对于管径为 25mm 及以上的 PVC 管,可在管内填砂煨弯。弯曲时,先将一端管口堵好,然后将干砂子灌入管内墩实,再将另一端管口堵好,将砂子加热到适当温度即可放在模型上弯制成型。

(4) 管子连接

1) 管与管连接。

硬质塑料管 (PVC 管) 的连接方法有套管连接、管接头连接和插接法连接。

连接前,应将管子清理干净,在管子接头部分的表面均匀刷一层 PVC 胶水后,立即将管接头插入接管内,不要扭转,保持约 15s 不动即可接牢,如图 3.6 所示。

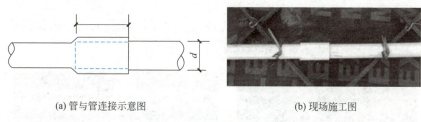

(a) 管与管连接示意图　　(b) 现场施工图

图 3.6　PVC 管与管的连接

2) 管与盒连接。

管盒连接通常采用成品管盒连接件,如图 3.7 (a) 所示。

连接管外径应与盒(箱)敲落孔相一致。管口平整、光滑,一管一孔顺直插入盒(箱)内,管与盒(箱)连接应牢固。没有用到的各种盒(箱)的敲落孔不应被破坏。现场施工如图 3.7 (b) 所示。

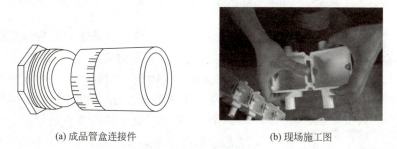

(a) 成品管盒连接件　　(b) 现场施工图

图 3.7　PVC 管与盒的连接

(5) 线管敷设

1) 在现浇混凝土墙、柱内管线暗敷设。管线应敷设在两层钢筋中间,PVC 管进盒(箱)时应煨成灯叉弯;管线每隔 1m 处用镀锌铁丝绑扎牢,距离管进盒前绑扎点不宜大于 0.3m;多根管子并列敷设时,管子之间应有不小于 25mm 的间距。PVC 管在墙、柱中暗敷设如图 3.8 所示。

2) 在现浇混凝土顶板内管线暗敷设。根据建筑物内房间四周墙壁的厚度,弹十字线

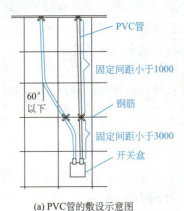

(a) PVC管的敷设示意图　　　　　　　(b) 现场施工图

图 3.8　PVC管在墙、柱中暗敷设

确定灯头盒的位置；将管接头、内锁紧螺母固定在盒子的管孔上，使用顶帽护口堵好管口，并堵好盒口。PVC管在顶板内暗敷设如图3.9所示。

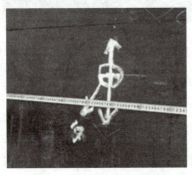

(a) PVC管的敷设示意图　　　　　　　(b) 现场施工图

图 3.9　PVC管在顶板内暗敷设

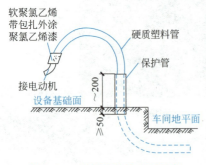

图 3.10　线管暗敷设引至设备

3）线管进设备。硬质塑料管埋地敷设（在受力较大处，应采用重型管）引向设备时，露出地面200mm段，应用钢管和高强度塑料管保护，保护管埋地深度不小于50mm，如图3.10所示。

4）在现浇混凝土梁内垂直通过时，应在梁受剪力较小的部位即梁净跨度的1/3跨中区域内通过，可在土建施工缝处预埋内径比配管外径粗的钢管作为套管。管子（或套管）在梁内并列敷设时，管与管的间距不应小于25mm。

(6) 管子穿线

穿线前，应先选择好导线的型号、规格、颜色等。选好后进行放线，是否正确放线是保证能否顺利穿线的第一步。放线的方法有手工放线和机械放线两种，室内配线一般采用手工放线。

穿线前,应先清扫管路。清扫管路可采用铁丝绑扎布条来回抽拉,也可采用压缩泵吹气法。然后进行穿引线,引线可采用1.2~1.5mm规格的钢丝或适当粗细的尼龙管作为穿管引线。

管内穿线要求如下:

1)导线穿好后,应留有适当余量。一般在接线盒内预留线长度不小于0.15m,配电箱内留线长度为箱的半周长,出户线处导线预留1.5m,以便日后接线。

2)穿在管内的导线不得有扭结,以免妨碍日后检修换线工作;不能有接头,若必须有时应在接线盒内完成。

3)管内导线总截面积(包括外护层)应不超过管截面积的40%。

4)在同一根线管内有几个回路时,所有绝缘导线和电缆都应有与最高电压回路相同的绝缘等级。

5)穿金属管的交流线路为了避免涡流效应,应将同一回路的所有相线及中性线穿于同一根金属管内。

6)不同回路、不同电压、直流和交流回路不应穿于同一根管内,但下列情况除外:电压为65V及以下;同一设备或同一联动系统设备的电力回路和无防干扰要求的控制回路;同类照明的几个回路,但管内导线根数不应多于8根(住宅除外)。

塑料管敷设的要求:

1)管口平整光滑。管与管、管与盒(箱)等器件采用插入法连接时,连接处接合面应涂专用胶合剂,使接口牢固密封。

2)直埋于地下或楼板内的刚性绝缘导管,在穿出地面或楼板易受机械损伤的一段,应采取保护措施。

3)当设计无要求时,埋设在墙内或混凝土内的绝缘导管采用中型以上的导管。

4)沿建筑物、构筑物表面和在支架上敷设的刚性绝缘导管,应按设计要求装设温度补偿装置。

5)当绝缘导管在砌体上剔槽埋设时,应采用强度等级不小于M10的水泥砂浆抹面保护,保护层厚度大于15mm。

6)暗配管路通过建筑物变形缝时,要在其两侧各埋设接线盒(箱)作为补偿装置。在接线盒(箱)相邻面穿一短钢保护管,管内径应大于塑料管外径的2倍,套在塑料管外面起保护作用,如图3.11所示。

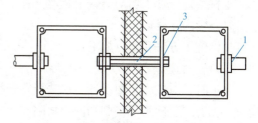

图3.11 暗配管变形缝补偿装置
1—硬质塑料管;2—钢保护管;3—箱内长开孔处

2. 硬质塑料管(PVC管)明敷设施工工艺流程

预制支、吊架铁件→测定盒(箱)及管线固定点位置→管子加工→管子敷设→管内穿线。

施工方法和要点如下:

(1)预制支、吊架铁件

按照设计图加工好支架、吊架、抱箍及铁件;埋入支架应有燕尾,埋入深度应不小于120mm;用螺栓穿墙固定时,背后加垫圈和弹簧垫将螺母紧固。

(2) 测定盒（箱）及管线固定点位置

按照施工图设计要求测出盒（箱）、出线口等准确位置。

(3) 管子加工

管子加工包括管子切割、管子弯曲和管子连接。

(4) 管子敷设

支架、吊架、管卡等固定好后可以敷设线管。敷设的注意事项如下：

1) 管线沿建筑物、构筑物表面敷设时，应按设计规定装设温度补偿装置。补偿的方法可以是增加中间接线盒，进入接线盒两端的管子不用固定，留有适当长度作为伸缩变化。

2) PVC管应排列整齐，固定点间距均匀，管卡固定点距离应符合表3.1的要求。

PVC管明敷设管卡固定点间距（单位：m） 表3.1

管径规格	垂直固定间距	水平固定间距	距盒边及接头处距离
20mm 以下	1.0	0.8	0.15
25～40mm	1.5	1.2	0.3
50mm 以上	2.0	1.5	0.3

3) PVC管在穿过楼板等易受机械损伤的地方，应采用钢管保护，其保护高度距楼板表面的距离应不小于500m。

(5) 管内穿线

管内穿线方法与暗敷设相似。

3.1 PVC管的敷设

三、金属管配线

1. 金属管暗配线施工工艺流程

管材选择→管子切割→管子套丝→管子弯曲→管子连接→管子敷设→跨接接地线→管子防腐→管内穿线。

具体施工方法和要点如下：

(1) 管材选择

施工时，应按施工图设计要求选择管子类型及规格。对钢管外观的选择应注意：壁厚均匀、无劈裂、砂眼、棱刺和凹扁缺陷，并应有产品质量合格证。

(2) 管子切割

配管前，应根据图纸要求的实际尺寸将管线切断。

大批量的管线切断时，可以利用纤维增强砂轮片切割。操作时用力要均匀、平稳，不能用力过猛，以免砂轮崩裂。

小批量的钢管一般采用钢锯进行切割。将需要切割的管子放在台虎钳的钳口卡牢，注意切口位置与钳口距离应适宜，不能过长或过短，操作应准确。在锯管时，锯条要与管子保持垂直，推锯时稍用力，但不能过猛，以免锯条折断；回锯时稍抬锯条，尽量减少锯条的磨损；当管子快要断时，要减慢速度，使管子平稳锯断。

切断管子也可采用割管器。但使用割管器切割的管子，管口容易产生内缩，缩小后的管口要用铰刀或锉刀修整平滑。

(3) 管子套丝

套丝一般采用套丝机来进行。套丝时，先将管子固定在台虎钳或龙门压架上并钳紧；根据管子的外径选择好相应的板牙，将绞板轻轻套在管端，调整绞板的3个支撑脚，使其紧贴管子，这样套丝时不会出现斜丝；调整好后手握绞板，平稳向里推，套上2～3扣后，再站到侧面按顺时针方向转动套丝板；开始时速度应放慢，套丝时应注意用力均匀，以免发生偏丝、啃丝的现象；丝扣即将套成时，轻轻松开扳机，退出套丝板。管径小于SC20的管子应分两板套成，管径大于或等于SC25的管子应分三板套成。钢管套丝如图3.12所示。

(a) 套丝机　　　　　　　　　(b) 套丝后的钢管

图3.12　钢管套丝

套丝后，应将管口端面和内壁的毛刺用锉刀锉去，使管口保持光滑，以免割破导线绝缘层。进入盒（箱）的管子，其套丝长度不宜小于管外径的1.5倍；管线间连接时，套丝长度一般为"（管箍长度的1/2）＋（2～4扣）"；需要推丝连接的丝扣长度为"（管箍的长度）＋（2～4扣）"。

(4) 管子弯曲

管径小于SC20的管子，可用手扳弯管器，手扳弯管器弯管如图3.13所示。操作时，先将管子需要弯曲部位的前段放在弯管器内，管子的焊缝放在弯曲方向的背面或旁边，以防管子弯扁；然后用脚踩住管子，手扳弯管器柄，用力不要过猛，各点的用力尽量均匀一致，且移动弯管器的距离不能太大。

管径在SC25及其以上的管子，应使用液压弯管器。根据管线需要弯成的弧度选择相应的模具。将管子放入模具内，使管子的起弯点对准弯管器的起弯点；然后拧紧夹具，弯出所需的弯度；弯管时，使管外径与弯管模具紧贴，以免出现凹瘪现象。

焊接钢管也可采用热煨法。煨管前，将管子的一端堵住，灌入事先准备好的干砂子，并随灌随敲打管壁，要灌满时，再将另一端堵住，如图3.14所示；煨管时，将管子放在火上加热，烧红后弯出所需的角度，热煨法应掌握好火候，随煨随浇冷却液。

暗配线管的弯曲处不得有褶皱、凹陷和裂纹等缺陷，且弯扁程度应不大于管外径的10%。暗配线管弯曲半径，常规应不小于管外径的6倍；埋入地下或混凝土结构内，其弯曲半径应不小于管外径的10倍。

图3.13 手扳弯管器弯管

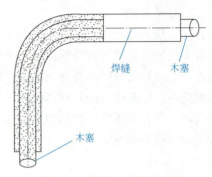

图3.14 热煨法弯曲示意图

(5) 管子的连接

1) 线管与线管套丝连接。丝接的两根线管应分别拧进管箍长度的1/2,并在管箍中央部位连接,连接好的管子外露丝扣不应过长,应为2~3扣。为了保证管口的严密性,管子丝扣部分应顺螺纹方向缠上麻丝,再涂上一层厚漆,或缠上塑料生料带,然后再连接。套丝连接一般适用于厚壁钢管和镀锌钢管。线管与线管套丝连接如图3.15所示。

2) 线管与线管套管焊接。套管焊接是取比管外径大的一段钢管做套管,套管长度为管外径的1.5~3倍,然后把两段线管插入套管后,将套管两端环焊。套管连接一般适用焊接管。线管与线管套管焊接如图3.16所示。

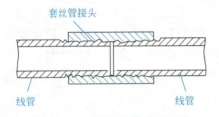

图3.15 线管与线管套丝连接

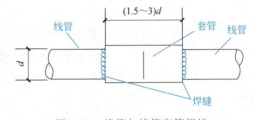

图3.16 线管与线管套管焊接

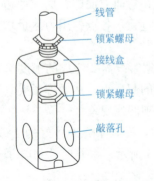

图3.17 线管与接线盒的连接

3) 线管与接线盒的连接

线管的端部与接线盒连接时,一般在接线盒内外各用一个薄型螺母(又称锁紧螺母)夹紧线管。安装时,先在线管管口拧入一个螺母,管口穿入接线盒后,在盒内再套拧一个螺母,然后用两把扳手把两个螺母反向拧紧,如图3.17所示。如果需要密封,则应在两螺母间各垫入封口垫圈。线管与接线盒的连接也可采用焊接的方法进行。

(6) 管子敷设

金属管敷设有暗敷和明敷两种。金属管暗敷设常见的有以下几种情况:

1) 砖墙内管线敷设。钢管在砖墙内敷设可以随土建砌砖时预埋,也可在砖墙上留槽或剔槽。钢管在砖墙内固定时,可先在砖缝里打入木模,在木模上钉钉子,用铁丝将钢管绑扎在钉子上,再将钉子打入,使钢管充分嵌入槽内;也可用水泥钉直接将钢管固定在槽内。

直线段固定点的间距应不大于 1m,与进入开关盒等处的间距应不小于 100mm。

2) 现浇混凝土墙和柱内管线敷设。墙体内的配管应在两层钢筋网中沿最近的路线敷设,并沿钢筋内侧进行绑扎固定。墙体内管线敷设如图 3.18 所示。柱内管线应与柱主筋绑扎固定,当管线穿过柱时,应适当加筋,以减小暗配管对结构的影响。柱内管线需与墙连接时,伸出柱外的短管不要过长,以免碰断。当管线穿外墙时,应加套管保护。开关、插座盒在混凝土墙、柱中固定如图 3.19 所示。管子在墙内敷设时应绑扎固定,绑扎间距应不大于 1m;墙柱内的管线并行时,应注意其管间距不可小于 25mm。

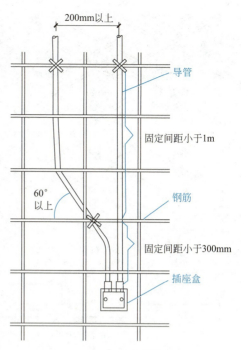

图 3.18 墙体内管线敷设

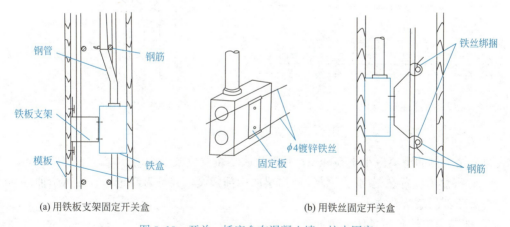

(a) 用铁板支架固定开关盒　　(b) 用铁丝固定开关盒

图 3.19 开关、插座盒在混凝土墙、柱中固定

3) 现浇混凝土顶板内管线敷设。钢管在现浇混凝土顶板内暗敷时,应在支好的模板上确定好灯、开关、插座盒的位置,待土建施工下层筋绑好、上层筋未铺设时,敷设盒、管并加以固定。钢管在现浇混凝土中暗敷如图 3.20 所示。管、盒连接及在现浇混凝土顶板中固定方法如图 3.21 所示。

4) 梁内管线敷设。管线的敷设应尽量避开梁。若不可避免,则具体要求如下:

a. 管线竖向穿梁时,应选择梁内受剪力、应力较小的部位穿过;当管线较多时需并排敷设,且管间的距离应不小于 25mm,同时应与土建专业协商适当加筋。

b. 管线横向穿梁时,也应选择梁内受剪力、应力较小的部位穿过;管线横向穿梁时,

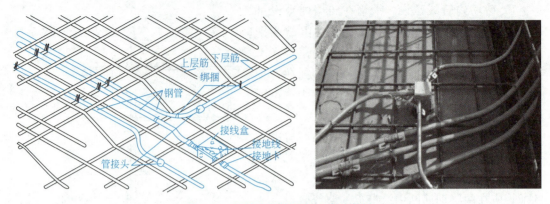

图 3.20　钢管在现浇混凝土中暗敷设

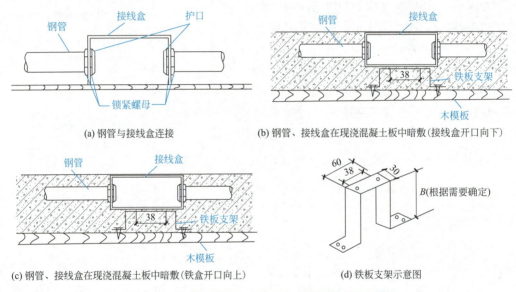

图 3.21　钢管、接线盒连接及在现浇混凝土板上固定

管线距底箱上侧的距离应小于 50mm，且连接头尽量避免放于梁内。

c. 灯头盒需设置在梁内时，管线应沿梁的中部敷设，并可靠固定；管线可弯曲成 90°，从灯头盒顶部的敲落孔进入。

5）地面内管线敷设具体要求如下：

a. 管线在地面内敷设，应根据施工图设计要求及土建专业人员测出的标高，来确定管线的路由。

b. 地面内的管线使用金属地面接线盒时，盒口应与地面平齐，引出管线应与地面垂直。

c. 敷设的管线需露出地面时，其管口距地面的高度应不小于 200mm；多根管线进入配电箱时，管线排列应整齐；若进入落地式配电箱，其管口应高于基础面 50~80mm。

d. 线管与设备相连时，应尽量将管线直接敷设至设备进线孔。如果条件不允许进入设备进线孔，则在干燥环境下，可加金属软管引入设备进线孔，但管口处采用成型连接器连接；若在室外或较潮湿的环境下，可在管口处加防水弯头。

6）混凝土砌块墙内管线敷设。施工时除配电箱应根据施工图进行定位预留外，其余管线的敷设应在墙体砌好后，根据预先确定好的位置和路由进行剔槽，但应注意剔凿的洞和槽不得过大，剔槽的宽度应不大于管外径加 15mm，槽深不小于管外径加 15mm，管外侧的保护层厚度应不小于 15mm。

7）建筑物吊顶内管线敷设。建筑物吊顶上的灯位及其他器具位置应先放样，并与土建及各专业相关人员商定后，方可在吊顶内配管。吊顶内管线敷设一般要在龙骨装配完成后进行，并在顶板安装前完工。吊顶内配管应根据电器在吊顶上的位置，确定管子部位。当敷设直径为 25mm 及以下的钢管时，可利用吊装卡具在轻钢龙骨的吊杆和主龙骨上敷设，如图 3.22 所示。顶内钢管管径较大或并列钢管数量较多时，应由楼板顶部、梁上固定支架或吊杆直接吊挂配管。

吊顶内灯头盒至灯位可采用阻燃性可挠金属软管过渡，其长度不应超过 1.2m，其两端应采用专用接头，如图 3.23 所示。吊顶内各种盒、箱口的方向应面向检查口，以便于检修。

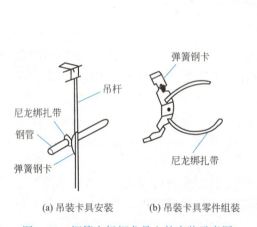

图 3.22　钢管在轻钢龙骨上的安装示意图

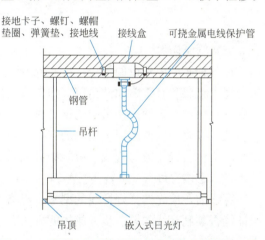

图 3.23　吊顶内灯具与可挠金属软管的连接示意图

线管经过建筑物伸缩缝时，为防止基础下沉不均而损坏管子和导线，须在伸缩缝的旁边装设补偿盒。钢管沿墙过伸缩缝的做法如图 3.24 所示。

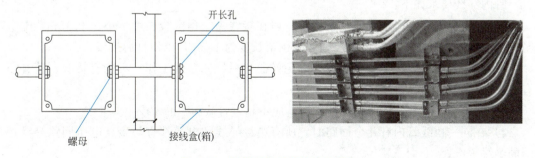

图 3.24　钢管沿墙过伸缩缝的做法

（7）跨接接地线

钢管与钢管、钢管与接线盒及配电箱套丝连接后，为保证钢管之间的良好电气连接，钢管与钢管、钢管与接线盒及配电箱都要跨接地线。如果是镀锌钢管，则不能用电焊焊接，可用截面积为 4～6mm² 的铜导线进行气焊和锡焊；也可用地线夹、螺钉、管卡等进行压接，跨接接地线如图 3.25 所示。

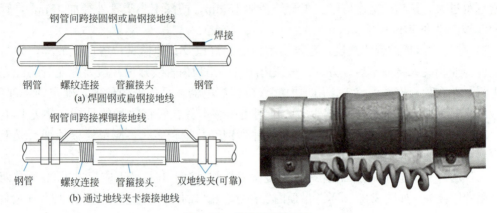

图 3.25　跨接接地线做法

（8）管子防腐

在各种砖墙内敷设的管线，应在跨接地线的焊接部位、丝扣连接的焊接部位刷防腐漆；埋入土层和有防腐蚀性垫层（如焦渣层）内的管线应在管线周围打 50mm 的混凝土保护层进行保护；直埋入土壤中的钢管也可刷沥青油漆进行保护。

埋入有腐蚀性或潮湿土壤中的管线，若为镀锌管丝接，应在丝头处抹铅油缠麻，然后拧紧丝头；若为非镀锌管线，应刷沥青油后缠麻，然后再刷一遍沥青油进行保护。

（9）管内穿线

穿线前，应先选择好导线的型号、规格、颜色等。选好后进行放线，是否正确放线是保证能否顺利穿线的第一步。放线的方法有手工放线和机械放线两种，室内配线一般采用手工放线。

穿线前，应先清扫管路。清扫管路可采用铁丝绑扎布条来回抽拉，也可采用压缩泵吹气法。然后进行穿引线，引线可采用 1.2～1.5mm 规格的钢丝或适当粗细的尼龙管作为穿管引线。

管内穿线要求如下：

1）导线穿好后，应留有适当余量。一般在接线盒内预留线长度不小于 0.15m，配电箱内留线长度为其半周长，出户线处导线预留长度为 1.5m，以便日后接线。

2）穿在管内的导线不得有扭结，以免妨碍日后检修换线工作；不能有接头，若必须有时应在接线盒内完成。

3）管内导线总截面积（包括外护层）应不超过管截面积的 40％。

4）在同一根线管内有几个回路时，所有绝缘导线和电缆都有与最高电压回路绝缘相同的绝缘等级。

5）穿金属管的交流线路为了避免涡流效应，应将同一回路的所有相线及中性线穿于同一根金属管内。

6）不同回路、不同电压、直流和交流回路不应穿于同一根管内，但下列情况除外：

电压为65V及以下；同一设备或同一联动系统设备的电力回路和无防干扰要求的控制回路；同类照明的几个回路，但管内导线根数不应多于8根（住宅除外）。

2. 金属管明配施工工艺流程

管弯、支架、吊架预制加工→测定盒（箱）及固定点位置→支架、吊架固定→线管敷设。

3.2 钢管的敷设

具体施工方法和要点如下：

（1）管弯、支架、吊架预制加工

明配线管的弯曲半径一般应不小于管外径的6倍。若只有一个弯，可不小于管外径的4倍。明配线管的弯曲加工方法可采用冷煨法和热煨法。支架和吊架应按施工图设计要求进行加工。若无设计规定，则应符合下列规定：扁钢支架规格为30mm×3mm；角钢支架规格为25mm×25mm×3mm；埋注支架应有燕尾，埋注深度不小于120mm。

（2）测定盒（箱）及固定点位置

根据设计首先测出盒（箱）和出线口的具体位置，然后把管线的垂直、水平走向弹出线来，按照安装标准规定的固定点距离的尺寸要求，计算确定支架、吊架的具体位置。固定点的距离应均匀，管卡与终端、转弯中点、电气器具或接线盒边缘的距离为150～500mm。

（3）支架、吊架固定

支架、吊架的固定常用胀管法、预埋铁件法、木砖法及抱箍法。钢管固定方法如图3.26所示。由地面引出管线至明箱时，可直接焊在角钢支架上；采用定型盘、箱，则需在盘、箱下侧100～150mm处加稳固支架，将管固定在支架上。

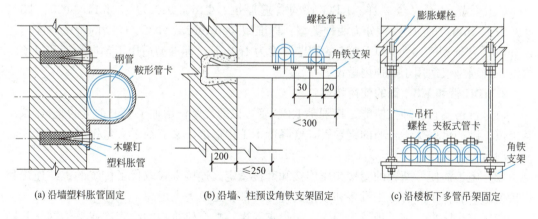

(a) 沿墙塑料胀管固定　　(b) 沿墙、柱预设角铁支架固定　　(c) 沿楼板下多管吊架固定

图3.26　钢管固定方法

（4）线管敷设

水平和垂直敷设允许有偏差值，管线在2m以内时，偏差为3mm，全长应不超过管内径的1/2。线管进入开关、灯头插座等接线盒孔内时，在距离接线盒300mm处，应用管卡将管子固定。钢管在拐角时，应使用弯头、接线盒或转角盒，如图3.27所示。线管敷设的其他要求及线管连接、线管穿线与线管暗敷相同。

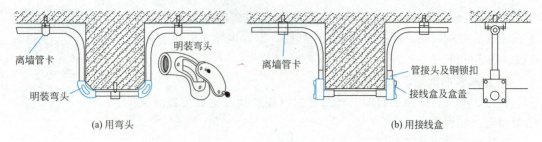

图 3.27 明敷钢管拐角方法

四、JDG 管及 KBG 管配线

套接紧定式镀锌钢管简称 JDG 管，套接扣压式薄壁镀锌钢导管简称 KBG 管。两者都是 SC 管（焊接钢管）的更新换代产品。JDG 管和 KBG 管均采用优质冷轧带钢，经高频焊管机组自动焊缝成型。由于该管材双面镀锌，因此具有良好的防腐性能。其加工方便，施工便捷，在 1kV 及以下的建筑电气工程中得到广泛应用。

JDG 管和 KBG 管的敷设除管线连接施工工艺与上述金属管不同外，其余基本相同，故本节主要介绍两管连接的相关内容和要求。

1. JDG 管和 KBG 管的区别

JDG 管和 KBG 管都属于镀锌钢管，表面采用双面彩镀锌处理工艺。但两者的区别如下：

（1）连接方式不同。KBG 管为扣压式，JDG 管为紧定式。

（2）线管弯曲处理方法不同。KBG 管是利用弯管接头，JDG 管是使用弯管器煨弯或利用弯管接头。

（3）管壁厚不完全一样。KBG 管的管壁厚度：Φ16、Φ20 为 1.0mm；Φ25、Φ32、Φ40 为 1.2mm。而 JDG 管分为两种类型：标准型 Φ20、Φ25、Φ32、Φ40 的管壁厚度均为 1.6mm；普通型 Φ16、Φ20、Φ25 的管壁厚度为 1.2mm。标准型适用于预埋敷设和吊顶内敷设，普通型仅适用于吊顶内敷设。

2. JDG 管和 KBG 管的使用特点

（1）价格便宜、环保节能。特别是 KBG 管，以薄代厚，增加了单位重量的延长米数；其单位长度的价格优于普通的钢导管，既降低了工程造价，又节约了大量钢材，并且轻便易于搬运。

（2）施工简便。新颖的套接扣压连接和套接紧定式连接方式取代了传统的螺纹连接和焊接施工，省去了多种施工设备和繁杂的施工环节，工效大大提高。

（3）安全防火。施工现场无明火，无火灾隐患；整个建筑物的线管连成整体网络并接地，短路时自动切断电源不会引起火灾。

（4）高度屏蔽。具有抗电磁干扰和防雷电功能，适用于智能建筑、通信控制等布线导管。

（5）产品配套，各种配件齐全。特别是 KBG 管，开发中研发了大量与之配套使用的管接件、接线盒及专用工具，使用方便、快捷。

3. JDG 管的连接

（1）管与管连接。管与管之间常采用直管接头进行连接。安装时，先把钢管插入管接头,使其与管接头插紧定位,然后再持续拧紧紧定螺钉,直至拧断"脖颈",使钢管与管接头连成一体,无须再做跨接地线。需注意,不同规格的钢管应选用不同规格的与其相配套的管接头。JDG 常用管接件有直通接头、管盒接头、直角弯接头,如图 3.28 所示;管与管的连接(紧定式导管间连接)方法如图 3.29 所示。

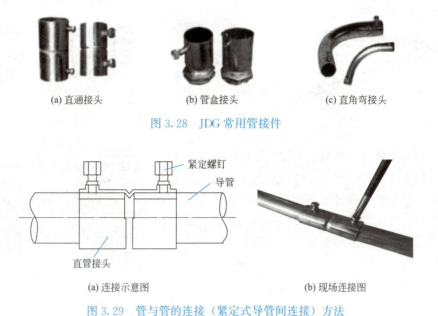

(a) 直通接头　　　　(b) 管盒接头　　　　(c) 直角弯接头

图 3.28　JDG 常用管接件

(a) 连接示意图　　　　(b) 现场连接图

图 3.29　管与管的连接(紧定式导管间连接)方法

(2) 管与盒连接。管与盒的连接通常采用螺纹接头。螺纹接头为双面镀锌保护。螺纹接头与接线盒连接的一端,带有一个爪形锁紧螺母和一个六角形锁紧螺母。安装时,将爪形锁紧螺母扣在接线盒内侧露出的螺纹接头的丝扣上,六角形锁紧螺母在接线盒外侧,用紧定扳手使爪形锁紧螺母和六角形锁紧螺母夹紧接线盒壁。管与盒的连接(紧定式导管与盒的连接)方法如图 3.30 所示。

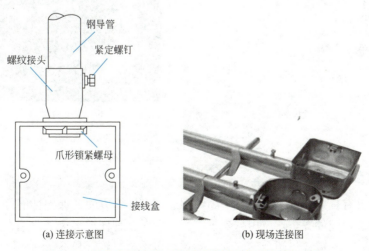

(a) 连接示意图　　　　(b) 现场连接图

图 3.30　管与盒的连接(紧定式导管与盒的连接)方法

4. KBG 管的连接

（1）管与管连接。管与管连接可直接将导管插入直管接头或弯管接头，用专用扣压器在连接处施行扣压，水平敷设时宜在管路上、下方扣压，垂直敷设时宜在管路左、右侧扣压。专用扣压器如图 3.31 所示；KBG 常用管配件有直接、盒接、月弯，如图 3.32 所示。

(a) 直接　　　　(b) 盒接　　　　(c) 月弯

图 3.31　专用扣压器　　　　　图 3.32　KBG 连接器

（2）管与盒连接。管与盒连接应先将螺纹管接头与接线盒施行螺纹连接，再将导管插入螺纹管接头的另一端，用扣压器在螺纹管接头与导管连接处施行扣压，爪形锁紧螺母的爪应靠线盒侧以便破坏线盒氧化层从而达到跨接的作用。管与盒的连接方法如图 3.33 所示。

3.3 JDG管的敷设　　3.4 KBG管的敷设

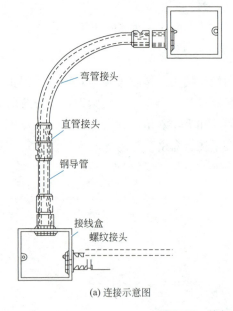

(a) 连接示意图　　　　　(b) 现场连接图

图 3.33　管与盒的连接方法

五、金属软管配线

金属软管具有良好的可挠性，且坚固耐用、携带运输方便、保护性能好。其加工和连接简便，品种多，配件齐全，应用越来越广泛。金属软管种类很多，适用在配线中的主要有普利卡金属软管、镀锌包塑金属软管、不锈钢包塑金属软管和不锈钢波纹管。

下面以普利卡金属软管为例，讲述其配线工艺及要求：

1. 金属软管敷设

普利卡金属套管室内明敷设与钢管的固定方法相同。管的弯曲半径不应小于软管外径的 6 倍。管卡子与终端、转弯中点、电气器具或设备边缘的距离为 150～300mm，管路中间的固定管卡子最大距离应保持在 0.5～1m，固定点间距应均匀，允许偏差不应大于 30mm。

（1）在吊顶内敷设

吊顶内主干管为钢管且为明配时，管引至吊顶灯位盒的配管，应使用普利卡金属套管。主干管可在吊顶灯位集中处，设置分线盒（箱），由盒（箱）内引出分支管，分支管至吊顶灯位（或盒位）一段使用普利卡金属套管，如图 3.34 所示。

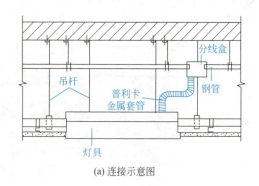
(a) 连接示意图

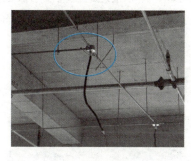
(b) 现场连接图

图 3.34　吊顶内金属软管敷设

（2）金属管与设备的过渡连接

钢导管与电气设备器具间可采用金属软管来做过渡连接，其两端应有专用接头，连接可靠牢固且密闭良好。在潮湿或多层场所应采用能防水的导管，导管的连接长度不宜过长，如图 3.35 所示。

图 3.35　金属软管作为过渡连接

2. 连接

线管连接采用专用接头。线管互接应使用带有螺纹的直接头，如图 3.36 所示。线管与钢管连接分为螺纹连接、无螺纹连接及防水型套管连接，其中螺纹连接接头有混合接头和混合组合接头两种。无螺纹连接接头如图 3.37 所示。线管与盒（箱）连接，应使用专用的管盒（箱）连接器或组合管盒（箱）连接器。其连接采用的管盒（箱）连接接头如图 3.38 所示。

图 3.36 带有螺纹的直接头

图 3.37 无螺纹连接接头

3. 接地

金属套管与套管的连接及管与盒（箱）的连接，均应做良好的接地，且不得作为电气设备的接地导体。接地连接应使用接地线夹固定，接地线应使用截面积不小于 $4mm^2$ 的软铜线，金属软管接地线跨接实物图如图 3.39 所示。

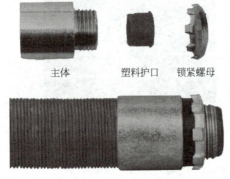
图 3.38 管盒（箱）连接接头

图 3.39 金属软管接地线跨接实物图

任务 3.3 塑料护套线配线

塑料护套线具有防潮和耐腐蚀等性能，在比较潮湿和有腐蚀性的特殊场所可采用塑料护套线。塑料护套线多用于照明线路，可以直接敷设在楼板、墙壁等建筑物表面上，用线卡或铝片卡（钢精轧头）作为导线的支持物。

1. 塑料护套线敷设的施工工艺流程

画线定位→放线→固定线卡→导线敷设。

（1）画线定位

塑料护套线的敷设应横平竖直。敷设导线前，先用粉线袋按照设计需要弹出正确的水平线和垂直线；确定起始点的位置后，再按塑料护套线截面的大小每隔 150～200mm 画出线卡的固定位置。导线在距终端、转弯中点、电气器具或接线盒边缘 50～100mm 处都要设置线卡进行固定。

（2）放线

放线是保证护套线敷设质量的重要一步。整盘护套线不能弄乱，不可使线产生扭曲，放出的线不可在地上拖拉,以免擦破或弄脏电线的护套层。线放完后先放在地上量好尺度,在留有一定余量后剪断。

(3) 固定线卡及敷设导线

护套线的常用固定线卡有三种,分别是铝片卡、塑料钢钉电线卡、可调固定夹,如图 3.40 所示。

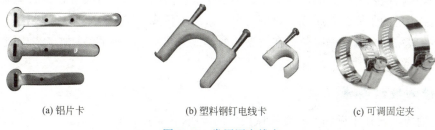

(a) 铝片卡　　　　　(b) 塑料钢钉电线卡　　　　　(c) 可调固定夹

图 3.40　常用固定线卡

砖混结构或木结构的场所采用塑料钢钉电线卡固定时,应选择合适的规格。安装时,先将护套线卡入线卡中,然后用铁锤将塑料钢钉电线卡打入墙中即可。塑料护套线及敷设如图 3.41 所示。

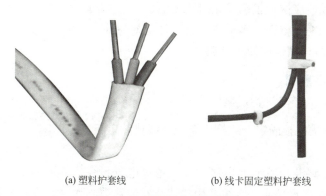

(a) 塑料护套线　　　　　(b) 线卡固定塑料护套线

图 3.41　塑料护套线及敷设

2. 塑料护套线配线要求

(1) 塑料护套线不应直接敷设在抹灰层、吊顶、护墙板、灰幔角落内;室外受阳光直射的场所不应明配塑料护套线。

(2) 塑料护套线宜在平顶下 50mm 处沿建筑物表面敷设;多根导线平行敷设时,一个轧头最多夹 3 根双芯护套线。

(3) 塑料护套线之间应相互靠紧,穿过梁、墙、楼板、跨越线路、护套线交叉时都应套有保护管;护套线交叉时保护管应套在靠近墙的一根导线上。

(4) 塑料护套线穿越楼板时,应加钢管保护,其保护高度距地面不低于 1.8m;若在装设开关的地方,可延伸到开关所在位置。

(5) 塑料护套线的弯曲半径应不小于其外径的 3 倍;弯曲处护套和线芯绝缘层应完整无损。

任务 3.4 线槽配线

线槽配线的特点是干净、整齐、敷线多、施工简便、零配件齐全，其最大的优点是检修方便。线槽若按材质有塑料和金属之分，塑料线槽价廉、轻便、加工方便、防腐能力强；金属线槽机械强度好、耐热能力强、不易变形、坚固耐用。若按敷设方式有明敷和暗敷之分，在简易的工棚、仓库或临时用房大多采用塑料线槽明敷；在吊顶、竖井、电梯井道等场所一般采用金属线槽暗敷；在大型的商场或大开间办公室的地面大多采用地面金属线槽。

一、线槽的敷设要求

1. 线槽应敷设在干燥和不易受机械损伤的场所。
2. 线槽的连接应无间断。每节线槽的固定点不应少于两个，在转角、分支部应有固定点，并应紧贴墙面固定。
3. 线槽接口应平直、严密，槽盖应齐全、平整、无翘角。
4. 固定或连接线槽的螺钉或其他紧固件，紧固后其端部应与线槽内表面光滑相接。
5. 线槽的出线口应位置正确、光滑、无毛刺。
6. 线槽敷设应平直整齐。水平或垂直允许偏差为其长度的0.2%，且全长允许偏差为20mm；并列安装时，槽盖应便于开启。

二、塑料线槽明敷设

塑料线槽明敷设施工工艺流程：
弹线定位→线槽底板固定→线槽内布线→线槽盖盖板。

1. 弹线定位

按施工图设计要求，确定进户线、盒、箱等电气设备固定点的位置，从始端至终端（先干线后支线）找好水平或垂直线，用粉线袋在线路中心弹线，按相关要求均分距离。

线槽配线在穿越顶板或墙体时，应设置保护管，且穿顶板处必须用钢管保护，其保护高度距地面应不低于1.8m；装设开关的地方可引至开关的位置，经过变形缝时应做补偿处理。

2. 线槽底板固定

（1）木砖固定线槽。配合土建结构施工预埋木砖；加砌砖墙或砖墙应在剔洞后再埋木砖；木砖削成梯形，梯形木砖较大的一面应朝洞里面，外表面应与建筑物的表面齐平；然后用水泥砂浆抹平，待凝固后，再将线槽底板用木螺钉固定在木砖上。用木砖固定线槽如图3.42（a）所示。

（2）塑料胀管固定线槽。砖墙或混凝土墙可采用塑料胀管固定线槽。根据胀管直径选择钻头，并在标出的固定点位置上钻孔；垂直钻好孔后，将孔内残存的杂物清净，用木槌将塑料胀管垂直敲入孔中，并与建筑物表面齐平；用木螺钉加垫圈将线槽底板固定在建筑物表面。用塑料胀管固定线槽如图3.42（b）所示。

（3）伞形螺栓固定线槽。在白膏板墙或其他护板墙上，可采用伞形螺栓固定塑料线槽。根据弹线定位的标记，找出固定点位置并钻孔；将线槽的底板横平竖直地紧贴建筑物的表面，钻好孔后将伞形螺栓的两伞叶抬紧合拢插入孔中；待合拢伞叶自行张开后，再用螺母紧固即可。用伞形螺栓固定线槽如图3.42（c）所示。伞形螺栓还可反过来固定，让多余露出来的螺栓在线槽内，但露出部分应加套塑料管，以免损坏导线。

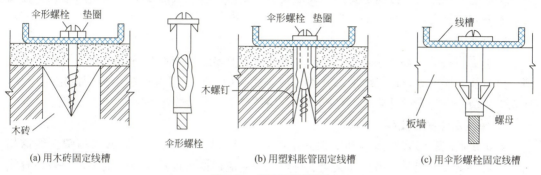

图3.42　线槽底板固定

3. 线槽内布线

（1）线槽内电线或电缆的总截面（包括外护层）应不超过线槽内截面的20%，载流导线不宜超过30根（控制、信号等线路可视为非载流导线）。

（2）强、弱电线路不应同时敷设在同一条线槽内，但同一路径无抗干扰要求的线路可以敷设在同一线槽内。

（3）电线、电缆在塑料线槽内不得有接头，导线的分支接头应在接线盒内进行。从室外引进室内的导线在进入墙内的一段应使用橡胶绝缘导线，严禁使用塑料绝缘导线。

4. 线槽盖盖板

塑料线槽的盖板大多为卡式盖板，盖上前应理平、理顺槽内导线，然后盖上盖板，盖板要平整并卡实。线槽终端应做封堵处理。塑料线槽明配线安装如图3.43所示。

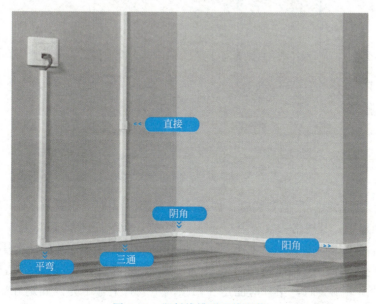

图3.43　塑料线槽明配线安装

三、金属线槽明敷设

金属线槽明敷设施工工艺流程如下：

线槽选择→弹线定位固定支架→线槽安装→线槽连接→线槽接地→线槽内布线。金属线槽施工方法及要点：

1. 线槽选择

金属明装线槽一般由0.4~1.5mm的钢板压制而成。金属线槽内外应光滑平整，无棱刺、扭曲和变形现象。金属线槽及其附件应采用表面进行过渡锌或静电喷漆的定型产品，其规格和型号应符合设计要求，并有产品合格证等。

2. 弹线定位固定支架

金属线槽安装形式有沿墙和支架固定两种。沿墙敷设测量定位的方法与塑料线槽相同。当采用支架安装时，吊点和支架支持点的距离应根据工程具体条件确定，一般在直线段固定点间距应不大于3m，在线槽的首端、终端、分支、转角、接头及进出接线盒处应不大于0.5m。

3. 线槽安装

金属线槽在墙上安装，可采用M8×35半圆头木螺钉配塑料胀管的安装方式施工，塑料胀管可根据线槽宽度选用1个或2个，如图3.44所示；也可以采用托臂支撑或用扁钢、角钢支架支撑，如图3.45所示。支架与建筑物的固定应采用M10×80的膨胀螺栓紧固，或用角钢支架预埋在墙内，线槽用卡子固定在支架上。支架固定点间距为1.5m，底部支架距楼（地）面应不小于0.3m。

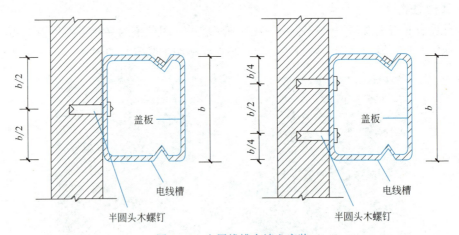

图3.44 金属线槽在墙上安装

金属线槽采用吊杆、吊架安装时，如图3.46所示，吊杆若采用圆钢，其直径不小于8mm；若采用扁钢，其规格一般选用40mm×4mm。吊架与顶板的距离为150~200mm。

金属线槽在吊顶内安装时，吊杆可用膨胀螺栓与建筑构件固定；当用钢结构固定时，可进行焊接固定，也可以使用万能吊具与角钢、槽钢、工字钢等钢结构进行安装；金属线槽在吊顶下吊装时，吊杆应固定在吊顶的主龙骨上，不允许固定在副龙骨或辅助龙骨上。

项目3 常用室内配线

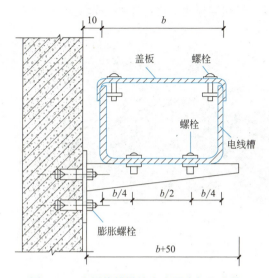

图3.45 金属线槽沿墙在水平支架上安装

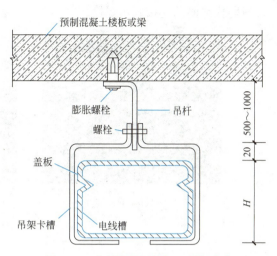

图3.46 金属线槽用吊杆、吊架安装

4. 线槽连接

吊装金属线槽在水平方向分支时，应采用二通、三通、四通接线盒进行分支连接；线路在不同平面转弯时，在转弯处应采用立上弯头或立下弯头进行连接，安装角度要适宜；在线槽出线口处应利用出线口盒进行连接，线槽末端部位要装上封堵进行封闭；在盒（箱）进出线处应采用抱脚连接；金属线槽垂直或倾斜敷设时，应采取措施防止电线或电缆在线槽内移动；有金属线槽通过的墙体或楼板处应预留孔洞，金属线槽不得在穿过墙体或楼板处进行连接，也不应将穿过墙体或楼板的线槽与墙体或楼板上的孔洞一连抹死；金属线槽在穿过建筑物变形缝处应有补偿装置，线槽本身应断开，并使用内接板搭接，无须固定死。直线段线槽连接方法如图3.47所示。

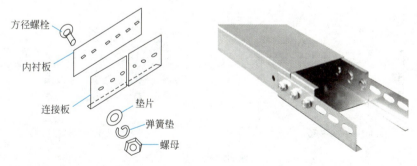

图3.47 直线段线槽连接方法

5. 金属线槽的接地

金属线槽应可靠接地或接零。所有非导电部分的铁件均应相互连接，线槽的变形缝补偿装置处应用导线搭接，如图3.48（a）所示，使之成为一连续导体。金属线槽不做设备的接地导体。当设计无要求时，金属线槽全长应有不少于两处与接地（PE）或接零（PEN）干线连接，如图3.48（b）所示。非镀锌金属线槽间连接板的两端跨接铜芯接地

63

线；镀锌金属线槽间连接板的两端不跨接接地线，但连接板两端应有不少于两处有防松螺母或防松垫圈的连接固定螺栓。

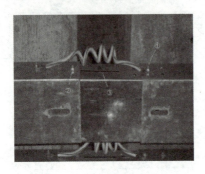
(a) 线槽接地跨接

(b) 线槽接地线与干线连接

图 3.48　金属线槽接地实物图

四、地面金属线槽敷设

地面金属线槽施工工艺流程如下：

线槽选择→线槽与支架组装→线槽连接→线槽安装→线槽接地→线槽内布线。

1. 线槽选择

线槽有单线槽和双线槽之分，可根据要求选择。地面内安装的金属线槽由厚度2mm的钢板制成，可直接敷设在混凝土地面、现浇混凝土楼板或预制混凝土楼板的垫层内。

2. 线槽与支架组装

根据设计要求，正确选择单压板或双压板支架，与线槽进行组装，并根据地面厚度调整好支架的高度。地面内线槽支架安装方法如图3.49所示。地面线槽的支架应安装在直线段不大于3m处或在线槽接头处、线槽进入分线盒200mm处。

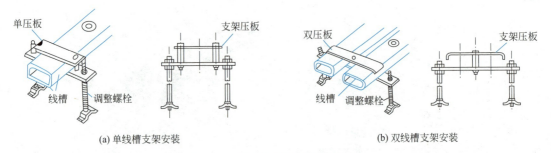

(a) 单线槽支架安装　　　　　　　　　(b) 双线槽支架安装

图 3.49　地面内线槽支架安装方法

3. 线槽连接

地面暗装金属线槽的制造长度一般为3m，每0.6m设一出线口。当需要线槽与线槽相互连接时，应采用线槽连接头进行连接，如图3.50所示；当遇到线路交叉、分支或弯曲转向时，应安装分线盒，如图3.51所示；当线槽端部与配管连接时，应使用线槽与管过渡接头连接，如图3.52所示。

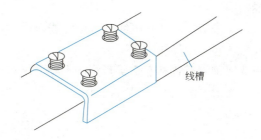
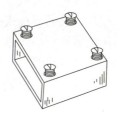

图 3.50 线槽连接

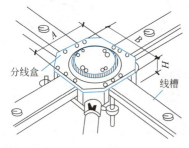

图 3.51 分线盒安装示意图

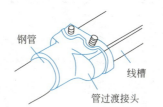

图 3.52 线槽与管过渡接头连接

4. 线槽安装

(1) 当线槽敷设在现浇混凝土楼板内时，楼板厚度应不小于 200mm；当敷设在楼板垫层内时，垫层的厚度应不小于 70mm，并避免与其他管路相互交叉。

(2) 地面线槽的出线口不应凸出地面，必须与地面平齐。

地面内暗装金属线槽全部组装好后，应进行一次系统调整。调整符合要求后，将各盒盖盖好或堵严，防止盒内进入水泥砂浆，直至配合土建施工结束为止。

5. 线槽接地

金属线槽不作为设备的接地导线。当设计无要求时，金属线槽全长应有不少于两处与接地（PE）或接零（PEN）干线连接。非镀锌金属线槽间连接板的两端跨接铜芯接地线；镀锌线槽间连接板的两端不跨接接地线，但连接板两端应有不少于两处有防松螺母或防松垫圈的连接固定螺栓。

6. 线槽内布线

(1) 金属线槽在配线前，应清除线槽内的积水和杂物。

(2) 穿线时，在金属线槽内不应有接头，但在易于检查（可拆卸盖板）的场所，可允许在线槽内有分支接头；电线、电缆和分支接头的总截面积（包括外护层），不应超过该点线槽内截面的 75%；在不易拆卸盖板的线槽内，导线的接头应置于线槽的接线盒内。

(3) 当设计无规定时，电力线路包括绝缘层在内的导线总截面积应不大于线槽截面积的 60%；控制、信号或与其相类似的线路，电线或电缆的总截面积应不超过线槽内截面的 50%，电线或电缆根数不限。

(4) 同一回路的相线和中性线，应敷设于同一金属线槽内；同一电源的不同回路、无抗干扰要求的线路可敷设于同一金属线槽内。

（5）在金属线槽垂直或倾斜敷设时，应采取措施防止电线或电缆在线槽内移动，以免使绝缘造成损坏、拉断导线或拉脱拉线盒（箱）内导线。

（6）引出金属线槽的线路，应采用镀锌钢管或普利卡金属套管，不应采用塑料管与金属线槽连接。线槽的出线口应位置正确、光滑、无毛刺。引出金属线槽的配管管口处应有护口，电线或电缆在引出部分不得遭受损伤。

3.5 线槽配线

任务 3.5　封闭插接母线的安装

封闭式插接母线（简称母线槽）是由金属板（钢板或铝板）为保护外壳、导电排、绝缘材料及有关附件组成的母线系统，是建筑物低压配电的重要形式之一。它适用于高层建筑、干燥和无腐蚀性气体的室内或电气竖井内。母线槽具有结构紧凑、容量大、体积小、产品成套系列化等特点。封闭式插接母线安装示意图如图 3.53 所示。

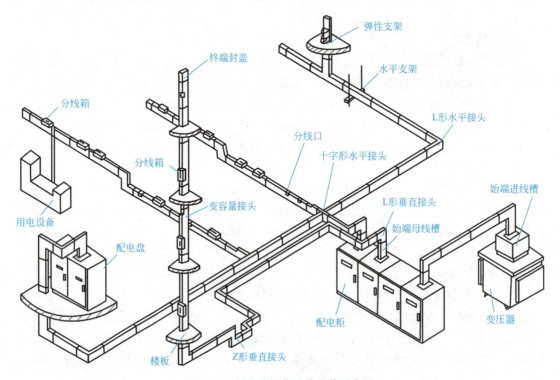

图 3.53　封闭式插接母线安装示意图

封闭式插接母线是一种把铜（铝）母线用绝缘夹板夹在一起（用空气绝缘或缠包绝缘带绝缘）置于金属板（钢板或铝板）中的母线系统。

封闭式插接母线的分类，按电压有高压、低压之分；按线芯有单相一线制、三相三线制、三相四线制和三相五线制之分；按导线材料有铜、铝之分；按绝缘方式有空气绝缘型和密集绝缘型之分；按工作环境有室内和室外之分。封闭式插接母线的结构如图 3.54 所示。

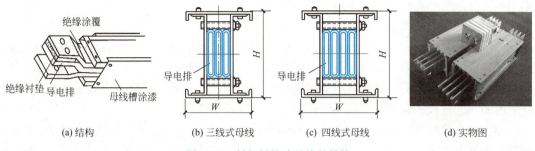

图 3.54 封闭插接式母线的结构

封闭式插接母线的常用配件有直身母线槽、变容量接头、其他接头（L形、T形、Z形、十字形）、母线伸缩节、分岔式母线槽、母线接续器、插接分线箱、始端母线槽和始端进线箱等。封闭式插接母线常用配件如图 3.55 所示。

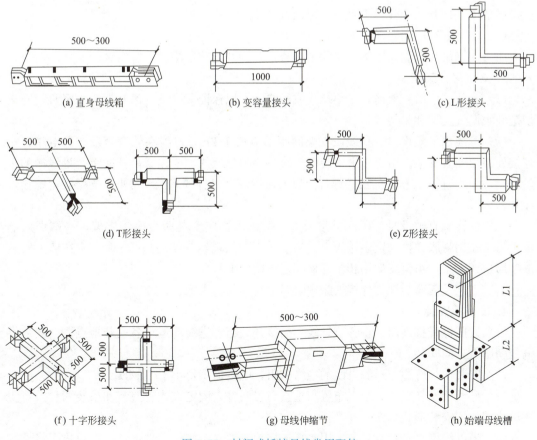

图 3.55 封闭式插接母线常用配件

一、封闭插接母线的安装

封闭插接母线安装的工艺流程如下：

设备开箱清点检查→支（吊）架制作→支（吊）架安装→母线槽安装→母线槽测试、试运行。

1. 设备开箱清点检查

（1）设备开箱清点检查应由建设单位、监理单位、施工单位和供货商的有关专业人员共同参与进线进场验收，并做好设备进场验收记录。

（2）母线槽分节标识清楚，外观无损伤、变形等现象；母线螺栓搭接面平整，其镀银层无麻面、起皮及未覆盖部分；绝缘电阻应符合设计要求。

（3）根据母线排列图和装箱清单，检查母线槽、进线箱、插接开关箱及附件的规格、数量是否符合要求。

2. 支（吊）架制作

（1）母线槽的安装宜采用厂家提供的支（吊）架。若供应商未提供配套支（吊）架，根据施工现场的结构类型，支（吊）架可采用角钢、槽钢或圆钢制作，有"—""L""T""U"等主要类型。

（2）支（吊）架应用切割机下料，加工尺寸最大误差为5mm，应用台钻、手电钻钻孔，严禁用气割开孔，孔径不得超过螺栓直径2mm。

（3）吊杆螺纹应用套丝板加工，不得有断丝。

（4）支（吊）架制作完毕，应除去焊渣，并刷两遍防锈漆和一遍面漆。

3. 支（吊）架安装

（1）安装支（吊）架前，必须拉线或吊线坠，以保证成排支（吊）架横平竖直，并按规定间距设置支架和吊架。

（2）母线水平敷设时，直线段支架间距不应大于2m，母线在管弯处及与配电箱、柜连接处必须安装支架。由于水平安装的母线主要为吊架式，要注意吊杆能承受母线槽的重量。通常采用直径12mm的镀锌螺杆，以便可以调节吊杆的高低和水平。支架固定螺栓丝扣外露2~4扣。

（3）母线垂直敷设时，在每层楼板上，每条母线应安装两个槽钢支架，一端埋入墙内，另一端用膨胀螺栓固定于楼板上。当上、下两层槽钢支架超过2m时，应在墙上安装一字形角钢支架，角钢支架用膨胀螺栓固定于墙壁上。

（4）支架及支架与埋件焊接处涂刷防腐漆应均匀，无漏刷。

4. 母线槽安装

（1）按照母线排列图，将各节母线、插接开关箱、进线箱运至各安装地点。一般从供电处朝用电方向安装。

（2）安装前，应逐节遥测母线的绝缘电阻，电阻值不得小于10MΩ。

（3）母线槽安装形式有水平布置和垂直布置两种，固定方式有壁装和吊装两种。封闭式母线槽常用安装形式如图3.56所示。

（4）当母线槽水平布置时，应用水平连接片及螺栓、螺母、平垫片、弹簧垫圈将母线槽固定于U形角钢支架上。要保证母线槽的水平度，在终端加终端盖并用螺栓固定。

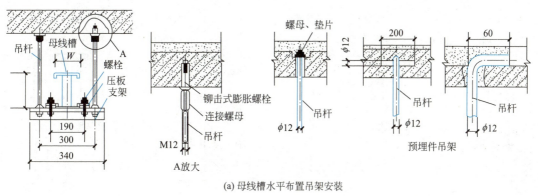

(a) 母线槽水平布置吊架安装

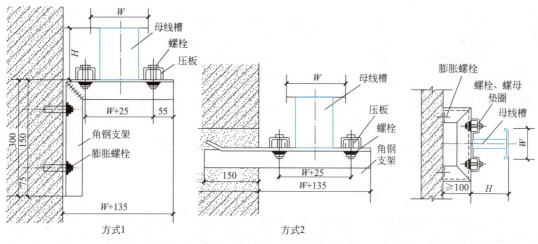

(b) 母线槽水平布置支架安装   (c) 母线槽垂直布置支架安装

图 3.56 封闭式母线槽常用安装形式

（5）当母线槽穿越楼板预留孔（如电气竖井）时，应先测量好位置，加工好槽钢固定支架并安装好支架，再用供应商配套的螺栓套上防震弹簧、垫片，拧紧螺母固定在槽钢支架上。

（6）母线槽的连接

1）当节与节连接时，确保两相邻段母线及外壳对准，连接后不使母线及外壳受额外应力。连接时将母线的小头插入另一节母线的大头中去，在母线间及母线槽外侧垫上配套的绝缘板，再穿上绝缘螺栓加平垫片、弹簧垫圈，然后拧上螺母，用力矩扳手拧紧，最后固定好上、下盖板。

2）母线槽连接采用绝缘螺栓连接。

3）母线槽连接好后，其外壳即已连接成为一个接地干线。将进线母线槽、插接开关箱外壳上的接地螺栓与母线槽外壳之间用 $16mm^2$ 软编织铜线连接好。

4）母线槽穿越防火墙、防火楼板时，应采取防火隔离措施。母线槽穿越防火墙隔离安装如图 3.57 所示。

5）母线槽的端头应装封闭罩，引出线孔的盖子应完整。各节母线外壳的连接应是可拆的，外壳之间应有跨接线，并应可靠接地。

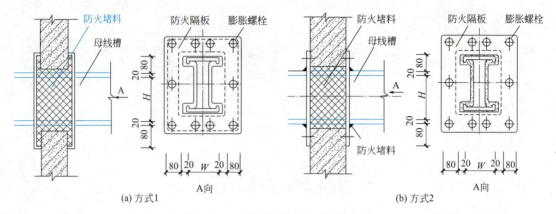

图 3.57 母线槽穿越防火墙隔离安装

5. 母线槽测试、试运行

母线槽安装完毕应进行相关的测试、检查，然后进行试运行。检查内容是：相序应正确；接头连接应紧密；外壳接地应良好；供电侧设备安装、受电侧设备安装可靠、牢固。最后，总体测量绝缘电阻并达到规定值。

母线槽空载试运行 24 小时，确保无异常，整理安装过程中的施工记录、测量、试运行记录，并提交验收。

二、母线槽安装一般要求

1. 母线槽水平敷设时，支持点间距不应大于 2m，至地面的距离不应小于 2.2m；垂直敷设时，距地面 1.8m 以下部分应采取防止机械损伤措施，但敷设在电气专业室内（如配电室、电气竖井、技术层等）时除外。同时，应考虑与顶板、墙间的距离。

2. 当母线槽直线敷设长度超过 40m 时，应设置伸缩节（即膨胀节母线槽）；母线槽在水平跨越建筑物的伸缩缝或沉降缝处，也应采取适当措施。

3. 插接分线箱应与带插孔母线槽匹配使用，设置位置应方便安装和检修，并配有接地线。分线箱底边距地面 1.4～1.6m 为宜。

4. 母线槽不得用裸钢丝绳起吊和绑扎，不得任意堆放和在地面上拖拉；外壳上不得进行其他作业；外壳内和绝缘子必须擦拭干净；外壳内不得有遗留物。

5. 现场制作的金属支架、配件等应按要求镀锌或涂漆；母线的外壳须做接地连接，但不得做保护接地干线使用。

任务 3.6 硬母线的安装

硬母线也称为汇流排，它是接受电能和分配电能的一个节点。母线通常由铜、铝、铝合金及钢材料制成。铜的电阻率小，导电性能好，有较好的抵抗大气影响及化学腐蚀的性能,但因价格较贵,且有其他重要用途,故一般除特殊要求外较少使用;铝的电阻率仅次于铜,使用比较广泛;钢虽然价格便宜、机械强度好,但电阻率较大,且又是磁性材料,当交流电流通过时会产生较大的涡流损失、功率损耗和电压降,所以不宜用来输送大电流,通常多用来做接零母线和接地母线。硬母线按外形可分为矩形、槽形和管形三种,如图 3.58 所示。

(a) 矩形硬母线　　　　　　(b) 管形硬母线　　　　　　(c) 槽形硬母线

图 3.58　硬母线

一、矩形硬母线施工工艺

硬母线施工工艺流程如下:

放线检查测量→支架制作安装→绝缘子安装→母线加工→母线安装→涂色刷漆→检查、送电。

1. 放线检查测量

在设计图上一般不标出母线的实际尺寸,因此在母线下料前,应到实地进行勘察和测量。根据母线沿墙、跨柱、沿梁及屋架敷设的不同情况及进出线的具体位置,确定实际走向并测量具体尺寸;当地形复杂难以确定尺寸时,应采用薄铁皮进行放样的方法确定母线的实际尺寸。

2. 支架制作安装

对于配电柜上方的母线安装,其支撑应选用合适的支撑绝缘子。沿墙安装采用 L50×50×5 的角钢制作支架,具体尺寸按施工图的加工要求或相关图集要求,支架采用 M10 膨胀螺栓或 150mm 长的燕尾角钢固定在墙上。裸导线水平方向安装、垂直方向安装如图 3.59 和图 3.60 所示。支架安装距离,当母线为水平敷设时不超过 3m,垂直敷设时不超过 2m。

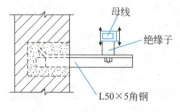 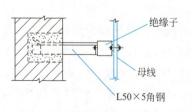

图 3.59　裸导线水平方向安装　　　　　图 3.60　裸导线垂直方向安装

3. 绝缘子安装

母线绝缘子安装前应先进行检查，外观无裂纹、缺损等现象，检查完成后，测量绝缘子的绝缘电阻，大于 10MΩ 为合格。6～10kV 支柱绝缘子在安装前，还应做交流耐压试验。安装在同一平面或垂直面上的支柱绝缘子，应位于同一平面上，其中心线位置应符合设计要求。直线段的支柱绝缘子的安装中心线应与母线的中心线处在同一直线上。固定要牢固，螺栓大小要适宜。绝缘子水平安装如图 3.61 所示。

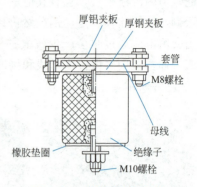

图 3.61 绝缘子水平安装

4. 母线加工

（1）母线矫直。母线应矫正平直，矫正的方法有两种：手工矫正和机械矫正。手工矫正时，先选一段表面平直、光滑、洁净的槽钢或工字钢，将母线放在钢面上用木槌敲打。敲打时用力要适当，防止变形。若母线弯曲过大，在弯曲部位放上垫块，如铝板、木板等，然后用铁锤敲打。对于截面较大的母线，可使用母线矫正机进行矫正。

（2）母线下料。可使用手锯或砂轮锯进行作业，母线加工严禁用气焊切割。下料时根据母线需要长度合理切割，切断面应平整。下料时母线应留有适当裕量，避免弯曲时产生误差，造成整根母线报废。

（3）母线弯曲。母线弯曲应使用专用工具冷煨，弯曲处不得有裂纹及显著的皱褶，不得进行热煨。母线弯曲如图 3.62 所示。母线平弯及立弯的弯曲半径不得小于规范规定值。

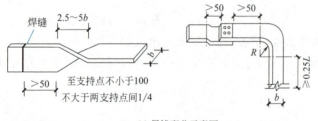

(a) 母线弯曲示意图　　　　　(b) 现场加工图

图 3.62 母线弯曲

5. 母线的连接

母线的连接可采用焊接或搭接两种方式。

（1）焊接

1）选择合适的焊机。焊接有气焊、电弧焊和氩弧焊等方法。施工时可根据现场条件及施工技术要求选择合适的焊机。

2）选用合适的焊条和焊丝。母线焊接所用的焊条和焊丝应符合国家标准。

3）焊接面处理。焊接前，应将母线表面的氧化膜、水分及油漆的杂质清除干净。

4）焊接口处理。对口焊接的母线，宜有 35°～40° 的坡口、1.5～2mm 的钝边。坡口加工面应无毛刺。焊接前对口应平直，其弯折偏移应不大于 0.2%，中心线偏移应不大于 0.5mm，以保证焊接质量。

（2）搭接

1）搭接面处理。首先应除去母线表面的氧化膜及其他污垢，使接触面保持清洁。必要时，可涂以电力复合脂，增强接触面的密闭性。有时搭接面表面还应做搪锡处理，降低接触面氧化速度。

2）钻孔。根据母线的大小和连接方式，依据规范要求确定孔的数量、孔径、螺栓与螺母的规格及孔之间的距离。螺孔应保持垂直且周边无毛刺、表面光滑。螺孔的直径不宜大于螺栓直径1mm。

3）搭接。连接螺栓两侧应有平垫圈，相邻垫圈间应有大于3mm的间隙，螺母侧应装有弹簧垫圈或锁紧螺母。螺栓连接各处应受力均匀。

6. 母线的安装

母线在支柱绝缘子上的安装有三种固定形式，分别是螺栓固定、卡板固定和夹板固定，如图3.63所示。

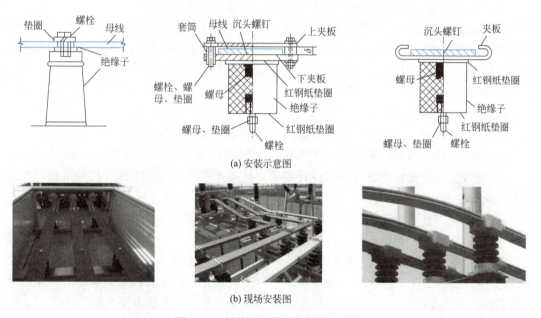

图3.63 母线在绝缘子上的固定方法

母线用螺栓固定在支柱绝缘子上，母线的固定孔应为事先钻好的椭圆形孔，孔的长轴部分应顺着母线方向；母线用卡板固定时，应把母线放入卡板内，待连接调整后，将卡板沿顺时针方向水平旋转以卡住母线；母线用夹板固定时，应在夹板两边用螺栓固定。母线在夹板内水平放置时，上夹板与母线之间要保持有1~1.5mm的间隙；母线在夹板内立置时，上夹板应与母线保持1.5~2mm的间隙。

为避免温度变化引起母线变形，可沿母线全长每20m安装一个伸缩节，伸缩节的材质可根据母线的材质分别用0.2~0.5mm厚的铜或铝片叠成后与铜或铝板焊接而成。母线伸缩节及其安装如图3.64所示。

7. 涂色刷漆

为了便于识别相序和防腐处理，会在母线表面涂上颜色漆。母线涂漆应符合下列要求：

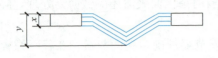

(a) 伸缩节示意图　　　　　　(b) 实物及现场安装图

图 3.64　母线伸缩节及其安装

（1）三相交流母线：L1 相—黄色、L2 相—绿色、L3 相—红色。

（2）单相交流母线与引出相颜色相同。

（3）中性线为淡蓝色，保护线为绿、黄双色。

（4）直流母线：正极为褐色、负极为蓝色、接地线为淡蓝色。

母线涂漆时应注意：母线的各个连接处及距所有连接处 10mm 以内的地方不应涂漆；刷有测温涂料的地方也不应涂漆；而单片母线的所有面及多片、槽形、管形母线的所有可见面均应涂相色漆；铜母线、钢母线的所有表面应涂防腐相色漆。

8. 检查、送电

（1）母线安装完毕，应进行下列检查：

1）金属构件加工、配件、螺栓连接、焊接等应符合国家现行标准的有关规定。

2）所有螺栓、垫圈、闭口销、锁紧销、弹簧垫圈、锁紧螺母等应齐全，且连接可靠。

3）母线配件及安装架设应符合设计要求，且连接正确，螺栓牢固，接触可靠，相间及对地电气距离应符合要求。

4）瓷件应完整、清洁；铁件和瓷件胶合处均应完整无损。

5）油漆应完好，相色正确，且接地良好。

（2）母线送电前应进行耐压试验。高压母线交流工频耐压试验必须符合《电气装置安装工程 电气设备交接试验标准》GB 50150—2016 的规定；低压母线相间和相对地间的绝缘电阻值应大于 0.5MΩ。交流工频耐压试验电压为 1kV，当绝缘电阻大于 10MΩ 时，可采用 2500V 绝缘电阻表摇测替代，试验持续时间 1min，应无击穿闪络现象。

（3）母线送电要有专人负责，送电程序应先高压、后低压；先干线、后支线、先隔离开关、后负荷开关。停电时与上述顺序相反。

（4）车间母线送电前应先挂好有电标示牌，并通知有关单位及人员；送电后应有电源指示灯。

二、硬母线安装的一般要求

硬母线装置采用的器件在运输与保管过程中，应使用防腐蚀性气体侵蚀及机械损伤的包装。母线表面应光洁平整，不应有裂纹、褶皱、夹杂物及变形和扭曲现象。各种金属构件的安装螺孔不应采用气焊割孔或电焊吹孔。

硬母线与硬母线、硬母线与电气接线端子搭接，搭接面的处理应符合下列规定：

1. 铜与铜：室外、高温且潮湿的室内，搭接面应搪锡，但干燥的室内不用搪锡。

2. 铝与铝：接触面不做涂层处理。

3. 钢与钢：搭接面搪锡或镀锌处理。

4. 铜与铝：在干燥的室内，铜导体搭接面应搪锡；在潮湿的场所，铜导体搭接面应搪锡，且采用铜铝过渡板与铝导体连接。

5. 钢与铜或铝：钢搭接面应做搪锡处理。

3.6 硬母线的安装

任务 3.7　电缆桥架配线

电缆桥架是用于架设电缆的构架，具有结构简单、安装快速灵活、维护方便的优点。桥架的主要配件均实现标准化、系列化、通用化，易于配套使用。电缆桥架的种类很多，若按结构分，有槽盒式、托盘式、梯架式等；若按材料分，有钢制桥架、铝合金桥架和玻璃钢制桥架等；钢制桥架又分为镀锌桥架和非镀锌桥架。

电缆桥架适用面非常广，通常用于电缆数量较集中的室内、室外及电气竖井等场所；在架空层、设备层、变配电室及走廊顶棚等也都比较适合采用桥架。

一、电缆桥架的安装

电缆桥架安装施工工艺流程如下：

弹线定位→支（吊）架安装→桥架组装→桥架安装→桥架保护接地。

1. 弹线定位

桥架安装前，应根据设计图纸确定线路走向和接线盒、配电箱、电气设备的安装位置，用粉袋弹线定位，并标出桥架、支（吊）架的位置。

2. 支（吊）架安装

电缆桥架的均布荷载与支（吊）架跨距的平方成反比，即支（吊）架跨距越大，托盘、梯架的承载能力越小。在确定支（吊）架支撑距离时，应符合设计的规定；当设计无明确规定时，可按桥架生产厂家提供的数据确定。

支（吊）架、托臂的安装可根据情况用膨胀螺栓或预埋螺栓固定，也可与墙体内的预埋件进行焊接固定。预埋螺栓及预埋件可随土建施工预埋。

支（吊）架应安装牢固，保证横平竖直。在有坡度的建筑物上安装支架与吊架应与建筑物有相同坡度。

3. 桥架组装

电缆桥架的直线段与直线段之间及直线段与弯通之间需要连接时，应在其外侧用与之配套的直线连接板（简称直接板）和连接螺栓进行连接；有的桥架直线段之间连接时，在侧边内侧还可以使用内衬板进行辅助连接。

在同一平面上连接两段需要变换宽度或高度的直线段，可以配置变宽连接板或变高连接板，连接螺栓的螺母应置于桥架的外侧。在电缆桥架敷设因受空间条件限制而不便装设弯通或有特殊要求时，可使用铰链连接板进行连接。

4. 桥架安装

桥架组装好后,把桥架固定在支(吊)架上。

电缆桥架在十字交叉、丁字交叉处施工时,可采用定型产品水平(垂直)三通、四通;在上、下、左、右转弯处,应使用定型的水平(垂直、转动)弯通。在增加三通或弯通连接后,应在其以接茬边为中心的两边各大于或等于300mm处,增加吊架或支架进行加固处理。电缆桥架的始端与终端应封堵。

5. 桥架保护接地

建筑电气工程中的电缆桥架多为钢制产品,较少采用为了防腐蚀的非金属桥架或铝合金桥架,所以为了保证供电干线电路的使用安全,桥架的接地(PE)或接零(PEN)至关重要。

电缆桥架应装置可靠的电气接地保护系统,外露导电系统必须与保护线连接。金属电缆桥架及其支架和引入或引出的金属电缆导管必须与PE线或PEN线连接可靠,且必须符合下列规定:

(1) 金属电缆桥架及其支架全长应不少于两处与PE线或PEN线干线相连接。

(2) 非镀锌桥架连接处应跨接接地线,接地线截面面积应不小于$4mm^2$,不得熔焊跨接接地线;镀锌桥架连接处无须跨接接地线,但连接板两端应有不少于2个防松螺母或防松垫圈的固定螺栓。

(3) 对于多层电缆桥架,当利用桥架作接地干线时,桥架全线各种伸缩缝、软连接处及各层桥架的端部均应用不小于$16mm^2$软铜线或编织铜线连接,再与总接地干线相通。

(4) 当沿电缆桥架全线单独敷设的接地干线采用扁钢时,室内敷设其截面面积不小于$60mm^2$,室外敷设其截面面积不小于$100mm^2$。

二、电缆桥架安装一般要求

1. 电缆桥架水平安装时,距地高度不宜低于2.5m;垂直安装时,距地面1.8m以下部分应加金属盖板保护,但敷设在专用房间(如配电室、电气竖井等)内的除外。

2. 电缆桥架水平敷设时,跨距一般为1.5~3.0m;垂直敷设时,其固定点间距不宜大于2.0m。当支撑跨距小于或等于6m时,需要选用大跨距电缆桥架;当跨距大于6m时,必须进行特殊加工订货。

3. 电缆桥架转弯处弯曲半径,应不小于桥架内电缆的最小允许弯曲半径。

4. 电缆桥架在竖井中穿越楼板外,应在孔洞周边抹5cm高的水泥防水台,待桥架安装布线后,洞口用难燃材料封堵。电缆桥架在穿过防火隔墙及防火楼板时,应采取隔离措施。

5. 电缆桥架安装时,应做到安装牢固、横平竖直,沿电缆桥架水平走向的支(吊)架左右偏差应不大于10mm,其高低偏差应不大于5mm。桥架切割、开孔不得使用气、电焊。电缆桥架经过伸缩沉降缝时,应断开100mm左右,两端需用活动插铁板连接,不宜固定。

6. 电缆桥架应敷设在易燃易爆气体管道和热力管道的下方,当设计无要求时,与管道的最小净距应符合表3.2的规定。

7. 电缆梯架、托盘上的电缆可无间距敷设。电缆在梯架、托盘内横断面的填充率，电力电缆不应大于40%，控制电缆不应大于50%。

电缆桥架与管道的最小净距（m）　　　　表3.2

管道类别		平行净距	交叉净距
一般工艺管道		0.40	0.30
腐蚀性液体或气体管道		0.50	0.50
热力管道	有保温层	0.50	0.30
	无保温层	1.00	0.50

8. 电缆梯架、托盘多层敷设时其层间距离一般为：控制电缆间不小于0.2m；电力电缆间不应小于0.3m；弱电缆与电力电缆间不应小于0.5m，如有屏蔽盖板（防护罩）可减小到0.3m；桥架上部距顶棚或其他障碍物应不小于0.3m。

9. 下列不同电压、不同用途的电缆，不宜敷设在同一层桥架上：

(1) 1kV以上和1kV以下的电缆；

(2) 同一路径向一级负荷供电的双路电源电缆；

(3) 应急照明和其他照明的电缆。

如受条件限制而必须安装在同一层桥架上时，应用隔板隔开。

三、桥架内电缆敷设

桥架内电缆敷设施工工艺流程如下：

电缆绝缘测试和耐压试验→桥架内电缆敷设→挂标示牌。

1. 电缆绝缘测试和耐压试验

(1) 用1kV兆欧表对电缆进行绝缘测试，测量相间及对地的绝缘电阻，绝缘电阻应不低于10MΩ；

(2) 对高压电缆应做3倍的耐压和泄露试验，低压电缆有条件的也可做这两项试验。

2. 桥架内电缆敷设

(1) 安装施放电缆机具。施放可采用机械牵引和人力牵引。机械牵引有电缆支架、牵引机械及钢丝等器件；人力牵引有电缆支架和电缆滚轮等器件。电缆支架的架设地点应选择土质密实的原土层地坪上且便于施工的位置，一般应在电缆起止点附近为宜，电缆从支架上的引出端应位于电缆轴的上方。

(2) 电缆在桥架内可以无间距敷设，但一般应单层敷设，排列整齐，不得有交叉。不同等级电压的电缆应分层敷设，高压电缆在上，低压电缆在下。若容量不等的电缆分层敷设，容量大的电缆在上，容量小的电缆在下。电缆水平单层敷设现场施工如图3.65（a）所示。

(3) 电缆在拐弯处，应以最大截面电缆允许弯曲半径为准进行施放。拐弯处敷设电缆如图3.65（b）所示。

(4) 水平敷设的电缆应在首尾两端、转弯两侧及每隔5~10m处设固定点。垂直桥架内的电缆固定点间距应不大于下列规定的距离：控制电缆和全塑电力电缆为1m，其他电力电缆为1.5m。大于45°倾斜敷设的电缆，每隔2m处设固定点。

（5）若是铠装电缆，则铠装层应做接地处理。

(a) 电缆水平单层敷设

(b) 拐弯处敷设电缆

图3.65　电缆的敷设现场图

3. 挂标示牌

电缆的首端、末端、拐弯处、交叉处、分支处或直线段每隔50m处均应设标示牌，如图3.66所示，标示牌的要求如下：

（1）标示牌的规格应一致，并有防腐功能，挂装应牢固。

（2）标示牌上应注明电缆编号、规格、型号、用途及电压等级。

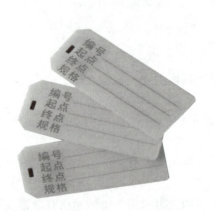

图3.66　电缆标示牌及现场做法

四、桥架内电缆敷设一般规定

1. 室内沿桥架敷设电缆时，宜在管道及空调工程基本施工完毕后进行，防止其他专业施工时污染桥架。

2. 电缆在桥架内横断面的填充率：电力电缆一般应不大于40%；控制电缆应不大于50%。

3. 电缆短距离搬运通常采用滚轮电缆轴的方法，运行时应按电缆轴上箭头指示方向滚动，以防作业错误造成电缆松弛。

4. 在有腐蚀或特别潮湿的场所采用电缆桥架布线时，应选用外护套具有较强的耐酸、碱腐蚀能力的塑料护套电缆。

3.7 电缆桥架的安装

任务 3.8 电气竖井配线

竖井是高层建筑内垂直配电干线最主要的电气通道，竖井内可有电缆、线管、封闭式母线、线槽及电缆桥架等配线方式，且每层的竖井处又是该层的一个小配电间或接线箱。竖井有强电和弱电之分。强电竖井主要敷设大电流动力及照明线路；弱电竖井主要敷设小电流的电话、广播、火灾报警、防盗报警、电视、计算机网络等弱电信号线路。

电缆竖井的位置宜设在负荷中心，进出线方便、上下层对应贯通处。在每楼层竖井间应设维修检修门，并应向公共走廊开启。墙壁耐火极限和门的耐火极限应满足消防有关规范。电缆竖井间内设备及管线施工完毕后，所有孔洞应作防火密闭封堵和隔离。

电缆竖井间的面积需根据管线及设备的多少确定。一般需进人操作的，其操作通道宽度不小于 0.8m；不进人操作，只考虑管线及设备安装的，强电竖井间深度不宜小于 0.5m，弱电竖井间深度不宜小于 0.4m。电气竖井间的构造材料可以使用砖、混凝土和钢筋混凝土等。竖井间内地坪宜高出本层地坪 150mm。电缆竖井内应设有照明灯及 220V、10A 单相三孔检修插座，超过 100m 的高层建筑电缆竖井间内应设火灾自动报警系统。如电缆竖井间内安装设备因工艺对环境有要求时，应满足工艺要求。

一、电缆竖井配线方式

电缆竖井内配线有电缆、线管、封闭式母线、线槽及电缆桥架等配线形式。具体的施工工艺如前文所述，不再重复。

1. 竖井内线管配线

采用金属管配线时，配管由配电室引出后，一般可采用水平吊装的方式进入电气竖井内，然后沿支架在竖井内垂直敷设，如图 3.67 所示。当金属线管需穿楼板时，可直接预埋在楼层间，不必留置洞口，也不需要进行防火封堵。但对于消防设施配线，则必须在金属管上采取防火保护措施。

3.8 电气竖井配线

图 3.67 电气竖井内配管现场图

2. 竖井内金属线槽配线

在电气竖井内，金属线槽沿墙穿楼板安装时，可直接使用 M10×80 膨胀螺栓与墙体固定；也可采用扁钢或角钢支架固定，线槽槽底与支架之间使用 M6×10 螺钉固定。线槽底部固定线槽的支架距地距离应为 0.5m，固定支架之间距离应为 1～1.5m。

线槽支架应用 12mm 镀锌圆钢进行焊接连接作为接地干线。线槽穿过楼板处应设置预留孔，并预埋 40mm×40mm×4mm 规格的固定角钢做边框，用 4mm 厚钢板做防火隔板并与预埋角钢边框固定，预留洞处用防火堵料密封，如图 3.68 所示。

3. 电缆配线

竖井内电缆必须用支架和卡具支持与固定。每层最少加装两道卡固支架，且支架固定点间距不大于 1.5m；在支架上的每根电缆均应用卡具固定。竖井内电缆敷设如图 3.69 所示。支架必须按设计要求，做好全程接地处理。电缆穿越顶板时，应设置套管，并将套管缝隙用防火材料封堵严密。

图 3.68　线槽穿楼板防火封堵

 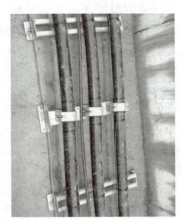

图 3.69　竖井内电缆敷设

4. 电缆桥架配线

电缆桥架用支架和螺栓固定，固定点间距不大于 2m；电缆在桥架内用圆钢支架或扁钢支架固定，固定点间距不大于 1.5m。竖井内电缆桥架安装如图 3.70、图 3.71 所示。

二、电缆竖井配线一般要求

1. 竖井垂直配线时应考虑因素：顶部最大垂直变位和层间垂直变位对干线的影响；电缆及金属保护管自重所带来的负载影响及固定方式；垂直干线与分支干线的连接方法。

2. 竖井内垂直配线采用大容量单芯电缆、大容量母线作干线时，应满足下列条件：载流量应留有一定的裕度、分支容易、安全可靠、安装维修方便，以及造价低。

3. 电缆垂直敷设时，为保证管内电缆不因自重而拉断，应按规定设置拉线盒，盒内用线夹将电缆固定。为减少电力效应，垂直干线除在始端和终端进行固定外，在中间也应隔一定距离进行固定。

4. 封闭式母线、桥架及线槽等穿过楼板时，在楼层间应采用防火隔板及防火堵料封

项目 3　常用室内配线

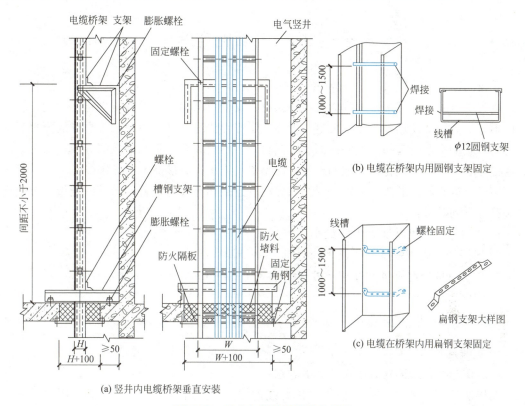

图 3.70　竖井电缆桥架安装示意图

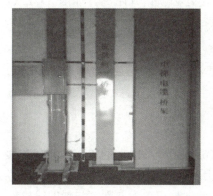

图 3.71　竖井电缆桥架安装现场图

闭隔离。电缆在楼层间穿钢管时，两端管口空隙应做密封隔离；应设置竖井干线防火隔层，以免竖井成为自然抽风井，发生火灾时使火势蔓延。

5. 竖井内的高压、低压和应急电源的电气线路，相互间的距离应不小于 0.3m，或采取隔离措施，且高压线路应设有明显标志；当强电和弱电线路在同一竖井内敷设时，应分别在竖井的两侧敷设或采用隔离措施，以防干扰；对于回路数及种类较多的强电和弱电电气线路，应设置在不同竖井内。

6. 竖井内接线盒、分线箱等在箱体前应留有不小于 0.8m 的距离用于操作、维护。

7. 竖井内应敷设接地干线的接地端子，接地应可靠。

81

任务 3.9　导线的连接

导线的连接是配线过程中非常重要的一项工作，看似简单，其中包含很多技能和学问，接头质量的好坏直接影响到能否可靠供电、安全用电和电气设备能否正常使用。若接头接不好，会出现发热、闪弧、触电、燃烧、爆炸等情况。事实证明很多电气故障都是由导线接头质量不好引起的。不同截面、不同材质、不同股数、不同根数的导线，均有不同的连接方法。所以掌握各种导线的连接方法是电气施工人员最基本的操作技能。

导线连接有两种形式，分别是导线与导线的连接和导线与设备、器具的连接。导线连接应符合下列要求：

1. 接触紧密，使接头处电阻最小；
2. 连接处的机械强度与非连接处相同；
3. 接头处的绝缘强度与非连接处导线绝缘强度相同；
4. 耐腐蚀。

一、单芯铜导线的连接

1. 直线连接

单芯铜导线直线连接有绞接法和缠卷法。

绞接法适用于 $4.0 mm^2$ 及以下的单芯线连接。连接时将两线互相交叉，用双手同时把两芯线互绞两圈后，扳直与连接线成 $90°$，将每个芯线在另一芯线上缠绕 5 圈，剪断余头，如图 3.72（a）所示。双芯线连接时，两个连接处必须错开距离，如图 3.72（b）所示。

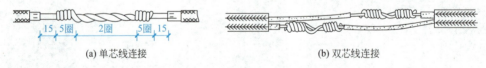

(a) 单芯线连接　　　　　　　　　(b) 双芯线连接

图 3.72　直线连接的绞接法

缠卷法分为加辅助线和不加辅助线两种，适用于 $6.0 mm^2$ 及以上的单芯线直接连接。将两线相互并合，加辅助线（填一根同径芯线）后，用绑线在并合部位中间向两端缠卷，长度为导线直径的 10 倍。然后将两线芯端头折回，在此向外再单卷 5 圈，与辅助线捻绞 2 圈，余线剪掉。单芯导线直线连接缠卷法如图 3.73 所示。

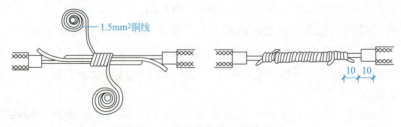

图 3.73　单芯线直线连接缠卷法

2. 分支连接

分支连接适用于分支线路与主线路的连接。连接方法有绞接法和缠卷法，以及用塑料螺旋接线钮或压线帽连接。

绞接法适用于 4.0mm² 及以下的单芯线。用分支导线的芯线往干线上交叉，先粗卷 1~2 圈，再密绕 5 圈后将余线剪去，如图 3.74（a）所示。另有十字分支连接法如图 3.74（b）所示。

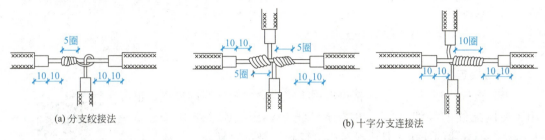

(a) 分支绞接法　　　　　　　　　　　　　　(b) 十字分支连接法

图 3.74　分支连接的绞接法

缠卷法适用于 6.0mm² 及以上的单芯线连接。将分支导线折成 90°紧靠干线，其粗卷长度为导线直径的 10 倍，再单卷 5 圈后剪断余线。单芯导线分支连接缠卷法如图 3.75 所示。

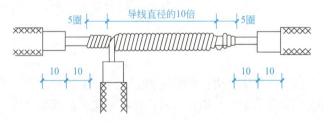

图 3.75　单芯线分支连接缠卷法

3. 并接连接

接线盒内单芯线并接两根导线时，将连接线端相并合，在距绝缘层 15mm 处将芯线捻绞 2 圈，留适当长度的余线剪断后折回并压紧，防止线端部插破所包扎的绝缘层。两根单芯线并接头如图 3.76 所示。

单芯线并接三根及以上导线时，将连接线端相并合，在距绝缘层 15mm 处用其中一根芯线，在其连接线端缠绕 5 圈后剪断，并把余线头折回压在缠绕线上。三根及以上单芯线并接头如图 3.77 所示。

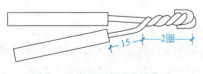　　　　　　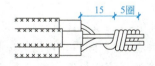

图 3.76　两根单芯线并接头　　　　　　图 3.77　三根及以上单芯线并接头

绞线并接时，将绞线破开顺直并合拢，采用多芯导线分支连接缠卷法弯制绑线，在合拢线上缠卷，其长度为双根导线直径的 5 倍。绞线并接头如图 3.78 所示。

如果细导线为软线时，不同直径的导线并接头应先进行挂锡处理。先将细线在粗线上距离绝缘层15mm处交叉，并将细线端部向粗线端缠卷5圈，将粗线端头折回，压在细线上。不同直径的导线并接头如图3.79所示。

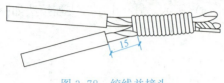

图3.78 绞线并接头

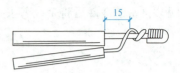

图3.79 不同直径导线并接头

4. 压接连接

单芯铜导线塑料压线帽压接可以用于接线盒内铜导线的连接，也可用于夹板配线的导线连接。单芯铜导线塑料压线帽主要用于1.0～4.0mm^{2}铜导线的连接，是将导线连接管和绝缘包缠复合为一体的接线器件，其外壳用尼龙注塑成型。

3.9 单芯导线的连接

使用压线帽进行导线连接时，在导线的端部剥去绝缘层后，根据压线规格型号分别露出线芯长度13mm、15mm、18mm，插入压线帽内。如填不实，则再用1～2根同材质、同线径的线芯插入压线帽内填补，也可以将线芯剥出后回折插入压线帽内，再使用专用阻尼式手握压力钳压实。

二、多芯导线的连接

1. 直线连接

多芯铜导线的直线连接有单卷法、缠卷法和复卷法。上述办法均须先将接合线的中心线切去一段，将其余线呈伞状张开，相互交叉，并将已张开的线端合拢，如图3.80所示。

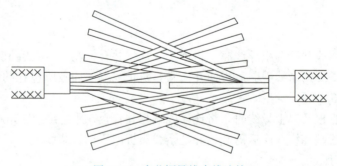

图3.80 多芯铜导线直线连接

单卷法连接取任意两相邻芯线，在接合处中央交叉，用一线端做绑扎线，在另一侧导线上缠卷5～6圈后，再用另一根芯与绑扎线相绞后把原有绑扎线压在下面，继续按上述方法缠卷，缠绕长度为导线直径的10倍，最后缠卷的线端与一余线捻绞2圈后剪断。另一侧导线依此进行，应把芯线相绞处排列在一条直线上。多芯导线直线连接单卷法如图3.81所示。

缠卷法使用一根绑线连接时，先用绑线的中间在导线连接处的中间位置上开始向两端

项目 3　常用室内配线

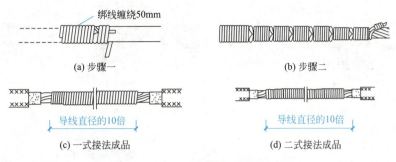

图 3.81　多芯导线直线连接单卷法

分别缠卷，缠卷长度为导线直径的 10 倍，余下的绑线可与其中一根连接线的芯线捻绞 2 圈后再剪断余线。在连接低压架空裸导线时，也可把其余的线端弯起折回。多芯导线直线连接缠卷法如图 3.82 所示。

图 3.82　多芯导线直线连接缠卷法

复卷法适用于多芯细而软的导线。把合拢后的导线一端用短绑线做临时绑扎，防止松散，将另一端芯线全部同时紧卷 3 圈，余线依阶梯形剪掉。另一侧也依此方法进行。多芯导线直线连接复卷法如图 3.83 所示。

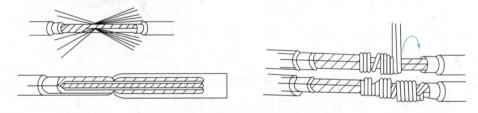

图 3.83　多芯导线直线连接复卷法

2. 分支连接

多芯铜导线分支连接适用于室内鼓形和针式绝缘子配线的分支接头，有时也用于配电箱内干线与分支线的连接及室外低压架空接户线与线路干线的连接。连接方法有缠卷法、单卷法和复卷法三种。

缠卷法是将分支线折成 90°靠紧干线，在绑线端部相应长度处弯成半圆形，将绑线短端弯成与半圆形成 90°角，并与连接线靠紧，用长端缠卷，其长度达到导线接合处直径的 5 倍时，将绑线两端都捻绞 2 圈，剪掉余线。多芯导线分支连接缠卷法如图 3.84 所示。

单卷法是将分支线破开根部折成 90°紧靠干线，用分支线其中一根在干线上缠卷，缠卷 3～5 圈后剪断，再用另一根线继续缠卷 3～5 圈后剪断，依此方法直至连接到双根导线直径的 5 倍时为止，应使剪断线处在一条直线上。多芯导线分支连接单卷法如图 3.85 所示。

85

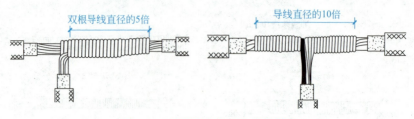

图 3.84　多芯导线分支连接缠卷法

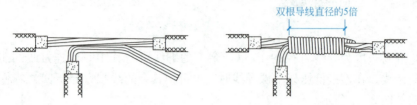

图 3.85　多芯导线分支连接单卷法

复卷法是先将分支线端破开劈成两半后，与干线连接处中央相交叉，将分支线向干线两侧分别紧卷后，余线依阶梯形剪断，连接长度为导线直径的 10 倍。多芯导线分支连接复卷法如图 3.86 所示。

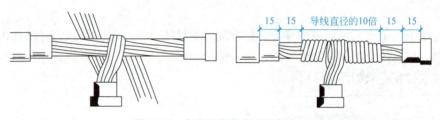

图 3.86　多芯导线分支连接复卷法

3. 人字连接

多芯铜导线的人字连接适用于配电箱内导线的连接，在一些地区也用于进户线与接户线的连接。多芯铜导线人字连接时，按导线线芯的接合长度剥去适当长度的绝缘层，并各自分开线芯进行合拢，用绑线进行绑扎，绑扎长度应为双根导线直径的 5 倍。多芯导线人字连接如图 3.87 所示。

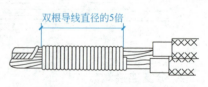

图 3.87　多芯导线人字连接

4. 用接线端子连接

铜导线与接线端子连接适用于 2.5 mm² 以上的多股铜芯线的终端连接。常用的连接方法有锡焊连接和压接连接。铜导线和端子连接后，导线芯线外露部分应为 1～2 mm。

锡焊连接是把铜导线端头和铜接线端子内表面涂上焊锡膏，双根导线放入熔化好的焊锡锅内挂满焊锡后，将导线插入端子孔内，冷却即可。

铜导线与端子压接连接可使用手动液压钳及配套的压模进行操作。剥去导线绝缘层的长度要适当，不要碰伤线芯。清除接线端子孔内的氧化膜后，将芯线插入，用压接钳压紧。

5. 恢复导线绝缘

导线连接好后,均应采用绝缘带包扎,以恢复其绝缘性能。经常使用的绝缘带有黑胶布、自黏性橡胶带、塑料带和黄蜡带等。应根据接头处环境和对绝缘的要求,结合各绝缘带的性能选用。包缠时可采用斜叠法,使每圈压叠带宽的半幅。第一层绕完后,再按另一斜叠方向缠绕第二层,使绝缘层的缠绕厚度达到电压等级绝缘要求为止。包缠时要用力拉紧,使之包缠紧密坚实,以免潮气侵入。包缠绝缘带的正确方法如图 3.88 所示。

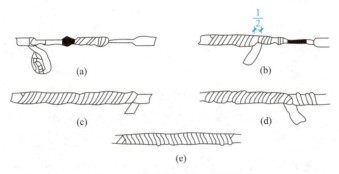

图 3.88 包缠绝缘带的正确方法

三、导线与设备的连接

导线与设备、器具的连接包括:截面积为 10mm² 及以下的单股铜芯线和单股铝芯线可直接与设备、器具的端子连接;截面积为 2.5mm² 及以下的多股铜芯线的线芯应先拧紧搪锡或压接端子后再与设备、器具的端子连接;多股铝芯线和截面积大于 2.5mm² 的多股铜芯线的终端,除设备自带插接式端子外,应焊接或压接端子后再与设备、器具的端子连接。

1. 线头与针孔式接线桩连接

(1) 单股导线。单股导线在插入孔式接线桩前,应先将线头的芯线折成双股并列,然后插入孔内,如图 3.89 (a) 所示,并使压紧螺钉顶在双股芯线中间;如果芯线直径较大无法插入双股芯线,则应在单股芯线插入针孔前把芯线端头略折一下,折转的端头翘向针孔上部,如图 3.89 (b) 所示;当针孔过大时,可在针孔中垫入薄铜板,如图 3.89 (c) 所示,也可用一根单股芯线,在芯线上紧密排绕一层,如图 3.89 (d) 所示,然后再进行连接。要注意,在插入针孔时必须插到底,且导线绝缘层不得插入针孔。

图 3.89 单股导线与针孔式接线桩连接

(2) 多股导线。连接时应把多股芯线按原拧绞方向,用钢丝钳进一步缠紧,要保证压紧螺钉顶压多股芯线时不松散;若针孔有两个固定螺钉,连接时应先拧紧靠近端口的压紧螺钉,再拧紧另一个压紧螺钉,然后将两个螺钉反复加拧两次。

芯线直径与针孔大小较匹配时，把芯线进一步绞紧后插入针孔中即可，如图 3.90（a）所示；当针孔过大时，可用一根芯线在已进一步绞紧的芯线上紧密排绕一层，然后再进行连接，如图 3.90（b）所示，当针孔过小时，可把多股线芯处于中心部位的线芯剪去，然后进行连接，如图 3.90（c）所示。

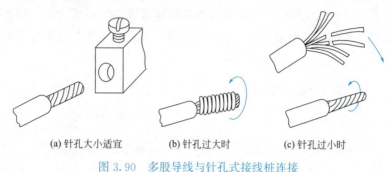

(a) 针孔大小适宜　　　(b) 针孔过大时　　　(c) 针孔过小时

图 3.90　多股导线与针孔式接线桩连接

2. 盘绕压接

这种接线端子靠螺钉平面或通过垫圈紧压芯线完成连接，如图 3.91 所示。连接前应把芯线弯成压接圈，压接圈的弯曲方向必须与螺钉的拧紧方向一致；连接时压接圈应压在垫圈下面，且导线绝缘层不可压入垫圈内，螺钉必须拧得足够紧。

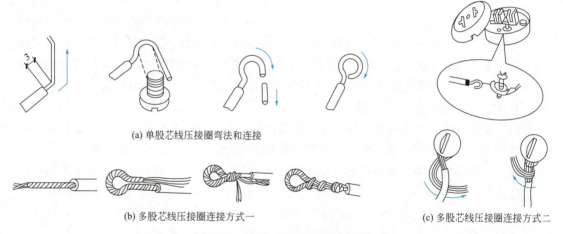

(a) 单股芯线压接圈弯法和连接

(b) 多股芯线压接圈连接方式一　　　　　　　(c) 多股芯线压接圈连接方式二

图 3.91　单股、多股导线盘绕压接

3. 导线与瓦形接线桩连接

这种接线桩压紧方式与平压式接线桩相似，只是垫圈为瓦形（桥形）。为了防止线头脱落，在连接时应将芯线按图 3.92（a）所示进行处理；如果要把两个线头接入同一个接线桩，应按图 3.92（b）所示进行处理。

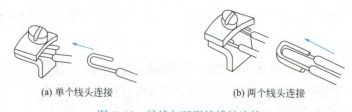

(a) 单个线头连接　　　　　　(b) 两个线头连接

图 3.92　导线与瓦形接线桩连接

4. 多股铜（铝）线与接线端子端接

多股铝芯线和截面大于 2.5mm² 的多股铜芯线与接线端子的端接可采用锡焊或压接两种方法。

（1）铜芯线接线端子锡焊

1）选用合适的铜接线端子。剥掉铜芯线端部的绝缘层，除去芯线表面和接线端子内壁的氧化膜，涂以无酸焊接膏。

2）插线孔口朝上，加热铜接线端子，把焊锡条插入铜接线端子的插线孔内，使焊锡受热后熔化在插线孔内。

3）把芯线的端部插入接线端子的插线孔内，上下插拉几次后把芯线插到孔底。

4）平稳地把接线端子浸到冷水里，使焊锡凝固、芯线焊牢即可。

5）用锉刀把铜接线端子表面的焊锡除去，用砂纸打光后包上绝缘带，即可与电气设备接线端子连接。

（2）铜芯线接线端子压接

1）把剥去绝缘层并涂上导电膏的芯线，插入内壁涂上导电膏的铜接线端子孔内，用压接钳压接。在铜接线端子的正面压两个坑，且两个坑要在同一条直线上，如图 3.93 所示。

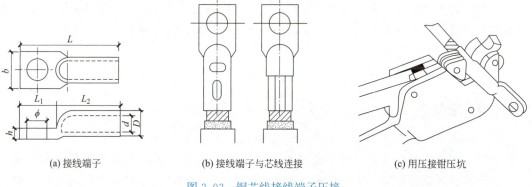

(a) 接线端子　　(b) 接线端子与芯线连接　　(c) 用压接钳压坑

图 3.93　铜芯线接线端子压接

2）将导线绝缘层至铜接线端子根部包上绝缘带（绝缘带要从导线绝缘层包起），即可与电气设备接线端子连接，如图 3.94 所示。

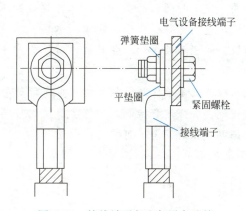

图 3.94　接线端子与电气设备连接

知识梳理与总结

本单元任务主要介绍室内配线的施工程序、要点和方法。室内配线有线管配线、线槽配线、塑料护套线配线、封闭式插接母线配线、电缆桥架配线、硬母线配线、电气竖井配线等。其中线管配线、封闭插接母线配线、电气竖井配线和电缆桥架配线最为常用。

线管配线适用各种场合的明敷和暗敷，其特点为：可避免腐蚀性气体侵蚀和遭受机械损伤，安全可靠并便于更换导线。施工时要注意类型选择、管径选择、连接方法、接地处理、防腐处理及不同场合的施工方法。

封闭式插接母线配线适用于高层建筑、干燥和无腐蚀性气体的室内或电气竖井内。封闭式插接母线具有结构紧凑、容量大、体积小、产品成系列化等特点。施工时主要注意母线规格的选择、穿楼板的处理、连接方法、绝缘电阻的要求、接地的要求和方法。

电缆采用桥架敷设比较经济和方便。电缆桥架结构简单，安装快速灵活且维护方便，桥架的主要配件均实现标准化、系列化、通用化，易于配套使用。施工时主要注意桥架的类型、安装的位置、安装的方式、接地的要求和方法、电缆的敷设要求。

电缆竖井是强电竖井与弱电竖井的总称。电缆竖井的位置宜设在负荷中心，进出线方便、上下层对应贯通处。在每楼层竖井间应设维修检修门，并应向公共走廊开启。墙壁耐火极限和门的耐火极限应满足消防有关规范。电缆竖井间内设备及管线施工完毕后，所有空洞应做防火密闭封堵与隔离。

知识拓展

鲁班奖

中国建设工程鲁班奖（国家优质工程），简称鲁班奖，是一项由中华人民共和国住房和城乡建设部指导、中国建筑业协会实施评选的奖项，是中国建筑行业工程质量的最高荣誉奖。该奖项自1987年设立以来，已成为中国建设工程领域的标志性奖项，代表了我国建筑工程质量的最高水平，重在表彰在工程质量、技术创新、管理卓越等方面取得突出成就的工程项目。其评选条件要求严格，包括项目所属领域、项目类别、项目规模、完成时间、完工时间、经济效益、社会效益和环境保护等方面。申报项目应属于建设工程领域，包括建筑、交通、能源、水利、环境、信息技术等各专业方向，同时项目应具有较高的经济效益和社会效益，对社会产生积极影响，并具有良好的生态环境保护意识。

在配线过程中，施工细节既是确保质量的关键，也是评选鲁班奖的重要依据，在施工时，严格执行施工规范，加强过程控制，依据鲁班奖的评选标准，运用先进的施工方法和工艺标准，保证电气系统安全、可靠、高效运行。

实训项目

一、线管配线

1. 目的

使学生认识和了解不同规格型号线管及其使用场所,掌握线管配线的安装步骤和工艺要求。

2. 能力及标准要求

掌握金属线管、镀锌钢管、PVC 管安装的步骤和安装工艺要求。

3. 准备

(1) 工具准备:钢丝钳、尖嘴钳、电工刀、十字螺丝刀、一字螺丝刀、金属管割刀、PVC 管子割刀、套丝机。

(2) 材料准备:DN20mm 镀锌钢管及连接件、Φ15 金属线管及连接件、Φ20 PVC 管及连接件、各种管卡、木螺钉、接线盒、各种颜色的 BV2.5mm^2 导线若干。

4. 步骤

(1) 器具定位;

(2) 线路定位画线;

(3) 线管加工;

(4) 线管安装;

(5) 穿线;

(6) 器具安装;

(7) 线路与器具连接;

(8) 通电试验。

5. 注意事项

放线时,线要分色,到器具和接线盒的预留长度应为 100~150mm。

(1) 线管内导线不得有接头;

(2) 线管固定点间距小于 800mm,端部固定点距槽底终点距离为 50~100mm;

(3) 螺口灯头的中心触头接相线;

(4) 插座接线为左零右相,上保护线;

(5) 保护线为黄绿双色线;

(6) 开关接火线;

(7) 线路安装要横平竖直,管上不得开孔。

6. 讨论

(1) 在实际线路安装时,导线为什么要分色?

(2) 保护线为什么不能串接?

二、导线的连接

1. 目的

使学生认识和了解不同规格型号导线及其连接方法、导线连接要求。

2. 能力及标准要求

掌握单芯铜导线、多芯铜导线、软线、铝线等的连接方法和工艺要求。

3. 准备

(1) 工具准备：钢丝钳、尖嘴钳、压线钳、液压钳、电烙铁。

(2) 材料准备：BV2.5mm²、BV4.0mm²、BV10mm² 铜导线以及 BVR1.0mm² 铜芯软线、25mm² 裸铝线、铜压接端子（牛鼻子）、铜压接管、绝缘胶带。

4. 步骤

(1) 单芯铜导线连接；

(2) 多芯铜导线连接；

(3) 铜导线锡焊连接；

(4) 单芯铝导线和多芯铝导线的压接和焊接；

(5) 铜导线的压接。

5. 注意事项

导线连接一定要紧密，使其接触电阻最小；导线压接时要注意压接顺序；使用电烙铁时要注意安全，不要灼伤人和烧坏器材。

6. 讨论

(1) 导线在绞接和绑接时，其绞接和绑接长度有什么要求？

(2) 导线和设备器件连接时采用什么方法？

实训报告及分组情况表

习　题

一、选择题

1. 现浇混凝土内敷设钢制电线管时，其弯曲半径不小于管径（　　）。

A. 4 倍　　　　　B. 6 倍　　　　　C. 10 倍　　　　　D. 15 倍

2. 下列哪种线管在敷设时需要做接地跨接？（　　）

A. PVC 管　　　B. SC 管　　　C. KBG 管　　　D. JDG 管

3.（　　）表示金属线槽，宽 200mm，高 100mm。

A. MR—200×100　　　　　　B. MR—100×200

C. PR—200×100　　　　　　D. CT—200×100

4. 非镀锌电缆桥架间连接板的两端跨接铜芯接地线，接地线最小允许截面积不小于（　　）mm²。

A. 3　　　　　B. 4　　　　　C. 5　　　　　D. 6

5. KBG 管的连接一般采用（　　）连接法。

A. 套管　　　　B. 丝扣　　　　C. 紧定螺钉　　　D. 扣压

6.（　　）可以采用熔焊。

A. 焊接管　　　B. 薄壁管　　　C. 镀锌钢管　　　D. KBG 管

7. 插接式母线槽跨接地线采用绝缘导线时，其导线截面不应小于（　　）mm²。

A. 4　　　　　B. 10　　　　　C. 16　　　　　D. 25

8. 非镀锌桥架连接处应跨接接地线，接地线截面不小于（　　）mm²。

A. 4　　　　　B. 6　　　　　C. 10　　　　　D. 16

9. 普通插座安装高度距地（　　）m。
A. 0.3　　　　　B. 0.5　　　　　C. 0.8　　　　　D. 1.3

二、简答题

1. 当配线采用多相导线时，火线、工作零线（N）和保护零线（PE）的颜色是如何规定的？对保护零线（PE）有何特别的规定？

2. 金属管的弯曲可以采用哪些方法？

3. 金属管连接时，跨接地线有哪几种方法？每种方法适合哪种类型的管子？

4. 管内穿线有哪些要求？

5. 阻燃管弯曲有哪几种方法？弯曲时应注意哪些事项？

6. 金属线槽接地有哪几种方法？

7. 塑料护套线配线有哪些要求？

8. 简述封闭式插接母线的使用特点。

9. 桥架内电缆敷设有哪些具体要求？

10. 简述导线与导线连接的基本要求。

项目 4
常用低压电气设备的安装

知识目标

1. 了解各种变压器的特点及适用场合；
2. 熟悉低压电气设备、电动机的安装；
3. 掌握配电箱（柜）的安装工艺。

技能目标

1. 能根据施工图配合土建预留安装孔洞；
2. 能依据规范要求安装配电柜。

素质目标

1. 培养学生具有探索未知、追求真理的责任感和使命感；
2. 培养学生具有科技报国的家国情怀和使命担当。

项目 4　常用低压电气设备的安装

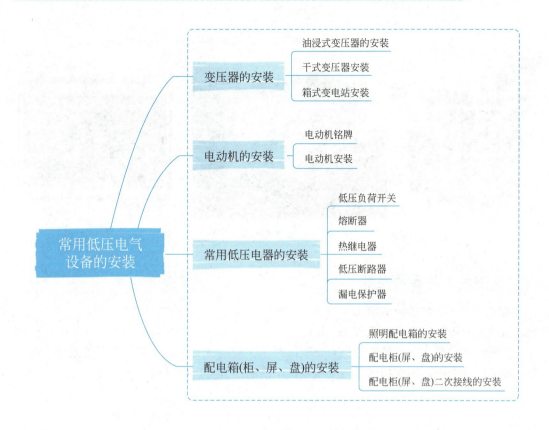

任务 4.1　变压器的安装

变压器是用来改变交流电压大小的一种重要的电气设备，其在电力系统和供电系统中占有很重要的地位。

变压器的种类很多，按用途可分为电力变压器、仪用变压器、控制变压器、电焊变压器、阻抗变压器等。其中，电力变压器是供配电系统中的重要设备之一，它用来改变交流电压的大小。电力变压器也有多种类型，目前 10kV 配电系统中常用的有油浸式变电站、干式变压器和箱式变电站。油浸式变压器具有价格低廉、冷却效果好等优点，被广泛使用在工矿企业和施工现场，但其对环境有一定污染；干式变压器具有环保、低耗、低噪声、防火性能好等优点，被广泛使用在高层大型民用建筑内，但其冷却效果略差且价格较高；箱式变电站集配电、变电于一身，具有技术先进、可靠安全、自动化程度高、工厂预制化、组合方便灵活、投资少、见效快、占地面积小、对环境适应性强、安装方便等一系列优点，但同时还存在着一些不足，如箱体内出线间隔的扩展裕度小，检修空间较小，以及因其无人值守故障不易被及时发现等。

常用的变压器有油浸式变压器、箱式变电站、干式变压器，其外形分别如图 4.1～图 4.3 所示。

图 4.1　油浸式变压器

图 4.2　箱式变电站

图 4.3　干式变压器

一、油浸式变压器的安装

油浸式变压器的结构如图 4.4 所示。

油浸式变压器安装工艺流程如下：

变压器基础验收→设备开箱检查→变压器二次搬运→变压器稳装→变压器附件安装→变压器接线→变压器的交接试验→变压器送电前的检查→送电试运行→验收。

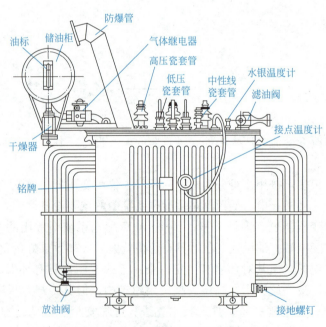

图 4.4　油浸式变压器的结构图

1. 变压器基础验收

变压器就位前先要对基础进行验收，基础的中心与标高应符合设计要求，轨距与轮距应互相吻合，具体要求如下：

(1) 轨道水平误差应不超过 5mm。

（2）实际轨距不能小于设计轨距，误差应不超过 5mm。

（3）轨面对设计标高的误差应不超过±5mm。

（4）有防护罩的变压器还应配备金属支座，变压器、防护罩均可通过金属支座可靠接地。接地线通常采用 40mm×4mm 的镀锌扁钢与就近接地网用电焊焊接。

2. 设备开箱检查

（1）设备开箱检查应由安装单位、供货单位会同建设单位代表共同进行，并做好记录。

（2）按照设备清单、施工图纸及设备技术文件，核对变压器本体和附件备件的规格型号是否符合设计图纸要求、是否齐全及有无丢失及损坏。

（3）检查变压器本体外观是否无损伤及变形，油漆是否完好无损伤。

（4）检查油箱封闭是否良好，有无漏油、渗油现象及油标处油面是否正常。发现问题应立即处理。

（5）检查绝缘瓷件和环氧树脂铸件是否无损伤、缺陷及裂纹。

3. 变压器二次搬运

（1）变压器二次搬运应由起重工作业，电工配合。可采用汽车式起重机吊装，也可采用吊链吊装。距离较长时，可用汽车运输，运输时必须用钢丝绳牢牢固定，并应行车平稳，尽量减少振动；距离较短且道路良好时，可用卷扬机、滚杠运输。

（2）变压器搬运时，应注意保护瓷瓶，最好用木箱或纸箱将高低压瓷瓶罩住，保护其不受损伤。

（3）变压器搬运过程中，不应有冲击或严重振动等情况。利用机械牵引时，牵引的着力点应在变压器重心以下，以防倾斜；运输倾斜角不得超过 15°，防止其内部结构变形。

（4）用千斤顶顶升大型变压器时，应将千斤顶放置在油箱专门部位。

（5）大型变压器在搬运或装卸前，应核对高、低压侧方向，以免安装时调换方向发生困难。

4. 变压器稳装

变压器就位可用汽车式起重机将其直接甩进变压器室内，或用道木搭设临时轨道，用三步搭、吊链吊至临时轨道上，然后用吊链拉入室内合适位置。变压器就位时，应注意其方位和距墙尺寸与图纸相符，允许误差为±25mm；图纸无标注时，纵向按轨道定位，横向距离不得小于 800mm，距门不得小于 1000mm，并适当使屋内吊环的垂线位于变压器中心，以便于进行吊芯检查。

变压器基础的轨道应水平，并且轨距与轮距应配合。装有气体继电器的变压器，其顶盖沿气体继电器气流方向应有 1%～1.5%的升高坡度（制造厂规定无须安装坡度的除外）。变压器宽面推进时，其低压侧应向外；窄面推进时，油枕侧一般应向外。在装有开关的情况下，操作方向应留有 1200mm 以上的宽度。油浸式变压器的安装，应考虑能在带电的情况下，便于检查油枕和套管中的油位、上层油温及瓦斯继电器等。装有滚轮的变压器，滚轮应可以转动灵活，在变压器就位后，应将滚轮用能拆卸的制动装置加以固定。变压器的安装应采取抗地震措施，稳装在混凝土地坪上的变压器安装如图 4.5 所示，有混凝土轨梁宽面推进的变压器安装如图 4.6 所示。

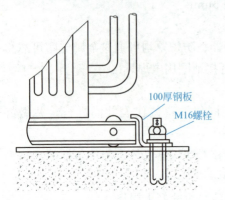

图 4.5 稳装在混凝土地坪上的变压器安装

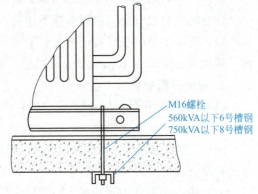

图 4.6 有混凝土轨梁宽面推进的变压器安装

5. 变压器附件安装

变压器有许多附件，如散热器、气体继电器、防潮呼吸器、温度计、风扇、高压套管和电压切换装置等，应根据相关规范和产品说明书的要求安装附件。

6. 变压器接线

变压器的一、二次接线及地线、控制线接线均应符合相应的规定。变压器一、二次接线的施工，不应使变压器的套管直接承受应力。变压器工作零线与中性点接地线应分别敷设，工作零线宜用绝缘导线。变压器中性点的接地回路中，靠近变压器处宜做一个可拆卸的连接点。油浸式变压器附件的控制导线应采用具有耐油性能的绝缘导线。靠近箱壁的导线应用金属软管保护，并排列整齐，且接线盒应密封良好。

7. 变压器的交接试验

变压器的交接试验应由当地供电部门许可的试验室进行，试验标准应符合《电气装置安装工程电气设备交接试验标准》、当地供电部门规定及产品技术资料的要求。变压器交接试验的内容包括以下几项：

（1）测量绕组连同套管的直流电阻；
（2）检查所有分接头的变压比；
（3）检查变压器的三相结线组别和单相变压器引出线的极性；
（4）测量绕组连同套管的绝缘电阻、吸收比或极化指数；
（5）测量绕组连同套管的介质损耗角正切值；
（6）测量绕组连同套管的直流泄漏电流；
（7）绕组连同套管的交流耐压试验；
（8）绕组连同套管的局部放电试验；
（9）测量与铁芯绝缘的各紧固件及铁芯接地线引出套管对外壳的绝缘电阻；
（10）绝缘油试验；
（11）有载调压切换装置的检查和试验；
（12）额定电压下的冲击合闸试验。

8. 变压器送电前的检查

变压器试运行前，必须由质量监督部门检查合格后方可运行。变压器试运行前的检查内容包括：

(1) 各种交接试验单据齐全，数据符合要求；
(2) 变压器应清理、擦拭干净，顶盖上无遗留杂物，本体及附件无缺损，且不渗油；
(3) 变压器一、二次接线相位正确，且绝缘良好；
(4) 接地线良好；
(5) 通风设施安装完毕，且工作正常，事故排油设施完好，消防设施齐备；
(6) 油浸式变压器的油系统油门应打开，油门指示正确，油位正常；
(7) 油浸式变压器的电压切换装置置于正常电压挡位；
(8) 保护装置整定值符合规定要求，操作及联动试验正常；
(9) 变压器护栏安装完毕，各种标示牌挂好，装好门锁。

9. 送电试运行

(1) 变压器第一次投入时，可全压冲击合闸。冲击合闸时，一般可由高压侧投入。
(2) 变压器第一次受电后，持续时间不应少于 10min，并无异常情况。
(3) 变压器应进行 3～5 次全压冲击合闸，且情况正常，同时励磁涌流不应引起保护装置误动。
(4) 油浸式变压器带电后，应检查油系统是否有渗油现象。
(5) 变压器试运行要注意冲击电流、空载电流、一、二次电压及温度，并做好详细记录。
(6) 变压器并列运行前，应检查是否满足并列运行的条件，同时核对好相位。
(7) 变压器空载运行 24h，无异常情况时方可投入负荷运行。

10. 验收

从变压器开始带电起，24h 后无异常情况，应办理验收手续。验收时，应移交下列资料和文件：

(1) 变更设计证明；
(2) 产品说明书、试验报告单、合格证及安装图纸等技术文件；
(3) 安装检查及调整记录。

二、箱式变电站安装

箱式变电站是一种高压开关设备、配电变压器和低压配电装置，按一定接线方案排成一体的工厂预制户内、户外紧凑式配电设备，即将高压受电、变压器降压和低压配电等功能有机地组合在一起。箱式变电站特别适用于城网建设与改造，其具有技术先进、安全可靠、自动化程度高、工厂预制化、组合方式灵活、投资少、见效快、占地面积小、对环境适应性强、安装方便等一系列优点。但同时还存在着一些不足，如箱体内出线间隔的扩展裕度小，检修空间较小，以及因无人值守导致故障不易被及时发现等。尽管存在以上不足，箱式变电站还是以经济实用的优点被更广泛地推广使用，其不足之处也将在不断地发展中改进、完善。

1. 箱式变电站的结构特点及分类

箱式变电站不同于常规化土建变电站，其主要特点为：(1) 箱式变电站在制造厂完成设计、制造与安装，并完成其内部电气接线；(2) 箱式变电站经过规定的形式试验考核；

（3）箱式变电站经过出厂试验的验证。

箱式变电站有多种分类方法，例如，按安装场所可分为户内型、户外型；按高压接线方式可分为终端接线、双电源接线和环网接线；按箱体结构可分为整体式、分体式等。

2. 箱式变电站的安装工艺及要求

箱式变电站安装工艺流程如下：

测量定位→基础型钢安装→设备就位、安装、接地→接线→试验及验收。

（1）测量定位

按施工图设计的位置、标高、方位进行测量放线，确定箱式变电站安装的底盘线和中心轴线，并确定地脚螺栓的位置。

（2）基础型钢安装

1）预制加工基础型钢的型号、规格应符合施工图的设计要求。按设计尺寸进行下料和调直，并做好防锈处理。根据地脚螺栓的位置及孔距尺寸，进行制孔。制孔必须采用机械制孔。

2）基础型钢架安装。按放线确定的位置、标高、中心轴线尺寸，控制准确的位置稳定好型钢架，用水平尺或水准仪找正、找平。与地脚螺栓连接牢固。

3）基础型钢与地线连接，将引进箱内的地线扁钢与型钢结构基架的两端焊牢，然后涂两遍防锈漆。箱式变电站安装如图4.7所示。

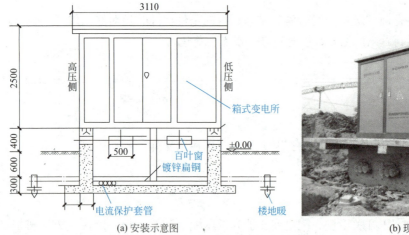

(a) 安装示意图　　　　　　　　　　　　(b) 现场安装图

图4.7　箱式变电站安装

（3）箱式变电站就位、安装、接地

1）就位。要确保作业场地清洁、通道畅通。将箱式变电站运至安装的位置，吊装时应充分利用吊环将吊索穿入吊环内，吊索受力应均匀一致，确保箱体平稳、安全、准确地就位。

2）按设计布局的顺序组合排列箱体。找正两端的箱体，然后挂通线，找准调正，使箱体正面平顺。

3）组合的箱体找正、找平后，应将箱与箱用镀锌螺栓连接牢固。

4）接地。箱式变电站接地时，应每箱独立与基础型钢连接，严禁进行串联。接地干线应与箱式变电站的 N 母线和 PE 母线直接连接。变电箱体、支架或外壳的接地应使用带有防松装置的螺栓连接。连接均应紧固可靠,且紧固件齐全。

5) 箱式变电站的基础应高于室外地坪,应确保周围排水畅通。

6) 箱式变电站用地脚螺栓固定,其螺母应齐全,且拧紧牢固,自由安放的应垫平放正。

7) 箱壳内的高、低压室均应装设照明灯具。

8) 箱体内应有防雨、防晒、防锈、防尘、防潮、防凝露的技术措施。

9) 箱式变电站安装高压或低压电能表时,必须接线相位准确,并将其安装在便于查看的位置。

(4) 接线

1) 高压接线的要求是,既要有终端变电站接线,也要有适应环网供电的接线;

2) 接线的接触面应连接紧密,连接螺栓或压线螺钉应牢固,与母线连接时紧固螺栓应使用力矩扳手紧固;

3) 相序排列应准确、整齐、顺直、美观,且涂色标志正确;

4) 设备接线端与母线搭接或卡子、夹板处,以及明设地线的接线螺栓处两侧的 10～15mm 处均不得涂刷涂料。

(5) 试验及验收

1) 箱式变电站电气交接试验,变压器、高压开关及其母线等应按相关规定进行试验。

2) 高压开关、熔断器等与变压器组合在同一个密闭油箱内的箱式变电站,其高压电气交接试验必须按随带的技术文件执行。

3) 低压配电装置的电气交接试验。

① 对每路配电开关及保护装置应核对规格、型号,且必须符合设计要求。

② 测量线间和线对地间的绝缘电阻须大于 0.5MΩ。当绝缘电阻大于 10MΩ 时,应用 2500V 绝缘电阻表摇测 1min,无闪络击穿现象;当绝缘电阻为 0.5～10MΩ 时,应做 1000V 交流工频耐压试验,时间为 1min,不击穿为合格。

三、干式变压器安装

在防火要求较高的场所、人员密集的重要建筑物内(如地铁、高层建筑、剧院、商场、候机大楼等)、企业主体车间(如电厂、钢厂、石化等)的无油化配电装置中,应选用干式变压器;当场地较小时,如技术经济指标合理、与居民住宅连体的和无独立变压器室的配电站,难以解决油浸电力变压器事故排油造成环境污染的场所,以及与重要建筑物防火间距不够的户外箱式变电站,均宜选用干式变压器。干式变压器的外形结构如图 4.8 所示。

1. 干式变压器安装前的检查

干式变压器安装前,经检查应符合下列要求:

(1) 所有紧固件、紧固绝缘件完好;

(2) 金属部件无锈蚀、无损伤,铁芯无多点接地;

(3) 绕组完好,无变形、无位移、无损伤,内部无杂物,表面光滑无裂纹;

(4) 引线连接导体间和对地的距离符合国家现行有关标准的规定或合同要求,裸导体

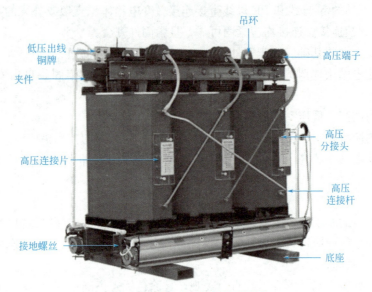

图 4.8　干式变压器的外形结构

表面无损伤、毛刺和尖角，焊接良好；

（5）规定接地的部位有明显的标志，并配有符合标准的螺母、螺栓（就位后即行接地，器身水平固定牢固）。

2. 干式变压器安装环境的要求

干式变压器的安装环境应符合下列规定：

（1）干式变压器安装的场所应符合制造厂对环境的要求，室内清洁，无其他非建筑结构的贯穿设施，顶板不渗漏等；

（2）基础设施应满足载荷、抗震、底部通风等要求；

（3）室内通风和消防设施符合有关规定，通风管道密封良好，通风孔洞不与其他通风系统相通；

（4）温控、温显装置设在明显位置，以便于观察；

（5）室门应采用不燃或难燃材料，门向外开，门上标有设备名称和安全警告标志，保护性网门、栏杆等安全设施完善。

任务 4.2　电动机的安装

电动机常用在 380/220V 线路中，是应用比较广泛的一种电气设备。它是将电能转变为机械能，用来作为生产机械的动力。建筑工程中大多数机械设备都由电动机拖动。故电动机的安装是施工人员最重要的工作之一。

电动机的种类很多，按电压分为高压电动机和低压电动机；按电源分为交流和直流；按体积分为小型、中型和大型。

一、电动机铭牌

电动机及铭牌如图 4.9 所示。

(a) 电动机

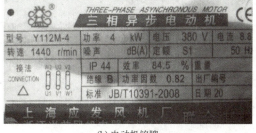
(b) 电动机铭牌

图 4.9 电动机及铭牌

二、电动机安装

电动机安装工艺流程如下：

基础制作及验收→设备开箱检查→安装前检查→电动机的安装→电动机的接线→控制、保护和启动设备安装→试运行前的检查→试运行及验收。

1. 基础制作及验收

电动机通常安装在机座上，机座固定在基础上。电动机的基础通常有混凝土、砖砌和金属支架三种，通常采用混凝土浇筑的较多。混凝土基础的保养期一般为 15 天，整个基础表面应平整。浇灌基础时，应根据电动机地脚螺栓的间距，将地脚螺栓预埋入基础内。为保证地脚螺栓预埋位置正确无误，可采用两种方法：一种是将四颗地脚螺栓先固定在一块定型铁板上，然后整体再埋入基础，待混凝土达到标准强度后，再拆去定型铁板；另一种是根据电动机安装孔尺寸，在混凝土基础上预留孔洞（100mm×100mm），待安装电动机时，再将地脚螺栓穿过机座，放置在预留孔内，进行二次浇筑。地脚螺栓埋设不可倾斜，等电动机紧固后其高度应高出螺母 3～5 扣。

电动机安装前要对基础轴线、标高、地脚螺栓位置、外形几何尺寸进行测量验收；沟槽、孔洞及电缆管位置应符合设计及土建防水的质量要求；混凝土强度等级应符合设计要求，一般基础承重不小于电动机重量的 3 倍；基础各边应超出电动机底座边缘 100～150mm。

2. 设备开箱检查

电动机到达现场后应在规定的期限内做验收检查。设备拆箱及配件检查，有条件时应由安装单位、供货单位、建设单位共同进行，并应符合下列要求：

（1）电机应完好，不应有损伤现象；

（2）定子和转子分箱装运的电机，其铁芯、转子和轴颈应完整，无锈蚀现象；

（3）电机的附件、备件应齐全，无损伤；

（4）产品出厂技术文件应齐全。

3. 安装前的检查

电动机在安装前应进行全面的检查，可以避免在存放期间或运输过程中发生问题未被及时发现而影响正常使用。具体检查内容如下：

（1）检查电动机的功率、型号、电压等应与设计相符。

（2）核对机座、地脚螺栓的轴线、标高位置，检查机座的沟道、孔洞及电缆管的位置，尺寸应符合设计要求。

（3）检查电动机的外壳应无损伤，风罩、风叶应完好；电动机的附件、备件应齐全。

（4）转子转动应灵活，无碰卡声，轴向窜动不应超过规定的范围。

（5）检查电动机的润滑脂，应无变色、变质及硬化等现象；其性能应符合电动机工作条件。

（6）拆开接线盒，用万用表测量三相绕组是否断路；引出线鼻子的焊接或压接应良好，编号应齐全。

（7）定子和转子分箱装运的电动机，其铁芯转子和轴顶应完整无锈蚀现象。

（8）使用绝缘电阻表测量电动机的各相绕组之间以及各相绕组与机壳之间的绝缘电阻。如果电动机的额定电压在 500V 以下，则使用 500V 兆欧表测量，其绝缘电阻值不得小于 0.5MΩ，如果不能满足要求应对电动机进行干燥。

电动机在检查中，如有下列情况之一时，应进行抽芯检查：

1）出厂日期超过制造厂保证期限；

2）经外观检查或电气试验，质量有可疑时；

3）开启式电动机经端部检查有可疑时；

4）试运转时有异常情况者。

4．电动机安装

电动机安装工作主要包括电动机的安装与校正。

（1）电动机的安装

电动机安装时，应审核电动机安装的位置是否满足检修操作运输的方便。固定在基础上的电动机，一般应有不小于 1.2m 的维护通道。采用混凝土基础时，如无设计要求，基础承重一般不小于电动机重量的 3 倍。基础各边应超出电机底座边缘 100～150mm。稳装电动机垫片一般不超过 3 块，且垫片与基础面接触应严密。电动机安装后，应做数圈人力转动试验。电机外壳保护接地（或接零）必须良好，如图 4.10 所示。

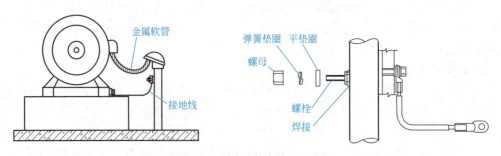

图 4.10　电动机外壳接地示意图

（2）电动机的校正

电动机就位后，即可进行纵向和横向的水平校正。如果不平，可用 0.5～5mm 厚的垫铁垫在电动机机座下来找平、找正，直到符合要求为止。

在电动机与被驱动的机械通过传动装置相互连接之前，必须对传动装置进行校正。由于传动装置的种类不同，校正的方法也各不相同。

1）皮带传动的校正

皮带传动时，为了使电动机和它所驱动的机器正常运行，就必须使电动机皮带轮的轴和被驱动机器的皮带轮的轴保持平行，同时还要使两个皮带轮宽度的中心线在同一直线上。

如果两皮带轮宽度相同，则校正时在皮带轮的侧面进行。利用一根细绳来测量，当A、B、C、D在同一直线上时，即已找正，如图4.11（a）所示；如果两皮带轮宽度不同，应先找出皮带轮的中心线，并画出记号，如图4.11（b）中1、2和3、4两条线，然后拉一根线绳对准1、2这条线，并将线拉直；如果两轴平行，则线绳必然同3、4那条线重合。

2）联轴器的找正

联轴器也称靠背轮。当电动机与被驱动的机器采用联轴器连接时，必须使两轴的中心线保持在一条直线上；否则，电动机转动时将产

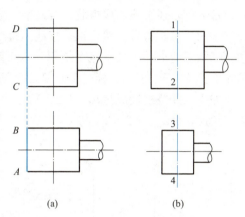

图4.11 皮带轮的校正法

生很大的震动，严重时会损坏联轴器，甚至扭弯、扭断电动机轴或被驱动机器的轴。另外，由于电动机转子的重力和被驱动机械转动部分重力的作用，使轴在垂直平面内有一挠度，从而发生弯曲，如图4.12所示。假如两相连机器的转轴安装绝对水平，那么联轴器的两接触平面将不会平行，而处于如图4.12（a）所示的位置。在这种情况下，用螺栓将联轴器连接起来，使联轴器两接触面互相接触，电动机和被驱动机器的两轴承就会受到很大的应力，使之在转动时产生震动。

为了避免这种现象，必须将两端轴承装得比中间轴承高一些，使联轴器的两平面平行，如图4.12（b）所示。同时，还要使这对转轴的轴线在联轴器处重合。校正时，首先取下螺栓，用钢板尺测量径向间隙 a 和轴向间隙 b，如图4.13所示，测量后把联轴器旋转180°再测。如果联轴器平面是平行的，并且轴心也是对准的，那么在各个位置所测的 a 值和 b 值将都是一样的，否则，应继续校正，直到符合要求为止。测量时必须仔细，要多次重复进行。但是，有些联轴器的表面加工情况不好，也会出现 a 值和 b 值在各个位置上不等，这就需要细心地分析，找出其规律，才能鉴别其是否已经校正。

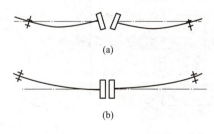

图4.12 轴的弯曲

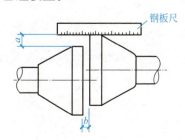

图4.13 用钢板尺测量校正联轴器

3）齿轮传动校正

齿轮传动必须使电动机的轴与被驱动机器的轴保持平行，大、小齿轮啮合适当。如果两齿轮的齿间间隙均匀，则表明两轴达到了平行。间隙大小可用塞尺进行检查；也可通过运行，听齿轮转动的声音来判别啮合情况。

5．电动机的接线

电动机接线在电动机安装中是一项非常重要的工作，如果接线不正确，不仅电动机不能正常运行，还可能造成事故。接线前，应核对电动机铭牌上的说明或电动机接线板上接线端子的数量与符号，然后根据接线图接线。

三相感应电动机共有三个绕组、六个端子。各相的始端用 U_1、V_1、W_1 表示，终端用 U_2、V_2、W_2 表示；标号 $U_1 \sim U_2$ 为第一相，$V_1 \sim V_2$ 为第二相，$W_1 \sim W_2$ 为第三相。

如果三相绕组接成星形，U_2、V_2、W_2 连在一起，U_1、V_1、W_1 接电源线；如果接成三角形，U_1 与 W_2，V_1 与 U_2，W_1 与 V_2 相连。三相绕组的接线法如图 4.14 所示。

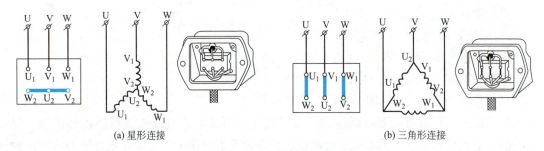

(a) 星形连接　　　　　　　　　　　(b) 三角形连接

图 4.14　三相绕组的接线法

当电动机没有铭牌或端子标号不清楚时，应先用仪表或其他方法对绕组的首尾进行确认，然后再进行接线。确认的方法可采用万用表法。首先，将万用表的转换开关放在欧姆挡上，利用万用表分出每相绕组的两个出线端，然后将万用表的转换开关转到直流毫安挡上，并将三相绕组假设出首尾后，接成如图 4.15 所示的线路。接着，用手转动电动机的转子，如果万用表指针不动，则说明三相绕组的首尾假设是正确的；如果万用表指针动了，则说明首尾假设不正确，有一相绕组的首尾反了，应一相一相分别对调后重新试验，直到万用表指针不动为止。该方法是利用转子铁芯中的剩磁在定子三相绕组内感应出电动势的原理进行的。

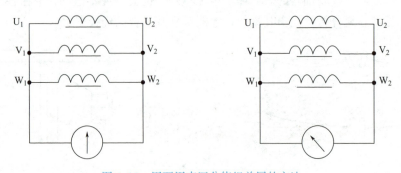

图 4.15　用万用表区分绕组首尾的方法

6. 控制、保护和启动设备安装

电机的控制和保护设备安装前应检查是否与电机容量相符。控制和保护设备的安装应按设计要求进行，一般应装在电机附近。电动机、控制设备和所拖动的设备应对应编号。

引至电动机接线盒的明敷导线长度应小于 0.3m，并应加强绝缘，易受机械损伤的地方还应套上保护管。

高压电动机的电缆终端头应直接引进电动机的接线盒内。达不到这一要求时，应在接线盒外加装保护措施。

直流电动机、同步电机与调节电阻回路及励磁回路的连接应使用铜导线，且导线不应有接头。调节电阻器应接触良好，调节均匀。

电动机应装设过流和短路保护装置，还应根据设备需要装设断相和低电压保护装置。电动机保护元件的选择要求如下：

（1）采用热元件时，热元件一般按电动机额定电流的 1.1～1.25 倍来选。
（2）采用熔丝（片）时，熔丝（片）一般按电动机额定电流的 1.5～1.25 倍来选。

7. 试运行前的检查

电动机安装完毕后，在试运行前应做如下检查：

（1）土建工程全部结束，现场清扫整理完毕；
（2）电机本体安装检查结束；
（3）冷却、调速、润滑等附属系统安装完毕，均验收合格，分部试运行情况良好；
（4）电机的保护、控制、测量、信号、励磁等回路调试完毕，且动作正常；
（5）检查电动机绕组和控制线路的绝缘电阻是否符合要求，一般低压电机绝缘电阻不低于 0.5MΩ；
（6）电刷与换向器或滑环的接触应良好；
（7）盘动电机转子应转动灵活，无碰卡现象；
（8）电机引出线应相位正确，固定牢固，接线正确，且连接紧密；
（9）电机外壳油漆完整，保护接地良好；
（10）检查传动装置是否连接良好；
（11）有固定转向要求的电机，试车前必须检查电机与电源的相序并应一致；
（12）照明、通信、消防装置应齐全。

8. 试运行及验收

电动机试运行一般应在空载的情况下进行，空载运行时间为 2h，并做好电动机空载电流、电压记录。

电机试运行接通电源后，如发现电动机不能启动和启动时转速很低或声音不正常等现象，应立即切断电源检查原因。

启动多台电动机时，应按容量从大到小逐台启动，不能同时启动。电动机试运行中应进行下列检查：

（1）电动机的旋转方向应符合要求，声音正常。
（2）换向器、滑环及电刷的工作情况应正常。
（3）检查电机各部分温度，不应超过产品技术条件的规定。
（4）滑动轴承温升不应超过 80℃，滚动轴承温升不应超过 95℃。

（5）电动机的振动应符合规范要求。

（6）交流电动机带负荷启动次数应尽量减少。若产品无规定，则在冷态时可连续启动 2 次，每次间隔时间不得小于 5min；在热态时可启动 1 次。当在处理事故以及电动机启动时间不超过 2～3s 时，可再启动 1 次。

电动机验收时，应提交下列资料和文件：

（1）设计变更的证明文件和竣工图资料；

（2）制造厂提供的产品说明书、检查及试验记录、合格证件及安装使用图纸等技术文件；

（3）安装验收技术记录、签证和电机转子检查及干燥记录；

（4）调整试验记录及报告。

4.1 电动机的安装

任务 4.3 常用低压电器的安装

低压电器种类繁多，按它在电气线路中所处的地位和作用可分为低压配电电器和低压控制电器两大类。低压配电电器包括闸刀开关、转换开关、熔断器和自动开关等；低压控制电器包括接触器、继电器、启动器、主令电器、控制器、电阻器、变阻器和电磁铁等。

一、低压负荷开关

低压负荷开关常用的有 HK 系列胶盖闸刀开关和 HH 系列封闭式负荷开关两种。低压负荷开关可作为电源隔离开关，也可接通或分断小容量负荷。

1. 胶盖闸刀开关

（1）胶盖闸刀开关的结构

胶盖闸刀开关（简称闸刀开关）是最简单、最常用的一种手动控制电器，如图 4.16 (a) 所示。它常用来做电源隔离开关，以便对电动机等电气设备进行检查或维修；还可以作为电源开关，非频繁地接通和分断容量不大的低压供电线路或非频繁地直接启动 5.5kW 以下的小容量电动机。

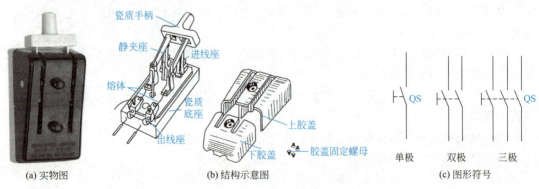

图 4.16 HK 系列胶盖闸刀开关

项目 4 常用低压电气设备的安装

闸刀开关主要由开关、熔断器和胶木盖三部分组成，均装在瓷质底座上。HK 系列胶盖闸刀开关结构示意图如图 4.16（b）所示。

开关部分主要由进线座和静夹座组成；熔断器部分主要由出线座、熔体和动触刀组成，动触刀上装有瓷质手柄，以便于操作；胶木盖部分主要由上、下胶盖组成。

（2）胶盖闸刀开关的规格及选用

闸刀开关按极数可分为单极、双极和三极，如图 4.16（c）所示。双极的额定电压为 250V，三极的额定电压为 500V。常用瓷底胶盖闸刀开关的额定电流为 10～60A，产品型号主要有 HK1、HK2。

1）HK1 系列瓷底胶盖闸刀开关型号的含义

2）HK1 系列瓷底胶盖闸刀开关的基本技术参数

HK1 系列瓷底胶盖闸刀开关的基本技术参数见表 4.1。

HK1 瓷底胶盖闸刀开关技术参数　　　　　　　　　　表 4.1

型号	极数	额定电流（A）	额定电压（V）	熔体线径 Φ（mm）
HK1-10	2	10	220	1.45～1.59
HK1-15	2	15	220	2.30～2.75
HK1-30	2	30	220	3.36～4.00

（3）瓷底胶盖闸刀开关的选用

1）对于普通负载：胶盖闸刀开关额定电压应大于或等于线路的额定电压，额定电流应等于或稍大于线路的额定电流。

2）对于电动机：胶盖闸刀开关额定电压大于或等于线路的额定电压，额定电流可选电动机额定电流的 3 倍左右。

（4）胶盖闸刀开关的安装技术要求

1）胶盖闸刀开关必须垂直安装。在开关接通状态时，瓷质手柄应朝上，不能在其他位置，否则容易产生误操作。

2）电源进线应接入规定的进线座，出线应接入规定的出线座，不得接反，否则易引发触电事故。

（5）胶盖闸刀开关使用的注意事项

1）因为其触头的负载能力有限，不宜频繁带负载操作胶盖闸刀开关；

2）合、分胶盖闸刀开关时动作应迅速，以免电弧灼损触头和灼伤人的手。

2. 封闭式负荷开关

HH 系列封闭式负荷开关俗称铁壳开关，其外形如图 4.17 所示。这种开关的闸刀和熔丝都装在一个铁壳里，手柄和铁壳有机械连锁装置。在不拉开闸刀时不能打开铁壳；当铁壳打开时，则开关不能合闸，保证了操作和更换熔体的安全。

图 4.17　HH 系列封闭式负荷开关

安装封闭式负荷开关时应注意以下事项：

（1）封闭式负荷开关必须垂直安装，安装高度按设计要求；若设计无要求，可取操作手柄中心距地面 1.2～1.5m。

（2）封闭式负荷开关的外壳应可靠接地或接零。

（3）封闭式负荷开关进出线孔的绝缘圈（橡皮、塑料）应齐全。

（4）采用金属管配线时，管子应穿入进出线孔内，并用管螺母拧紧。如果电线管不能进入进出线孔内，则可在接近开关的一段用金属软管（蛇皮管）与封闭式负荷开关相连，金属软管两端均应采用管接头固定。

（5）外壳完好无损，机械连锁正常，绝缘操作连杆固定可靠，可动触片固定良好且接触紧密。

二、熔断器

熔断器俗称保险丝，使用时将其串联在所保护的电路中，当该电路发生严重过载或短路故障时，通过熔断器的电流会达到或超过某一规定值，导致其自身产生的热量使内部熔体熔断而自动切断电路，起到保护作用。

1. 熔断器的基本结构

熔断器的种类很多，常用的熔断器有瓷插式、螺旋式和管式三种，如图 4.18 所示。下面以螺旋式为例说明。螺旋式熔断器主要由熔体和安装固定熔体的绝缘座组成。

(a) 瓷插式　　　　　(b) 螺旋式　　　　(c) 管式　　　(d) 符号

图 4.18　熔断器

2. 螺旋式熔断器的规格及选用

（1）熔断器型号的含义

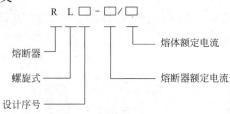

（2）螺旋式熔断器的技术参数

螺旋式熔断器的型号和规格见表 4.2。

常用螺旋式熔断器的型号和规格　　　　　　　　　　　表 4.2

类别	型号	额定电压(V)	额定电流(A)	熔体额定电流等级(A)	极限分断能力(kA)
螺旋式熔断器	RL1	500	15	2,4,6,10,15	2
			60	20,25,30,40,50,60	3.5
			100	60,80,100	20
			200	100,125,150,200	50
	RL2	500	25	2,4,6,10,15,20,25	1
			60	25,35,50,60	2
			100	80,100	3.5

（3）螺旋式熔断器的选用

1）熔断器的额定电压和额定电流应不小于线路的额定电压和所装熔体的额定电流；

2）熔体的额定电流应等于或大于电路的最大正常工作电流，既要使电路中的电器正常工作，又能保证用电安全。

3. 螺旋式熔断器安装技术要求

（1）确定熔断器规格后，要根据负载情况选用合适的熔体；

（2）进入熔断器的电源线应接在中心舌片的端子上，电源出线应接在螺纹的端子上，切勿反接；

（3）熔体的熔断指示端应置于熔断器的可见端，以便及时发现熔体的熔断情况；

（4）瓷帽瓷套连接应平整、紧密。

4. 螺旋式熔断器的使用注意事项

（1）熔体熔断后，应先查明故障原因，排除故障后方可换上原规格的熔体，不能随意更改熔体规格，更不能用铜丝代替熔体；

（2）在配电系统中，选各级熔断器时要互相配合，以实现选择性；

（3）对于动力负载，因其启动电流大，故熔断器主要起短路保护作用，其过载保护应选用热继电器。

三、热继电器

热继电器是一种利用电流的热效应来切断电路的保护电器，通常用来作电动机的过载保护。

1. 热继电器的基本结构

热继电器由发热元件、双金属片、传动机构和触头等组成，其结构如图 4.19 所示。热继电器的类型有两相结构、三相结构和带有断相保护装置的三相结构。

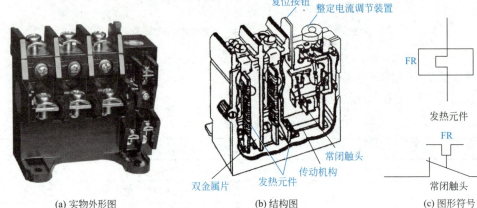

(a) 实物外形图　　(b) 结构图　　(c) 图形符号

图 4.19　热继电器

2. 热继电器的规格和选用

（1）热继电器型号的含义

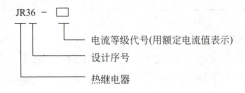

（2）热继电器的规格及技术参数

热继电器的规格及技术参数见表 4.3。

热继电器的规格及技术参数　　　　　　　　　表 4.3

型号	额定绝缘电压(V)	额定电流(A)	整定电流范围(A)	熔断器容量(A)
JR36-20	690	20	0.25～0.30～0.35	50
	690	20	0.32～0.40～0.50	50
	690	20	0.45～0.60～0.72	50
	690	20	0.68～0.90～1.10	50
	690	20	1.0～1.3～1.6	50
	690	20	1.5～2.0～2.4	50
	690	20	2.2～2.8～3.5	50
	690	20	3.2～4.0～5.0	50
	690	20	4.5～6.0～7.2	50
	690	20	6.8～9.0～11	50
	690	20	10～13～16	50
	690	20	14～18～22	80

(3) 热继电器的选用

1) 根据负载的额定电流选择继电器的额定电流和整定电流范围。

2) 根据负载性质选择热继电器的极数和复位形式。

3. 热继电器的安装技术要求

(1) 热继电器在接线时,其发热元件需串联在电路中,接线螺钉应旋紧,不得松动。辅助触头连接导线的最大截面积不得超过 2.5mm^2。

(2) 为使热继电器的额定电流与负载电流相符,可以旋动调节旋钮使所需的电流值对准红色的箭头。旋钮上指示额定电流值和所需电流值之间可能有些误差,可在实际使用时根据需要进行微调。

4. 热继电器的使用注意事项

(1) 热继电器整定电流必须与被保护的电动机额定电流相同,若不符合将失去保护作用。

(2) 除接线螺钉外,热继电器的其他螺钉均不得拧动,否则其保护性能将会改变。

(3) 热继电器在出厂时均调整为自动复位形式;如需要手动复位,可在购货时提出要求,或进行有关的调整。

四、低压断路器

低压断路器又称自动开关或空气开关,它具有短路、过载、失压与欠压等多种保护作用,是低压配电系统中应用最多的保护电器之一,它还可作为电源开关,用来不频繁地启动电动机或接通、断开电路。

1. 低压断路器的结构

低压断路器的结构形式可分为框架式和塑料外壳式两大类。框架式(又叫万能式)自动开关因其容量可达数千安,故为敞开式结构。其操作方式有手动和自动两种,产品型号有 DW、DW10 和 DW15 等系列,主要用作配电网络的保护开关。塑壳式(又叫装置式)自动开关具有安全保护用的塑料外壳,其额定电流由数安至 600A。其一般均为手动操作,自动切断,常用作配电网络、照明线路或不频繁启动电动机的控制开关,产品有 DZ、ZM 和 C45N 等系列。低压断路器的外形及结构如图 4.20(a)、(b) 所示。

(a) 外形图

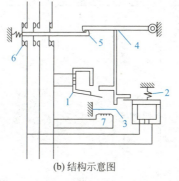
(b) 结构示意图

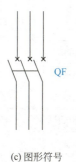
(c) 图形符号

1,2—衔铁;3—双金属片;4—杠杆;5—搭扣;6—主触头;7—热元件

图 4.20　低压断路器的外形结构和符号

低压断路器主要由触头系统和脱扣器组成。脱扣器的种类有过电流脱扣、热脱扣和失（欠）压脱扣。低压断路器的工作原理如图 4.20 所示，当手动合闸时，搭扣扣住，开关主触头闭合。

当电路出现短路故障时，过电流脱扣器中线圈的电流会增加许多倍，其衔铁推动杠杆使搭扣脱扣，在弹簧弹力的作用下开关会自动打开，断开线路；当线路过负荷时，热元件的发热量会增加，使双金属片向上弯曲程度加大，托起杠杆，最终使开关跳闸；当线路电压不足时，失（欠）压脱扣器中的电流会下降，铁芯的电磁力下降，不能克服衔铁上弹簧的弹力，使衔铁上跳，顶起杠杆，导致搭扣脱扣，断开电路。

2. 低压断路器的规格及选用

（1）ZM 系列低压断路器型号的含义

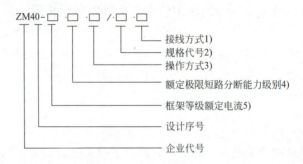

注：1）接线方式分为板前接线、板后接线和插入式接线；
2）规格代号由六位组成（包含保护特性、极数和脱口方式等）；
3）操作方式：手柄直接操作无代号、转动手柄操作用 Z 表示、电动操作用 P 表示；
4）额定极限短路分断能力分为 C 型、S 型和 R 型；
5）框架等级额定电流分为 63A、100A、160A……2500A。

（2）低压断路器的规格和技术参数

ZM 型低压断路器的规格和技术参数见表 4.4。

ZM 型低压断路器的规格和技术参数（部分） 表 4.4

型号	额定电流(A)	极数	额定绝缘电压(V)	额定工作电压(V)	额定冲击耐受电压(V)	极限短路分断能力(kA)	运行短路分断能力(kA)
ZM40-63C	6、10、16、20、25、32、40、50、63	三极、四极	AC800	AC400	6000	20	12
ZM40-63S						35	25
ZM40-63R						50	35
ZM40-100C	10、16、20、25、32、40、50、63、80、100				8000	35	25
ZM40-100S						65	40
ZM40-100R						100	65
ZM40-160C	100、125、140、160、180、200、225					35	25
ZM40-160S						65	40
ZM40-160R						100	65

（3）低压断路器的选用

1）根据不同用途和控制对象选择不同型号和规格的低压断路器；

2）对不同容量的设备选择合适的整定电流，否则不能起到应有的保护作用。

3. 低压断路器的安装技术要求

（1）低压断路器一般应垂直安装，但也可根据产品允许情况横装；

（2）低压断路器必须符合上进下出的原则，无特殊情况不允许倒进线，以免发生触电事故；

（3）低压断路器上、下、左、右的距离应满足有关规定，有利于散热，保证开关的正常工作。

4. 低压断路器使用注意事项

（1）低压断路器的整定脱扣电流一般是指常温下的动作电流，在高温或低温时会有相应的变化。

（2）有欠压脱扣器的断路器应使欠压脱扣器通以额定电压，否则会损坏断路器。

（3）断路器手柄可以处于三个位置，分别表示合闸、断开、脱扣三种状态。当手柄处于脱扣位置时，应向下扳动手柄，使断路器再扣，然后合闸。

五、漏电保护器

漏电保护器用于防止人体触电和设备绝缘破坏等接地漏电故障的保护。漏电保护除漏电保护器外，还可采用漏电附件和漏电断路器。漏电附件与相应断路器配合使用，除了具有漏电保护作用外还起到断路和过载保护作用，具有拆卸方便、使用灵活等优点；漏电断路器是一种同时具有两者的保护功能的电器，同样具有双重保护功能。

1. 漏电保护器的基本结构及工作原理

漏电保护器又叫漏电开关，主要由零序电流互感器、电磁脱扣器和试验按钮等组成。漏电保护器实物图和工作原理图如图4.21所示。

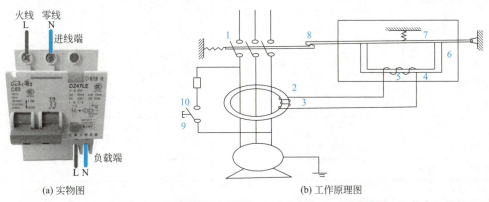

1—主开关；2—环形铁芯；3—副绕组；4—永久磁铁；5—脱扣器线圈；
6—衔铁；7—弹簧；8—搭扣；9—测试按钮；10—电阻

图 4.21 漏电保护器

当线路正常工作时，主电路的三相电流瞬时值之和等于零，即没有零序电流。此时，零序电流互感器副绕组中没有电流信号输出，脱扣器线圈中电流等于零，永久磁铁对衔铁产生的吸力略大于弹簧对衔铁的拉力，使衔铁处于闭合位置，则电气设备正常工作。

当电气设备的绝缘损坏或漏电时,主电路的三相电流瞬时值之和不为零,即出现零序电流。此时,在零序电流互感器环形铁芯中会产生磁通,从而在副绕组中产生感应电动势,与脱扣器线圈连成回路,产生电流。这个电流所产生的磁通与永久磁铁的磁通叠加产生去磁作用,使永久磁铁对衔铁的吸力下降,当电流信号足够大时,衔铁在弹簧的作用下被释放,振动主开关的自由脱扣机构动作,使主开关分断,将故障电路切除,从而避免了触电事故的发生。

在安装接线后,按下测试按钮,可制造一次短暂人工漏电情况,以检验漏电保护器能否动作。电阻是限流电阻。

2. 漏电保护器的规格及选用

(1) 漏电保护器型号的含义

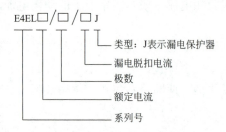

(2) 漏电保护器的规格和技术参数

漏电保护器的规格和技术参数见表4.5。

E4EL 型漏电保护器的规格和技术参数　　　　表 4.5

型号	极数	额定电流(A)	漏电脱扣电流(mA)	把手颜色	最大接线容量(mm²) 上	最大接线容量(mm²) 下	额定运行短路分断能力 I_c(kA)	电压(V)
E4EL25/2/30J	2	25	30	黑色	25	25	0.5	230
E4EL40/2/30J		40	30		25	25	0.5	
E4EL63/2/30J		63	30		25	25	0.5	
E4EL25/2/100J		25	100		25	25	0.5	
E4EL40/2/100J		40	100		25	25	0.5	
E4EL25/4/30J	4	25	30		25	25	0.5	230/400
E4EL40/4/30J		40	30		25	25	0.5	
E4EL63/4/30J		63	30		25	25	0.5	
E4EL25/4/100J		25	100		25	25	0.5	
E4EL40/4/100J		40	100		25	25	0.5	

(3) 漏电保护器的选用

1) 根据使用场合选择合适的漏电保护器件;

2) 根据保护对象不同,按规范选择适当的漏电动作电流和动作时间。

3. 漏电保护器的安装技术要求

(1) 漏电保护器应安装在干燥、无尘的场所,安装位置应垂直,各方向倾斜度不应超过规定值;

(2) 对于电子式漏电附件，电子端与负载端不能接反，否则将损坏漏电附件；

(3) 安装场所附近的外磁场，在任何方向不应超过地磁场的 5 倍。

4. 漏电保护器件的使用注意事项

(1) 通常正常将工作电流的相线和零线接在漏电保护器上，而保护接地线绝不能接在漏电保护器上；否则，若相线与设备外壳搭接，故障电流会通过保护线流过漏电保护器，使零序电流互感器检测不出故障电流，即零序电流仍为零，则漏电保护器不会动作。

(2) 在使用漏电保护器时，用电设备侧的零线与保护线也不可接错，若误把保护线当零线使用，则漏电保护器无法合闸。

(3) 当选用断路器加漏电附件作为漏电保护时，若发生断路或过载情况，小型断路器的把手会动作，附件把手不动作；若发生漏电现象，附件把手和断路器把手会同时动作；复位时，必须先复位漏电附件把手。

(4) 漏电测试按钮应每月测试一次，以检验漏电保护器的功能。

任务 4.4　配电箱（柜、屏、盘）的安装

配电箱（柜、屏、盘）在供配电系统中承担接受电能、分配电能的重要任务。对负载的监测、计量、参数显示、保护等都是通过配电箱（柜、屏、盘）上的设备和仪器、仪表来实现的。所有大大小小的建筑物都少不了配电箱（柜、屏、盘），而配电箱（柜、屏、盘）安装是否正确，直接关系到供电的安全性和可靠性。配电箱（柜、屏、盘）的种类很多，按电压等级，有高压和低压之分；按用途不同，可分为动力、照明、计量、控制等；按安装方式，有悬挂式和落地式之分；按敷设方式，有明敷和暗敷之分；按制作工艺，有标准和非标准之分。

一、照明配电箱的安装

1. 悬挂式照明配电箱安装工艺及安装要求

悬挂式照明配电箱大多用于照明与小容量动力设备。悬挂式照明配电箱有明装和嵌入式（暗装）两种。明装时，可以直接将配电箱固定在墙上，也可通过支架固定。

悬挂式照明配电箱安装工艺流程：

配电箱安装前的检查→弹线定位→配电箱安装→盘面组装→连接进出线→绝缘摇测。

悬挂式照明配电箱安装施工方法和要点如下：

(1) 照明配电箱安装前的检查

一般工程中，照明配电箱的数量较多，品种也繁多。所以在安装前，一定要核对图纸，确定配电箱型号，并检查配电箱内部器件的完好情况；明确安装的形式、进出线的位置、接地的方式等。

(2) 弹线定位

根据设计要求找出配电箱位置，并按照箱的外形尺寸进行弹线定位；弹线定位的目的是对有预埋木砖或铁件的情况，可以更准确地找出预埋件，或者可以找出金属胀管螺栓的位置。

(3) 配电箱安装

照明配电箱有明装和暗装两种安装方式。明装配电箱时，应在土建装修的抹灰、喷浆及油漆全部完成后进行。

1) 膨胀螺栓固定配电箱。小型配电箱可直接固定在墙上。按配电箱的固定螺孔位置，常用电钻或冲击钻在墙上钻孔，且孔洞应平直不得歪斜；根据箱体重量选择塑料膨胀螺栓或金属膨胀螺栓的数量和规格；螺栓长度应为埋设深度（一般为120～150mm）加箱壁厚度及螺栓和垫圈的厚度，再加上3～5扣螺纹的余量长度；也可用预埋木砖，用木螺钉固定配电箱。安装示意如图4.22所示。

2) 铁支架固定配电箱。中大型配电箱可采用铁支架，铁支架可采用角钢和圆钢制作。安装前，应先将支架加工好，并将埋注端做成燕尾，然后除锈，刷防锈漆。再按照标高用水泥砂浆将铁架燕尾端埋注牢固，待水泥砂浆凝固后方可进行配电箱的安装。在柱子上安装时，可用抱箍固定配电箱。安装示意如图4.23所示。

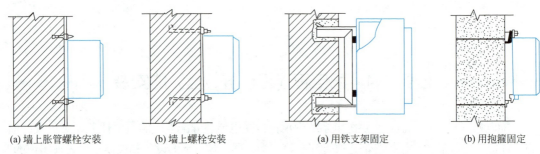

图4.22 膨胀螺栓固定配电箱　　　　　　图4.23 铁支架固定配电箱
(a) 墙上胀管螺栓安装　(b) 墙上螺栓安装　　(a) 用铁支架固定　(b) 用抱箍固定

暗装配电箱时，应按设计指定位置，在土建砌墙时先去掉盘芯，将配电箱箱底预埋在墙内；然后用水泥砂浆填实周边并抹平；若箱背与外墙平齐，应在外墙固定金属网后再做墙面抹灰，不得在箱背板上抹灰；预埋前应砸下敲落孔压片，配电箱宽度超过300mm时，应考虑加过梁，避免安装后箱体变形；应根据箱体的结构形式和墙面装饰厚度来确定突出墙面的尺寸；预埋时应做好线管与箱体的连接固定，线管露出长度应适中；安装配电箱盘芯，应在土建装修的抹灰、喷浆及油漆工作全部完成后进行。

当墙壁的厚度不能满足嵌入式要求时，可采用半嵌入式安装，即使配电箱的箱体一半在墙面外，一半嵌入墙内，其安装方法与嵌入式相同。

(4) 盘面组装

盘面组装主要包括实物排列、加工、固定电具和电盘配线。

1) 实物排列。将盘面板放平，再将全部电具、仪表置于其上，进行实物排列；对照设计图及电具、仪表的规格和数量，选择最佳位置使其符合间距要求，并保证操作维修方便及外形美观。

2) 加工。位置确定后，用方尺找正，画出水平线，分均孔距；然后撤去电具、仪表，进行钻孔（孔径应与绝缘嘴吻合）；钻孔后除锈，刷防锈漆及灰油漆。

3) 固定电具。待油漆干后装上绝缘嘴，并将全部电具、仪表摆平、找正，用螺钉固定牢固。

4)电盘配线。根据电具、仪表的规格、容量和位置,选好导线的截面和长度,剪断后进行组配;盘后导线应排列整齐,绑扎成束;压头时,将导线留出适当余量,削出线芯,逐个压牢,但是多股线需要用压线端子。

(5)连接进出线

配电箱的进出线有三种形式:第一种是暗配管明箱进出线形式,如图4.24所示;第二种是明配管明箱进出线形式,如图4.25所示;第三种是暗配管暗箱进出线形式,如图4.26所示。

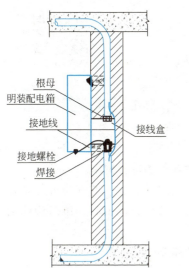

图4.24 暗配管明箱进出线　　图4.25 明配管明箱进出线　　图4.26 暗配管暗箱进出线

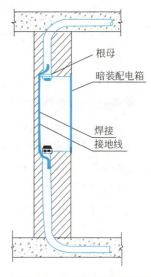

(6)绝缘摇测

配电箱全部电器安装完毕后,应用500V兆欧表对线路进行绝缘摇测。摇测项目包括相线与相线之间、相线与中性线之间、相线与保护地线之间、中性线与保护地线之间。应两人进行摇测,同时做好记录,作为技术资料存档。

2. 照明配电箱安装的一般规定

(1)配电箱(盘)暗装时,其底口距地一般为1.5m;明装时,其底口距地为1.2m,且电度表板底口距地不得小于1.8m。

(2)配电箱内的交流、直流或不同电压等级的电源,应具有明显的标识。

(3)配电箱(盘)内,应分别设置中性线(N线)和保护地线(PE线)汇流排;中性线(N线)和保护地线(PE线)应在汇流排上连接,不得绞接,并应有编号。箱内汇流排安装示意如图4.27所示。

(4)配电箱(盘)内装设的螺旋熔断器的电源线应接在中间触点的端子上,负荷线应接在螺纹的端子上。

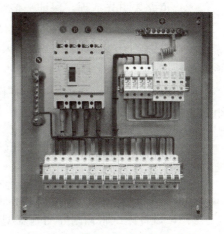

图4.27 箱内汇流排安装示意图

(5) 配电箱（盘）内开关动作应灵活可靠；带有漏电保护的回路，漏电保护装置动作电流应不大于 30mA，动作时间不大于 0.1s。

(6) 配电箱上的电源指示灯，其电源应接至总开关的外侧，并应装单独熔断器（电源侧）。盘面闸具位置与支路相对应，其下面应装设卡片框，标明电路类别及容量。

(7) 配电箱箱体接地应牢固可靠。

(8) 活动的门与配电箱箱体应进行可靠连接。装有电器元件的活动盘、箱门，应以裸铜编织软线与接地的金属构架可靠连接。

二、配电柜（屏、盘）的安装

配电柜（屏、盘）安装工艺流程：

设备开箱检查→设备搬运→配电柜（屏、盘）安装→柜（屏、盘）上方母线配置及电缆连接→柜（屏、盘）二次回路配线→柜（屏、盘）试验调整→送电运行验收。

4.2 配电箱的安装

配电柜（屏、盘）安装施工方法及要点分为以下 7 个方面：

1. 设备开箱检查

(1) 施工单位、供货单位、监理单位应共同验收，并做好进场检验记录。

(2) 按设备清单、施工图纸及设备技术资料，核对设备及附件、备件的规格型号是否符合设计图纸要求；核对附件、备件是否齐全；检查产品合格证、技术资料、设备说明书是否齐全。

(3) 检查箱、柜（屏、盘）体外观无划痕、无变形、油漆完整无损等。

(4) 箱、柜（屏、盘）内部检查包括电气装置及元件的规格、型号及品牌是否符合设计要求。

(5) 箱、柜（屏、盘）内的计量装置必须全部检测，并有法定部门的检测报告。

2. 设备搬运

(1) 设备运输：由起重机作业，电工配合。根据设备重量、距离长短可采用人力推车运输或卷扬机、滚杠运输，也可采用汽车式起重机配合运输。采用人力车搬运时，要注意保护配电柜外表油漆，以及配电柜指示灯不受损。

(2) 道路要事先清理，保证平整畅通。

(3) 设备吊点：配电柜（屏、盘）顶部有吊环者，吊索应穿在吊环内；无吊环者，吊索应挂在主要承力结构处，不得将吊索吊在设备部位上；吊索的绳长应一致，以防柜体变形或损坏部件。

(4) 汽车运输时，必须用麻绳将设备与车身固定，且开车要平稳，以防撞击损坏配电柜。

3. 配电柜（屏、盘）安装

(1) 基础型钢安装

1) 按设计图选用型钢，若无规定，可选用 8～10 号槽钢。将有弯的型钢调直，然后按图纸、配电柜（屏、盘）技术资料提供的尺寸预制加工型钢架，并刷防锈漆做防腐处理。

2) 按设计图纸将预制好的基础型钢架放于预埋铁件上，用水平尺找平、找正，可采用加垫片方法，但垫片不得多于 3 片；找平、找正后再将预埋铁件、垫片、基础型钢焊接为一体；最终基础型钢顶部应高于抹平地面 100mm 以上为宜。

3）基础型钢与地线连接：基础型钢安装完毕，将室外或结构引入的镀锌扁钢引入室内（与变压器安装地线配合）与型钢两端焊接，焊接长度应为扁钢宽度的 2 倍，焊接好后再将型钢刷两道灰漆。

（2）配电柜（屏、盘）安装

1）按设计图纸布置将配电柜放于基础型钢上，然后固定螺栓尺寸，在基础型钢上用手电钻钻孔。一般无要求时，低压柜钻 4～13×25 长孔，用 M12 镀锌螺钉固定，高压柜钻 4～16.2×30 长孔，用 M16 镀锌螺钉固定。钢支架与配电柜的基础连接如图 4.28 所示。

低压配电柜与基础连接如图 4.29 所示。

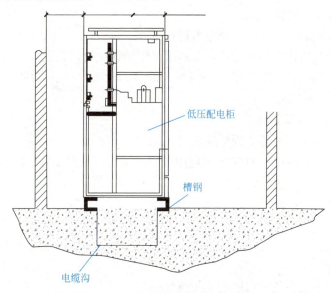

图 4.28　钢支架与配电柜的基础连接

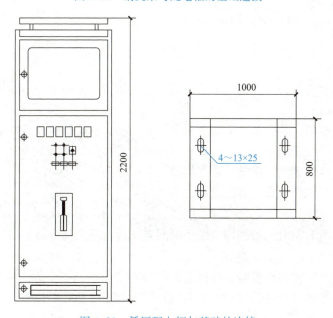

图 4.29　低压配电柜与基础的连接

2）配电柜（屏、盘）就位、找平、找正后，柜体应与基础型钢固定，柜体与柜体、柜体与侧挡板均应用镀锌螺钉连接。

3）每台配电柜（屏、盘）应单独与接地干线连接。每台柜应从下部的基础型钢侧面上焊上 M10 螺栓，用 $6mm^2$ 铜线与柜上的接地端子连接牢固。

4. 柜（屏、盘）上方母线配置及电缆连接

柜（屏、盘）上方母线配置详见项目 3 硬母线安装要求。配电柜电缆进线采用电缆沟下进线时，需加电缆固定支架。

5. 柜（屏、盘）二次回路配线

（1）按原理图逐台检查柜（屏、盘）上的全部电器元件是否与标准相符，其额定电压和控制、操作电源电压必须一致。

（2）按图敷设柜与柜之间的控制电缆连接线。

（3）控制线校线后，将每根芯线煨成圆圈，用镀锌螺钉、眼圈、弹簧垫连接到每个端子板上。端子板每侧一般一个端子压一根线，最多不能超过两根，并且两根线间加眼圈。多股线应刷锡，不准有断股。

6. 柜（屏、盘）试验调整

（1）所有接线端子螺钉再紧固一遍。

（2）绝缘摇测：用 100～500V 绝缘电阻摇表在端子板处测量每个回路的绝缘电阻，保证均大于 $10M\Omega$。

（3）接临时电源：将配电柜内控制、操作电源回路的熔断器上端相线拆下，接上临时电。

（4）模拟试验：按图纸要求，分别模拟控制、连锁、操作及继电器保护动作，应正确无误，灵敏可靠。

（5）拆除临时电源，将被拆除的电源线复位。

7. 送电运行验收

（1）送电前准备

1）备齐试验合格的验电器、绝缘靴、绝缘手套、临时接地编织线、绝缘胶垫、粉末灭火器等；

2）彻底清扫全部设备及清理配电室内的灰尘、杂物，室内除送电需用的设备用具外，不得堆放其他物品；

3）检查柜、箱内、外、上、下是否有遗留的工具、金属材料及其他杂物；

4）应做好试运行组织工作，明确试运行指挥者、操作者及监护人；

5）安装作业全部完毕，质量检查部门检查全部合格；

6）试验项目全部合格，并有试验报告单；

7）继电保护动作灵敏可靠，控制、连锁、信号等动均应准确无误；

8）箱、柜内所有漏电元器件均应做模拟漏电试验，应全部合格并做记录。

（2）送电

1）将电源送至室内，经验电、校相无误。

2）对各路电缆摇测合格后，检查受电柜总开关处于"断开"位置，然后再进行送电，开关试送 3 次。

3）检查受电柜三相电压是否正常。

（3）验收

当配电柜送电空载 24h 且无异常现象，即可办理验收手续，应收集好产品合格证、说明书、试验报告等。

配电柜（屏、盘）安装的一般规定：

1）配电柜（屏、盘）安装应按施工图纸布置，事先编好设备号、位号；按顺序将柜（屏、盘）安放在基础型钢上，作业人员不得任意更改。

2）单独柜（屏、盘）只找正面板与侧面的垂直度。成列柜（屏、盘）按顺序就位后先找正两端的，然后挂小线逐台找正，以柜（屏、盘）面为准。找正时可采用 0.5t 砌铁片调整，但每处垫片最多不超过 3 片。

3）安装技术人员应了解相关设计规范，掌握柜（屏、盘）的布置、通道、柜间距离等设计要求。

4）小车、抽屉式柜推拉灵活，无卡阻碰撞现象；接地触头接触紧密，调整正确；推入时接地触头比主触头先接触，退出时接地触头比主触头后脱开。

5）有两个电源的配电柜（屏、盘），其母线的相序排列一致，相对排列的柜（屏、盘）母线的柜序排列对称，且母线色标正确。

6）柜（屏、台、箱、盘）的金属框架及基础型钢必须接地（PE）或接零（PEN）可靠；装有电器的可开门，门和框架的接地端子间应用裸编织铜线连接，且有标志。

7）各种安装支架和柜体必须采用螺栓连接。

8）柜内相间和相对地间的绝缘电阻应不大于 $10M\Omega$。

9）成套柜的安装应符合：机械闭锁、电气闭锁的动作准确、可靠；动触头与静触头的中心线一致；二次回路辅助开关的切换接点应动作准确，接触良好；柜内照明齐全。

10）低压成套配电柜、控制柜（屏、台）和动力、照明配电箱（盘）应有可靠的电击保护。柜（屏、台、箱、盘）内保护导体应有裸露的连接外部保护导体的端子，当设计无要求时，柜（屏、台、箱、盘）内保护导体最小截面积 S_p 应符合表 4.6 的规定。

表 4.6 相应的保护导体的最小截面积 S_p

装置的相线、导线的截面积 S	相应的保护导体的最小截面积 S_p
$S \leqslant 16$	$S_p = S$
$16 < S \leqslant 35$	$S_p = 16$
$35 < S \leqslant 400$	$S_p = S/2$

三、配电柜（屏、盘）二次接线的安装

高低压开关柜、动力箱和三箱（配电箱、计量箱、端子箱）均少不了二次配线的安装。二次配线应依据二次接线图进行，二次接线图除用于配电柜的安装接线外，还为日常维修提供方便。其特点是反映设备器具的具体排列和实际连线，而不反映动作原理。常见的二次安装接线方法有直接法、线路编号法和元件相对编号法三种。本节主要通过元件相对编号法来阐述。

1. 二次配线的安装工艺

二次配线的安装工艺流程：

熟悉图样→核对元器件及贴标→布线→捆扎线束→分路线束→剥线头→钳铜端头→器件接线→对线检查。

(1) 熟悉图样

1) 看懂并熟悉电路原理图、施工接线图和平面布置图等。

2) 施工接线图的图示方法如图 4.30 所示。

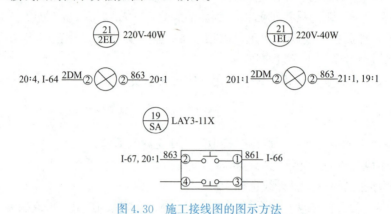

图 4.30 施工接线图的图示方法

注：图中 2DM、861、863 表示电路原理图的编号；

图中 20∶1、21∶1、1-64、I-66、I-67 表示元器件之间连接线的编号，前面的数码表示器件的编号，后面的数码表示元器件的接线点编号。

3) 按施工接线图布线顺序打印导线标号（导线控制回路一般采用 $1.5mm^2$，电流回路采用 $2.5mm^2$），标号内容按原理回路编号进行加工（除图纸特殊要求例外），如 2DM、863、861 等。

4) 按施工接线图标记端子功能名称填写名称单，并规定纸张尺寸，以便加工端子标条。

5) 按施工接线图加工线号和元器件标贴。

(2) 核对元器件及贴标

1) 根据施工接线图，对柜体内所有电器元件的型号、规格、数量、质量进行核对，并确认安装其是否符合要求。如发现电器元件外壳罩有碎裂、缺陷及接点有生锈、发霉等质量问题，应予以调换。

2) 按图样规定的电器元件标志，将"器件标贴"贴于该器件适当位置（一般贴于器件的下端中心位置），要求"标贴"整齐、美观，并避开导线行线部位，便于阅读。

3) 按图样规定的端子名称，将"端子标条"插入该端子名称框内。JF5 型标记端子的平面处应朝下，以免积尘。

4) 按原理图中规定的各种元器件的不同功能，将功能标签紧固到元器件安装板（面板）正面，使用 Φ2.5 的螺钉紧固或粘贴。

5) 有模拟线的面板应核对与一次方案是否相符，如有错误，应反馈有关部门。

(3) 布线

1) 布线的要求。线束要求横平竖直、层次分明，外层导线应平直，内层导线不扭曲或扭绞;在布线时,要将贯穿上下的较长导线排在外层,分支线与主线成直角,从线束的背面或侧面引出;线束的弯曲宜逐条用手弯成小圆角,其弯曲半径应大于导线直径的2倍,严禁用钳强行弯曲;布线时,应按从上到下、从左到右(端子靠右边,否则反之)的顺序布线。

2)按设计图或规范要求选择导线截面。

3)将导线套上"标号套",打一个扣固定套管,然后比量第一个器件接头布线至第二个器件接头的导线长度,并加20cm的余量长度后剪断导线,再次套上"标号套"并打扣固定套管(标号套长度控制在13mm±0.5mm),特殊标号较长规格以整台柜(箱)内容确定。

4)在二次接线图中,根据元器件安装位置的不同,可以分为仪表门背视、操作板背视、端子箱、仪表箱、操作机构、柜内断路器室等。不同部分操作板的布线应把诸如连接端子箱、仪表箱等不同部位的导线按器件安装的实际尺寸剪取导线、并套上标号套。操作板背视接线如图4.31所示。

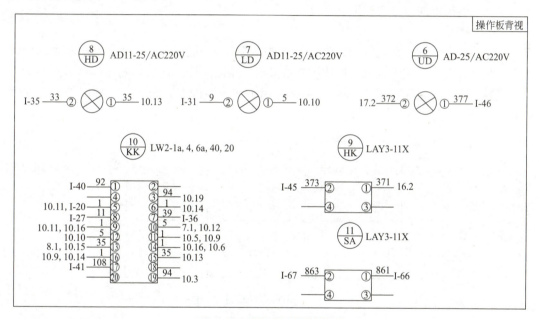

图4.31 操作板背视接线图

图4.31中,I-46、I-31、I-35、I-45、I-66、I-46、I-67、I-36、I-40、I-20、I-27、I-41是表示从操作板连接至端子室导线的编号。把这些导线按器件安装的实际位置剪取,并套上标号套;按较长的导线在外面、较短的导线在里面的原则进行捆扎,按从上到下、从左到右进行布线,操作板中其余导线由于不与端子室等其他不同部位连接,可按先后顺序进行敷设布线。当线束布线至元件$\frac{6}{UD}$、型号为AD-25/AC220V时,可将线束中的377、372两条分支线,引至元件第1接线脚及第2接线脚;当线束来到元件$\frac{7}{LD}$、型号为AD11-25/AC220V时,将线束中标号为9的导线接到元件的第2接线脚;标号为5的导线是从元件7布线至元件10,按元器件所处的实际尺寸剪取标号为5的导线,并套上标号套,一端接

入第 1 接线脚，另一端并入线束布线到元件 10，并将它接入元件 $\frac{10}{KK}$、型号为 LW2-1a、4、6a、40、20 中的第 10 接线脚。

(4) 捆扎线束

1) 塑料缠绕管捆扎线束可根据线束直径选择适当材料和规格。缠绕管捆扎线束时，每节间隔 5～10mm，力求间隔一致，线束应平直。

2) 根据元件位置及配线实际走向量出用线长度，加上 20cm 余量后落料、拉直、并套上标号套。

3) 用线夹将圆束线固定悬挂于柜内，使之与柜体保持大于 5mm 的距离，且不应贴近有夹角的边缘敷设；在柜体骨架或底板适当位置设置线夹，两线夹间的距离横向不超过 300mm，纵向不超过 400mm，紧固后线束不得晃动，且不损伤导线绝缘。

4) 跨门线一律采用多股软线，线长以门开至极限位置及关闭时线束不受其拉力与张力的影响而松动，以不损伤绝缘层为原则，并与相邻的器件保持安全距离；线束两端用支持件压紧，根据走线方位弯成 U 形或 S 形。

(5) 分路线束

线束排列应整齐、美观。如分路到继电器的线束，一般按水平居两个继电器中间两侧分开的方向行走，到接线端的每根线应略带弧形、裕度连接。继电器安装接线示意图如图 4.32 所示；再如分路到双排仪表的线束，可用中间分线的方式布置。双排仪表安装接线示意图如图 4.33 所示。

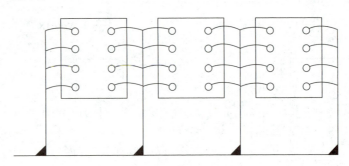

图 4.32　继电器安装接线示意图

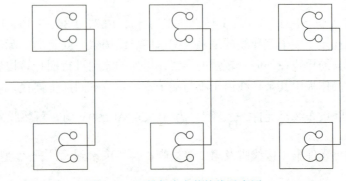

图 4.33　双排仪表安装接线示意图

（6）剥线头

导线端头连接器件接头的每根导线须有弧形余量（推荐10cm），剪断导线多余部分，按规格用剥线钳剥去端头所需长度塑胶皮后，把线头适当折弯。为防止标号头脱落，剥线时不得损伤线芯。

（7）钳铜端头

1）按导线截面积选择合适的导线端头连接器件接头，用冷压钳将导线芯线压入铜端头内，注意其裸线部分长度不得大于0.5mm，导线也不得过多伸出铜端头的压接孔，更不得将绝缘层压入铜端头内。导线与端头连接如图4.34所示。特殊元件可不加铜端头，但须经有关部门同意。

2）回路中所有冷压端头应采用OT形铜端头，一般不得采用UT形；特殊元件可根据实际情况选择UT形铜端头或IT形铜端头。

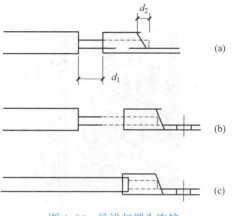

图4.34 导线与端头连接

3）有规定必须热敷的产品在铜端头冷压后，用50W或30W的电熔铁进行焊锡。焊锡点应牢固，均匀发亮，不得残留助焊剂或损伤绝缘。

4）单股导线的羊眼圈，曲圆的方向应与螺钉的紧固方向相同，开始曲圆部分和绝缘外皮的距离为2～3mm，以垫圈不会压住绝缘外皮为原则，圆圈内径和螺钉的间隙应不大于螺钉直径的1/5。截面积小于或等于1mm^{2}的单股导线应用焊接的方法与接点连接，如元件的接点为螺钉紧固时，要用焊片过渡。

（8）器件接线

1）严格按施工接线图接线。

2）接线前先用万用表或对线器校对是否正确，并注意标号套在接线后的视读方向（即从左到右，从下到上），如发现方向不对应立即纠正。

3）当二次线接入一次线时，应在母线的相应位置钻Φ6孔，用M5螺钉紧固，或用子母垫圈进行连接。

4）对于管形熔断器的连接线，应在上端或左端接点引入电源，下端或右端接点引出；对于螺旋形熔断器的连接线，应在内部接点引入电源，由螺旋套管接点引出。

5）电流互感器的二次线不允许穿过相间，每组电流互感器只允许一点接地，并设独立接地线，不应串联接地；接地点位置应按设计图纸要求制作，如图纸未注时，可用专用接地垫圈在柜体接地。

6）将导线接入器件接头上，用器件上原有螺钉拧紧（除特殊垫圈可不加弹簧外），螺钉必须拧紧，不得有滑牙，且螺钉帽不得有损伤现象，螺纹露出螺母以2～3扣为宜。

7）标号套套入导线、导线压上铜端头后，必须将"标号套"字体向外，各标号套长度统排列整齐。

8）所有器件不接线的端子都须配齐螺钉、螺母、垫圈并拧紧。

9）导线与小功率电阻及须焊接的器件连接时，在焊接处与导线之间应加上绝缘套管；导线与发热件连接时，其绝缘层剥离长度应符合规范要求，并套上适当长度的瓷管。

10) 长期带电发热元件安装位置应靠上方,按其功率大小,与周围元件及导线束距离不小于 20mm。

(9) 对线检查

二次安装接线即将完工时,应用万用表或校线仪对每根导线进行对线检查;也可先用导通法进行对线检查,当确定接线无误后方可采用通电法对各回路进行通电试验(图 4.35)。

图 4.35 二次配线实物图

2. 二次配线安装的一般规定

(1) 配线排列应布局合理、横平竖直、曲弯美观一致,接线正确、牢固,如图 4.37 所示。

(2) 推荐采用成束捆扎行线的布置方法。采用成束捆扎行线时,布线应将较长导线放在线束上面,分支线从后面或侧面分出。紧固线束的夹具应结实、可靠,不应损伤导线的外绝缘,禁止用金属等易破坏绝缘的材料捆扎线束,屏(柜、台)内应安装用于固定线束的支架或线夹。

(3) 行线槽布线时,行线槽的配置应合理,且固定可靠,线槽盖启闭性好,颜色应保持一致。

(4) 在装有电子器件的控制装置中,交流电流线及高电平(110V 以上)控制回路线应与低电平(110V 以下),控制回路线分开走线;对于易受干扰的连接线,应采取有效的抗干扰措施。

(5) 连接元器件端子或端子排的多股线,应采用冷压接端头,冷压连接要求牢靠,接触良好;高压产品的二次配线在冷压的基础上还必须热敷(焊锡)。

(6) 连接器件端子或端子排的导线,在接线端处应加识别标记,如 A411、B411 等。导线标记用以识别电路中的导线,字迹排列应便于阅读且满足《标号头和符号牌加工固定工艺守则》的规定。

(7) 在可运动的地方布线,如跨门线或有翻板的地方。一律采用多股软线,且须留有一定余量,以门板、翻板开至极限位置不受张力和拉力影响而使连接松动或损伤绝缘为原则,且关闭时不应有过大应力。

(8) 过门线束还应采用固定线束的措施,过门线束 1.5mm^2 的不超过 30 根,1mm^2 的不超过 45 根。若导线超出规定数量,可将线束分成 2 束或更多,以免因线束过大,影响门的开、关。过门接地线截面积,低压柜不小于 2.5mm^2,高压柜不小于 4mm^2。

(9)连接导线中间不允许有接头,每一个端子不允许有两个以上的导线端头,并应确保连接可靠,元件本身引出线不够长,应用端子过渡,不允许悬空连接。

(10)导线线束不能紧贴金属结构件敷设,穿越金属构件时应加装橡胶垫圈或其他绝缘套管。

(11)二次线所有紧固螺钉拧紧后,螺纹应露出螺母1~5扣,通常以2~3扣为宜,所有螺钉不得有滑牙现象。

(12)焊接接线只有在所选用元器件是采用此种形式时才允许使用。

(13)已定型的批量产品,二次布线应一致,同批量产品材料色泽应力求相同。

知识梳理与总结

建筑电气设备主要有变压器、电动机、常用低压电器和配电柜(箱)等。

常用的电力变压器有油浸式变压器、干式变压器和箱式变电站。油浸式变压器较便宜,安装方便,适用于工矿企业及施工现场,但能耗高,且有油污染;干式变压器噪声低、能耗小且污染小,但大容量散热效果欠佳。箱式变电站集变电所和配电所于一身,体积小,功能全,适用在不宜建变配电所且容量不是很大或容易引起压降的场所,但箱式变电站价格较高,且因为无人值班,故障时会影响生产。

电动机安装有三部分工作:第一是就位工作,电动机与生产机械的连接有三种方式,即皮带轮连接、联轴器连接和齿轮连接;第二是电动机的接线,电动机的接线方法有星形和三角形接法,前者一般适用于中小型电动机接线,后者适用于中大型电动机接线;第三是电动机的绝缘测试,电动机在使用前应进行绝缘测试,绝缘电阻应不小于0.5MΩ。

常用低压电器设备种类繁多,按它在电气线路中所处的地位和作用可分为低压配电电器和低压控制电器两大类。低压配电电器包括闸刀开关、转换开关、熔断器和自动开关等;低压控制电器包括接触器、继电器、启动器、主令电器、控制器等。

配电箱(柜)有高压、低压、动力和照明等之分。按安装方式有明装和暗装之分及悬挂和落地之分。安装时安装工艺要求进行检查和调整,最后进行调试验收。

知识拓展

技艺钻研树榜样——高凤林

高凤林,中国航天科技集团第一研究院特种熔融焊接高级技师,全国十大能工巧匠,中华技能大奖获得者。他是高超的焊接技术工匠,在火箭发动机焊接工作岗位上刻苦钻研,大胆创新,实现技术革新近百项,提出和创造多层快速连续堆焊加机械导热等多项新工艺方法,攻克运载火箭发动机大喷管焊接难关,高标准地完成了多种运载火箭重要部件的焊接任务。高凤林凭借着对焊接技术的深入研究和精湛技艺,为我国的航天事业做出了突出贡献,他在工作中不断钻研,勇于创新,为行业树立了榜样。

高凤林的故事激励我们在工作中追求极致、热爱祖国、勤奋努力、勇于创新、不断学习新知识、新技能,以适应工作的需要。

实训项目

成套配电箱的安装

1. 目的

使学生了解成套配电箱安装的内容,掌握其安装方法。

2. 能力及标准要求

培养学生动手操作能力,使其能独立完成配电箱的安装,并能在规定时间内完成器件的安装及接线。

3. 准备

(1) 工具、仪表准备:电工刀、螺丝刀、剥线钳、试电笔、万用表、手锯、钢丝钳、尖嘴钳、电钻等;

(2) 材料准备:配电箱一个(电表一台、漏电保护器一台、单板断路器三个)、螺丝、导线等。

4. 步骤

(1) 配电箱定位;

(2) 配电箱安装;

(3) 器件安装;

(4) 器件连接。

5. 注意事项

(1) 配电箱安装高度的要求;

(2) 器件排列的要求;

(3) 器件之间的接线要求;

(4) 导线不得受太大张力;

(5) 中性线与保护线的接线区别。

实训报告及分组情况表

6. 讨论

成套配电箱安装要注意哪些安全问题?

习 题

一、选择题

1. 箱式变电站是由( )、变压器和低压配电柜组成。

A. 高压断路器　　　　　　　　B. 高压隔离开关

C. 高压熔断器　　　　　　　　D. 高压配电柜

2. 变压器在通电运行时需要空载试运行( )小时。

A. 6　　　　B. 12　　　　C. 24　　　　D. 36

3. 配电箱内,应分别设置( )。

A. 接地螺栓　　B. N 线汇流排　　C. PE 线汇流排　　D. N、PE 线汇流排

二、简答题
1. 变压器有哪几种类型？各适合什么场合？
2. 干式变压器对安装环境有哪些要求？
3. 电动机试运行需要符合哪些条件？
4. 配电箱的安装方式有几种？
5. 配电柜对其内部的 N 线和 PE 线汇流排有哪些要求？

项目 5

照明器具的安装

Project 05

知识目标

1. 熟悉照明基本知识；
2. 掌握照明装置的施工工艺。

技能目标

1. 能根据施工图正确布置照明设备；
2. 能熟练地安装照明器具并根据施工验收规范进行自检。

素质目标

1. 培养学生具有爱岗敬业、刻苦学习、不断钻研的精神；
2. 培养学生具有良好的价值取向、诚信意识和社会责任感。

项目 5　照明器具的安装

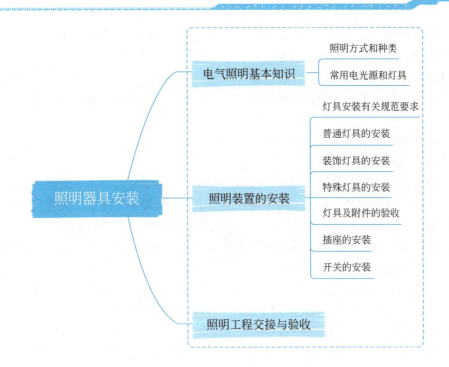

任务 5.1　电气照明基本知识

电气照明是建筑电气技术的基本内容，是保证建筑物发挥基本功能的必要条件，合理的照明对提高工作效率、保证安全生产和保护视力都具有重要的意义。

一、照明方式和种类

照明在建筑物中的作用可归结为：功能作用和装饰作用。功能性照明主要为室内外空间提供符合要求的光照环境，以满足人们生活和生产的基本需求；装饰性照明则着重于营造环境的艺术气氛，以加强和突出建筑装饰的效果。

1. 照明方式

照明方式是指照明装置按其安装部位或使用功能所构成的基本制式。根据现行规范，照明方式可分为一般照明、分区一般照明、局部照明和混合照明。

（1）一般照明。一般照明为照亮整个场所而设置的均匀照明。对于工作位置密集而对光照方向又无特殊要求，或工艺上不适宜装设局部照明装置的场所，宜使用一般照明。

（2）分区一般照明。分区一般照明是为提高某些特定区域照度而设置的一般照明。分区一般照明适用于某一部分或几部分需要有较高照度的室内工作区，并且工作区是相对稳定的，如旅馆大门厅中的总服务台等。

（3）局部照明。局部照明是为满足某些部位的特殊需要而设置的照明。通常将照明灯具装设在靠近工作台面的上方，提高了局部范围内的照度。对于局部地点需要高照度并对照射方向有要求时，宜采用局部照明。

133

(4) 混合照明。混合照明一般用于与局部照明共同组成的照明。对于工作位置需要较高照度并对照射方向有特殊要求的场所，宜采用混合照明。

2. 照明的种类

根据现行规范，照明可分为正常照明、应急照明、值班照明、航空障碍照明、装饰照明和景观照明。

(1) 正常照明。正常照明是在正常情况下，用以保证工作、生活、活动的安全、高效、完美舒适而设置的人工照明。

(2) 应急照明。应急照明是在正常照明因电气事故而断电后，为了继续工作或从房间内疏散人员而设置的照明。在因工作中断或误操作而引起爆炸、火灾、人身伤亡，或因生产秩序长期混乱，造成严重后果和经济损失等此类场所，应设置应急照明。

应急照明必须采用能瞬时可靠点燃的光源，一般采用白炽灯或卤钨灯。照明的供电线路应与正常照明分开，而且应该可靠。

(3) 值班照明。值班照明是在非生产时间内为了保护建筑物及生产的安全，供值班人员使用的照明（包括传达室、警卫室的照明）。值班照明宜利用正常照明中能单独控制的一部分，或利用应急照明的一部分或全部作为值班照明。

(4) 航空障碍照明。航空障碍照明是装设在建筑物上作为障碍标志用的照明。在飞机场周围较高的建筑上或有船舶通行的航道两侧的建筑物上，应按民航和交通运输部门的有关规定装设航空障碍照明。

(5) 装饰照明。装饰照明是为美化和装饰某一特定空间而设置的照明。其为纯装饰为目的的照明，不兼作一般照明和重点照明。

(6) 景观照明。景观照明是为表现建筑物造型特色、艺术特点、功能特征和周围环境布置的照明，这种照明通常在夜间使用。

二、常用电光源和灯具

1. 常用电光源分类

电光源的种类很多，不同形式电光源的外观形状及光电性能指标都有很大的差异，但从发光原理来看，电光源可分为两大类：热辐射光源和气体放电光源。

(1) 热辐射光源

1) 白炽灯。白炽灯的构造示意图和实物图如图 5.1 所示。它主要由玻璃外壳、灯丝、支架、引线和灯头组成。玻璃外壳一般是白色透明的，但也有不同颜色的。玻璃壳内有的抽成真空，有的抽成真空后充入惰性气体。其灯丝一般都用钨丝制成。白炽灯由于价格低廉，安装方便，被广泛使用。但白炽灯只有约 20% 的电能转化为光能，是耗能产品，故我国目前已将白炽灯列入淘汰产品。

2) 卤钨灯。卤钨灯是白炽灯的一种。卤钨灯中，有的充入卤族元素碘，可称为碘钨灯。除碘钨灯外还有溴钨灯和氟钨灯等，它们大致与碘钨灯相仿。为了使管壁处生成的卤化物处于气态，管壁温度要比普通白炽灯高得多。相应的，卤钨灯的玻壳尺寸就要小得多，温度也高得多，因而必须使用耐高温石英玻璃或高硅氧玻璃。照明管型卤钨灯是新型的光源和热源，适用体育场、广场、会场建筑物、舞台，以及工厂车间、机场的照明，也可用于火车、轮船、摄影、照相制版等场合。卤钨灯外形示意图如图 5.2 所示。

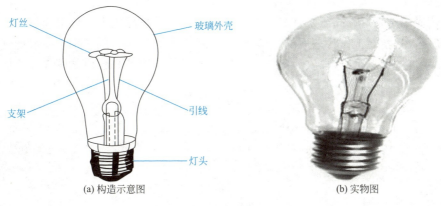

图 5.1 白炽灯

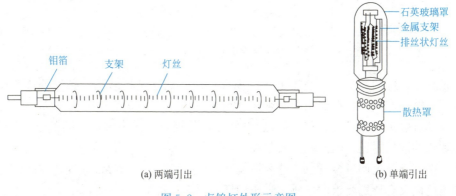

图 5.2 卤钨灯外形示意图

(2) 气体放电光源

气体放电光源的种类很多,如荧光灯、荧光高压汞灯、钠灯、金属卤化物灯等,其共同的特点是发光效率高、能耗低、寿命长、耐振性好等,代表着新型电光源的发展方向。

1) 荧光灯。荧光灯属于气体放电光源,是靠低压汞蒸气放电,利用放电过程中的电致发光和荧光质的光致发光,形成光源。荧光灯在目前电气照明装置中已被广泛采用。它的优点是结构简单、制造容易、价格便宜并且发光效率高、光色好、寿命长。荧光灯灯管的构造示意图和实物图如图 5.3 所示。

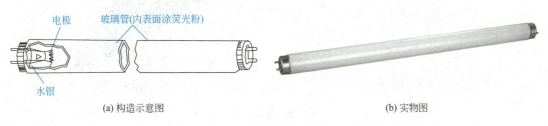

图 5.3 荧光灯灯管

直管荧光灯灯管适用于工厂、学校、机关、商店及家庭等场所的室内照明。荧光灯的内壁涂以不同的荧光粉,可根据需要做成不同的光色,发出白光、冷白光、暖白光及各种彩色的光线。

2）荧光高压汞灯。高压汞灯又称高压水银灯，它是靠高压汞气放电而发光。这里所说的"高压"是指在工作状态下的气体压力为1～5个大气压，以区别于一般低气压荧光灯。高压汞灯的优点是光效高、寿命长、省电、耐震。荧光高压汞灯如图5.4所示。

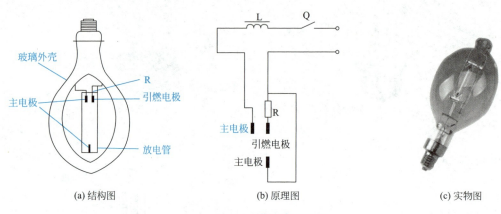

图5.4 荧光高压汞灯

荧光高压汞灯的一个特点是在工作中熄灭以后不能立刻再启动，必须等待5～10min冷却后再通电才能点燃，在使用中必须注意到这一点。

3）高压钠灯。它通过高压钠蒸气放电发光，其辐射光谱中多数较强的谱线分布在人眼最为敏感的波长附近，因而其光效很高。

高压钠灯光源色调呈金黄色，透雾性能好，可广泛应用于道路、广场等对照度要求较高但对黑色性没有特别要求的场所。高压钠灯如图5.5所示。

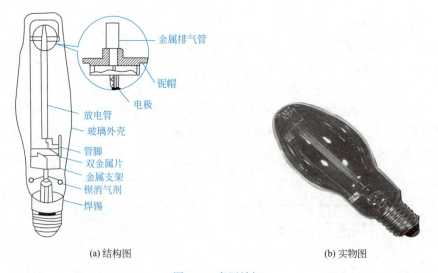

图5.5 高压钠灯

荧光高压汞灯、金属卤化物灯和高压钠灯统称为高强度气体放电灯（HID灯），它们具有相似的结构，都有放电管、外泡壳和电极，但所用材料及内部所充的气体不同。

4）低压钠灯。低压钠灯是基于在低压钠蒸气放电中，钠原子被激发而辐射共振谱线这一原理而制成的，其辐射是近乎单色的，主要集中在 589nm 的谱线上。这一谱线范围内，人眼的光谱光效率很高，所以低压钠灯有很高的效率，可超过 150lm/W，是一种很经济的光源。低压钠灯的使用寿命较长，可达到 2000～5000h。但低压钠灯的显色性很差，适于对显色性要求不高的场所使用。

由于低压钠灯具有耗电省、发光效率高、穿透云雾能力强等优点，常用于铁路、公路、广场等场所照明。低压钠灯结构如图 5.6 所示。

5）金属卤化物灯。金属卤化物灯是一种较新型的电光源，其原理是通过金属卤化物在高温下分解产生金属蒸气和汞蒸气，激发放电辐射出可见光。适当选择金属卤化物并控制它们的比例，可制成不同光色的金属卤化物灯。

金属卤化物灯具有光效高、光色好、功率大等特点，适合于对光色要求较高的场所，如用于需要进行电视转播的体育场馆内的照明。

这种灯由于受供电电压影响较大，所以要求供电电压波动不超过 5%。金属卤化物灯如图 5.7 所示。

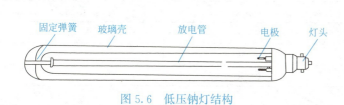

图 5.6　低压钠灯结构　　　　　　　图 5.7　金属卤化物灯

6）发光二极管（LED）。LED 是一种半导体固体发光器件，其利用固体半导体芯片作为发光材料，当两端加上正向电压时，半导体中的载流子发生复合释放出过剩的能量，从而引起光子发射产生可见光。目前，大功率 LED 发光效率可达 30lm/W，辐射颜色为多元色彩，其寿命可达数万小时。

LED 发光的颜色由组成半导体的材料决定。磷化铝、磷化镓、磷化铟的合金可以做成红色、橙色、黄色；氮化镓和氮化铟的合金可以做成绿色、蓝色和白色。

与目前常用的光源相比，LED 的光输出相对较低，因此需要采用阵列和其他结构来组成照明灯。

LED 为低压供电，具有附件简单、结构紧凑、可控性好、色彩丰富纯正、高亮点、防潮和防震性能好、节能环保等优点，目前在显示技术领域、标志灯和带色彩的装饰照明中占举足轻重的地位。LED 灯具如图 5.8 所示。

2. 灯具的分类

灯具也称为照明器，它是电光源、附件和灯罩的总称。灯具的形式很多，其分类方法也不同，具体如下：

（1）按作用分类

按灯具所起的主要作用，可将灯具分为功能性灯具和装饰性灯具。功能性灯具以满足高光效、高显色性、低眩光等要求为主，兼顾装饰性方面的要求；而装饰灯具一般由装饰

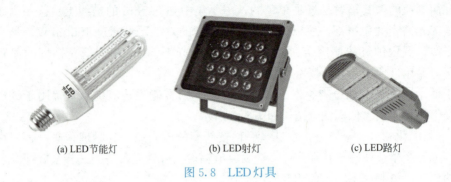

(a) LED节能灯　　　　　　(b) LED射灯　　　　　　(c) LED路灯

图 5.8　LED灯具

性零件围绕光源组合而成，以美化空间环境、渲染照明气氛为主。

（2）按配光曲线分类

国际照明委员会（CIE）按照光通量在上、下半球空间的分布比例，将灯具分为五类，见表5.1。

灯具光通量在空间分布比例　　　　　　　　　　表 5.1

类型	光通量在空间的分布（%）	
	上半球	下半球
直接型	0～10	90～100
半直接型	10～40	90～60
均匀漫射型	40～60	60～40
半间接型	60～90	40～10
间接型	90～100	10～0

1）直接型灯具。是指90%～100%的光通量直接向下半球照射的灯具，常用反光性能良好的不透明材料做成。如工厂灯、镜面深照型灯、暗装天棚顶灯等均属此类。

2）半直接型灯具。为了改善室内的亮度分布，消除灯具与顶棚亮度之间的强烈对比，常采用半透明材料作灯罩，或在灯罩的上方开少许缝隙，使光的一部分能透射出去，这样就形成半直接型配光。如常用的乳白玻璃菱形灯罩、上方开口玻璃灯罩等均属此类。

3）均匀漫射型灯具。均匀漫射型灯具是用漫射透光材料做成的任何形状的封闭灯罩，如乳白玻璃圆球吊灯就是该类灯具。这类灯具在空间各个方向上的发光强度几乎相等，光线柔和，室内能得到优良的亮度分布，可达到无眩光。其缺点是因工作面光线不集中，只可作为建筑物内一般照明，多用于楼梯间、过道等场所。

4）半间接型灯具。这类灯具的上半部是透明的，下半部用漫射透光材料做成，因增加了反射光的比例，可使房间的光线更柔和而均匀。其缺点是，在使用过程中因上部透明部分容易积尘而使灯具的效率很快下降，清扫也较困难。

5）间接型灯具。灯具的全部光线都从顶棚反射到整个房间内，光线柔和而均匀，避免了灯具本身亮度高而形成的眩光。但由于有用的光线全部来自间接的反射光，其利用率比直接型灯具低得多，故而在照度要求高的场所不适用，而且容易积尘，降低使用效率，要求顶棚的反射率高。一般只用于公共建筑照明，如医院、展览厅等。

（3）按安装方式分类

1）悬吊式灯具。它是最普及的灯具之一，可以有线吊、链吊、管吊等多种形式将灯具悬吊起来，以达到不同的照明要求，如白炽灯的软线吊式、荧光灯的链吊式、工厂车间内配照型灯具的管吊式等。这种悬吊式安装方式可用在各种场合。

2）吸顶式灯具。它是吸装在顶棚上的灯具（如半圆球形吸顶安装的走廊灯），适用于室内层高较低的场所。

3）壁装式灯具。它是安装在墙上或柱上的灯具，适用于作为局部照明或装饰照明用。

灯具的其他安装方式还有落地式、台式、嵌入式等，无论是何种照明灯具都应根据使用环境需求、照明要求及装饰要求等进行合理地选择确定。

5.1 常用电光源和灯具

任务 5.2 照明装置的安装

一、灯具安装有关规范要求

（1）灯具的固定应符合下列规定：

1）灯具质量大于 3kg 时，应固定在螺栓或预埋吊钩上。

2）软线吊灯灯具质量在 0.5kg 及以下时，可采用软电线自身吊装；大于 0.5kg 的灯具应采用吊链，将软电线编叉在吊链内，使电线不受力。

3）灯具固定应牢固可靠，不使用木楔。每个灯具固定用螺钉或螺栓应不少于 2 个；当绝缘台直径在 75mm 及以下时，可采用 1 个螺钉或螺栓固定。

（2）花灯吊钩圆钢直径不应小于灯具挂销直径，且不应小于 6mm。大型花灯的固定及悬吊装置，应按灯具质量的 2 倍做过载试验。

（3）当用钢管做灯杆时，钢管内径不应小于 10mm，钢管厚度不应小于 1.5mm。

（4）固定灯具带电部件的绝缘材料以及提供防触电保护的绝缘材料，应耐燃烧和防明火。

（5）当设计无要求时，灯具的安装高度和使用电压等级应符合下列规定：

1）一般敞开式灯具，其灯头与地面距离不小于下列数值（采用安全电压时除外）：

① 室外：2.5m（室外墙上安装）；

② 厂房：2.5m；

③ 室内：2m；

④ 软吊线带升降器的灯具在吊线展开后：0.8m。

2）危险性较大及特殊危险场所，当灯具距地面高度小于 2.4m 时，应使用额定电压为 36V 及以下的照明灯具，或有专用保护措施。

（6）当灯具距地面高度小于 2.4m 时，灯具的可接近裸露导体必须接地（PE）或接零（PEN）可靠，并应有专用接地螺栓，且有标识。

(7) 引向每个灯具的导线线芯最小截面积应符合表5.2的规定。

导线线芯最小截面积　　　　表 5.2

灯具的安装场所及用途		线芯最小截面积（mm²）		
		铜芯软线	铜线	铝线
灯头线	民用建筑室内	0.5	0.5	2.5
	工业建筑室内	0.5	1.0	
	室外	1.0	1.0	

(8) 灯具的外形、灯头及其接线应符合下列规定：

1) 灯具及其配件齐全，无机械损伤、变形、涂层剥落和灯罩破裂等缺陷。

2) 软线吊灯的软线两端应做保护扣，两端芯线搪锡；当装升降器时，应套塑料软管，采用安全灯头。

3) 除敞开式灯具外，其他各类灯具灯泡容量在100W及以上者应采用瓷质灯头。

4) 连接灯具的软线应盘扣、搪锡压线。当采用螺口灯头时，相线应接于螺口灯头中间的端子上。

5) 灯头的绝缘外壳不破损和漏电；带有开关的灯头，开关手柄无裸露的金属部分。

6) 变电所内，高低压配电设备及裸母线的正上方不应安装灯具。

7) 装有白炽灯泡的吸顶灯具，灯泡不应紧贴灯罩。当灯泡与绝缘台间距离小于5mm时，两者之间应采取隔热措施。

8) 安装在重要场所的大型灯具的玻璃罩，应采取防止玻璃罩碎裂后向下溅落的措施。

9) 投光灯的底座及支架应固定牢固，枢轴应沿需要的光轴方向拧紧固定。

10) 安装在室外的壁灯应有泄水孔，绝缘台与墙面之间应有防水措施。

二、普通灯具的安装

普通照明灯具的安装工艺流程如下：

灯具检查→组装灯具→灯具的安装→通电试运行。

1. 灯具检查

根据灯具的使用场所检查灯具是否符合安装要求；根据装箱清单清点配件，检查制造厂的有关技术文件是否齐全；检查灯具外观是否正常，有无擦碰、变形、受潮、金属镀层脱落锈蚀等现象。

2. 灯具组装

组装前，要检查灯具是否符合要求，要注意查看灯具制造商的有关文件技术是否齐全；清点灯具配件，看有无缺漏情况；检查灯具外观是不是完好，有无刮擦、变形、金属脱落等现象。按照安装说明书，将灯具的各个部件组装在一起。组装时要注意查看灯具的配线颜色，以便区分火线与零线。

3. 灯具的安装

(1) 吸顶灯的安装

1) 把吸顶灯安装在砖石结构中时，要采用预埋螺栓，或用膨胀螺栓、尼龙塞或塑料塞固定。固定件的承载能力应与吸顶灯的重量相匹配，以确保吸顶灯固定牢固、可靠，并可延长其使用寿命。

2）使用膨胀螺栓固定时，钻孔直径和埋设深度要与螺栓规格相符。钻头的尺寸要选择好，否则不稳定。

3）固定灯座螺栓的数量不应少于灯具底座上的固定孔数，且螺栓直径应与孔径相配；底座上无固定安装孔的灯具（安装时自行打孔），每个灯具用于固定的螺栓或螺钉不应少于2个，且灯具的重心要与螺栓或螺钉的重心相吻合。

4）吸顶灯安装前还应检查：

① 引向每个灯具的导线线芯的截面积，铜芯软线应不小于 $0.4mm^2$，铜芯应不小于 $0.5mm^2$，否则引线必须更换。

② 导线与灯头的连接、灯头间并联导线的连接要牢固，电气接触应良好，以免由于接触不良出现导线与接线端之间产生火花而发生危险。

5）如果吸顶灯中使用的是螺口灯头，则其接线还要注意以下两点：

① 相线应接在中心触点的端子上，零线应接在螺纹的端子上。

② 灯头的绝缘外壳不应有破损和漏电，以防更换灯泡时触电。

6）装有白炽灯泡的吸顶灯具，灯泡不应紧贴灯罩；灯泡的功率也应按产品技术要求选择，不可太大，以避免灯泡温度过高，玻璃罩破裂后向下溅落伤人。

7）与吸顶灯电源进线连接的两个线头，电气接触应良好，还要分别用黑胶布包好，并保持一定的距离。如果有可能尽量不将两线头放在同一块金属片下，以免短路发生危险。吸顶灯的安装如图5.9所示。

（2）悬吊式灯具的安装

1）吊链式荧光灯的安装

① 根据图纸确定安装位置，确定吊链吊点。

② 打出尼龙栓塞孔，装入栓塞，用螺钉将吊链挂钩固定牢靠；根据灯具的安装高度确定吊链及导线的长度（应使导线不受力）。

③ 打开灯具底座盖板，将电源线与灯内导线可靠连接，装上启辉器等附件。

④ 盖上底座，装上荧光灯管，将荧光灯挂好。

⑤ 将导线与接线盒内电源线连接，盖上接线盒盖板并理顺垂下的导线。吊链式荧光灯的安装如图5.10所示。

图5.9　吸顶灯的安装　　　　　　图5.10　吊链式荧光灯的安装

同一室内或场所成排安装的灯具，其中心线偏差不应大于5mm。灯具固定应牢固可靠，每个灯具固定用的螺钉或螺栓不应少于2个（当绝缘台直径为75mm及以下时，可采

图 5.11 吊式花灯的安装

用 1 个螺钉或螺栓固定)。

2) 吊式花灯的安装

① 将预先组装好的灯具托起,用预埋好的吊钩挂住灯具内的吊钩;

② 将灯内导线与电源线用压线帽可靠连接;

③ 把灯具上部的装饰扣碗向上推起并紧贴顶棚,拧紧固定螺钉;

④ 调整好各个灯口,上好灯泡,配上灯罩。吊式花灯的安装如图 5.11 所示。

当吊灯灯具质量大于 3kg 时,应采用预埋吊钩或螺栓固定。花灯一般使用单路或双路瓷接头连接,将导线盘圈挂锡后与各个灯座连接好,另一端线从各灯座处穿入到灯具本身的接线盒里,根据相序或控制回路方式分别用瓷接头连接,把电源引入线从吊杆穿出,或在吊链内交叉编花由灯具上部的法兰引出。

花灯均应固定在预埋的吊钩上,吊钩圆钢的直径不应小于灯具吊挂销的直径,且不得小于 6mm。对大型花灯、吊装花灯的固定及悬吊装置,应确保吊钩能承受 2 倍以上灯具的重力,并做过载试验。

(3) 壁装式灯具的安装

1) 普通壁灯的安装

壁灯装在砖墙上时用预埋螺栓或膨胀螺栓固定;壁灯若装在柱上,应将绝缘台固定在预埋柱内的螺栓上,或打眼用膨胀螺栓固定灯具。

将灯具导线一线一孔由绝缘台出线孔引出,在灯位盒内与电源线相连接,塞入灯位盒内,把绝缘台对正,灯位盒紧贴建筑物表面固定牢固,将灯具底座用木螺钉直接固定在绝缘台上。普通壁灯的安装如图 5.12 所示。安装在室外的壁灯应有泄水孔,绝缘台与墙面之间应有防水措施。

预留电线　　安装挂板　　锁上螺丝　　安装完毕
　　　　　　对接好电线

图 5.12 普通壁灯的安装

在室外壁灯安装的高度不可低于 2.5m,室内一般不应低于 2.4m;住宅壁灯灯具安装高度可以适当降低,但不宜低于 2.2m,旅馆床头灯不宜低于 1.5m;成排埋设安装壁灯的灯位盒应在同一直线上,高低差不应大于 5mm。

2) 应急照明灯具的安装

疏散照明采用荧光灯或白炽灯,安全照明采用卤钨灯或瞬时可靠点燃的荧光灯。当其靠近可燃物体时,应采取隔热、散热等防火措施。当采用白炽灯、卤钨灯等光源作为应急照明灯具时，不能直接安装在可燃装修材料或可燃物体上。

楼梯间内的疏散标志灯宜安装在休息平台板上方的墙角处或壁装，并应用箭头及阿拉伯数字清楚标明上、下层层号。疏散标志灯的安装如图 5.13 所示。

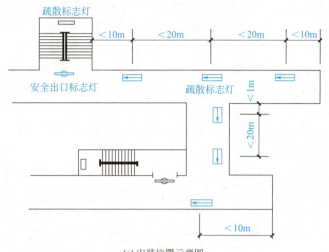

(a) 安装位置示意图

(b) 现场安装图

图 5.13　疏散标志灯的安装

安全出口标志灯宜安装在疏散门口的上方。在首层的疏散楼梯应安装于楼梯口的里侧上方，距地高度宜不低于 2m。

疏散走道上的安全出口标志灯可明装，而厅室内宜采用暗装。安全出口的标志灯应有图形和文字符号，在有无障碍设计要求时，宜同时设有音响指示信号。可调光型安全出口标志灯宜用于影剧院的观众厅，在正常情况下减光使用，火灾事故时应自动接通至全亮状态。无专人管理的公共场所照明宜装设自动节能开关。

应急照明灯具安装应符合下列规定：

1) 应急照明灯的电源除正常电源外，应另有一路电源供电。可使用独立于正常电源的柴油发电机组供电，或由蓄电池柜供电，或选用自带电源型应急灯具。

2) 应急照明在正常电源断电后，电源转换时间为：疏散照明小于或等于 15s；备用照明小于或等于 15s（金融商店交易所小于或等于 1.5s）；安全照明小于或等于 0.5s。

3)疏散照明由安全出口标志灯和疏散标志灯组成。安全出口标志灯距地高度不低于2m,且安装在疏散出口和楼梯口里侧的上方。疏散标志灯宜设在安全出口的顶部、疏散走道及其转角处距地1m以下的墙面上;不易安装的部位可安装在上部。疏散通道上的标志灯间距不大于20m(人防工程不大于10m)。

4)疏散标志灯的设置不影响正常通行,且不在其周围设置容易混同疏散标志灯的其他标志牌等。

5)应急照明灯具、运行中温度大于60℃的灯具,当靠近可燃物时,应采取隔热、散热等防火措施。当采用白炽灯、卤钨灯等光源时,不直接安装在可燃装修材料或可燃物件上。

6)应急照明线路在每个防火分区应有独立的应急照明回路,穿越不同防火分区的线路有防火隔堵措施。

7)疏散照明线路应采用耐火电线、电缆,穿管明敷或在非燃烧体内穿刚性导管暗敷,暗敷保护层厚度应不小于30mm。电线应采用额定电压不低于750V的铜芯绝缘电线。

8)安全出口标志灯和疏散标志灯装有玻璃或非燃材料的保护罩,面板亮度均匀度为1:10(最低:最高),保护罩应完整、无裂纹。

(4)嵌入式灯具安装

1)普通嵌入式灯具:小型嵌入式灯具安装在吊顶的顶板上或吊顶内龙骨上;大型嵌入式灯具应安装在混凝土梁、板中伸出的支撑铁架、铁件上;大面积的嵌入式灯具一般是预留洞口,如图5.14所示。

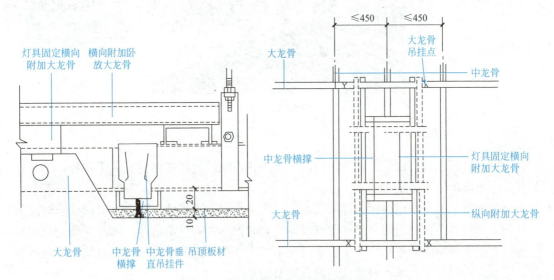

图5.14 嵌入式灯具安装吊顶预留调口

质量超过3kg的大(重)型灯具在楼(屋)面施工时就应把预埋件埋好,在与灯具上支架相同的位置上另吊龙骨,上面须与预埋件相连接的吊筋连接,下面与灯具上的支架连接。支架固定好后,将灯具的灯箱用机用螺栓固定在支架上连线、组装。嵌入顶棚内的灯具,灯罩的边框应压住罩面板或遮盖面板的板缝,并应与顶棚面板贴紧。矩形灯具的边框边缘应与顶棚面的装修直线平行,如灯具对称安装时,其纵横中心轴线应在同一条直线上,偏差不应大于5mm。荧光灯管组合的开启式灯具,灯管排列应整齐,其金属或塑料的间隔片不应有扭曲等缺陷。

2) 嵌入式筒灯的安装:安装时先确定好的灯具安装位置,测量好灯孔的大小和距离;在天花板或吊顶上打孔,确保每个灯孔的尺寸大小和间距相同;将吊顶内引出的电源线与灯具电源的接线端子可靠连接;再将灯具推入安装孔固定,调整灯具框架即可。嵌入式筒灯的安装如图5.15所示。

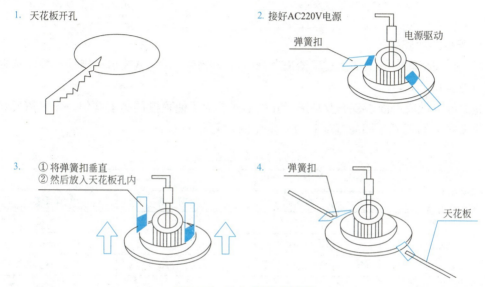

图 5.15 嵌入式筒灯的安装

4. 通电试运行

灯具安装完毕,经绝缘测试检查合格后,方允许通电试运行。通电后,应仔细检查和巡视,包括检查灯具的控制是否灵活、准确,开关与灯具控制顺序是否对应,灯具有无异常噪声。若发现问题应立即断电,查出原因并修复。

三、装饰灯具的安装

1. 光带、光梁和发光顶棚安装

光带、光梁的灯具安装基本上与嵌入式灯具安装相同。布置光带或光梁一般与建筑物外墙平行,外侧的光带、光梁紧靠窗子,并行的光带、光梁的间距应均匀一致。

发光顶棚的照明装置,一种是将光源装在散光玻璃或遮光格栅内,称为吊顶式发光顶棚,如图5.16所示;另一种是将照明灯具悬挂在房间的顶棚内,房间的顶棚是装有散光玻璃或遮光格栅的透光面,称为光盘式发光顶棚,如图5.17所示。

在发光顶棚内照明灯具的安装与吸顶灯及吊杆灯的做法相同。灯具或灯泡至透光面的距离 h,对于吊顶式应为 0.8~1.5m;对于光盘式为 100mm(磨砂玻璃为 300mm)。为了使顶棚亮度均匀,光源之间的距离 L 与光源距透光平面的距离 h 之比,对于玻璃或有机玻璃顶棚,取 $1.5 \leqslant L/h < 2$;如果采用筒式荧光灯,$L/h \leqslant 1.5$。

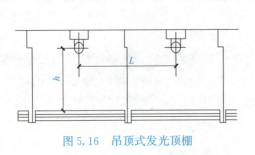
图 5.16　吊顶式发光顶棚

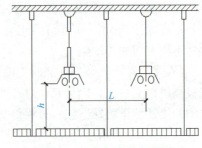
图 5.17　光盘式发光顶棚

2. 光檐照明安装

光檐是在房间内的上部沿建筑檐边在檐内装设光源，光线从檐口射向顶棚并经顶棚反射而照亮房间。

光檐可以做成单面、双面及环形等几种形式。为了使顶棚的亮度均匀，光檐离反光顶面的距离 h 应与反光顶棚的宽度 L 成一定比例，见表 5.3。

光檐的 L/h 适宜比值　　　　　　　　　　　　　表 5.3

光檐形式	灯的类型		
	无反光罩	扩散反光罩	镜面灯
单面光檐	1.7～2.5	2.5～4.0	4.0～6.0
双面光檐	4.0～6.0	6.0～9.0	9.0～15.0
环形光檐	6.0～9.0	9.0～12.0	15.0～20.0

光源在光檐槽内的位置，应保证站在室内最远端的人看不见檐内的光源。光源离墙的距离 a 一般为 100～150mm。白炽灯间距应保持在 (1.5～1.9)a 的范围之内；荧光灯最好首尾相接。

3. 霓虹灯安装

(1) 霓虹灯安装

霓虹灯是用一种特制的辉光放电光源，它用又细又长的玻璃管制成各种图案或文字，常常用它作为装饰性的营业广告或作为指示标记最为合适，其原理如图 5.18 所示。霓虹

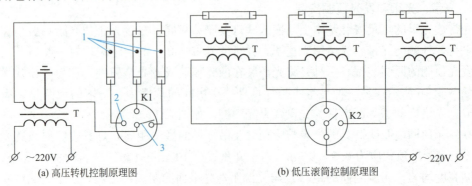

图 5.18　霓虹灯的工作原理示意图

1—霓虹灯灯管；2—固定触头；3—活动触头（即高压转机触片）

灯的特性是高电压、小电流，它采用特殊设计的漏磁式霓虹灯专用变压器供电。

霓虹灯用单相变压器把220V电压变为15kV高压作为电源。例如，某霓虹灯管长度为10m，玻璃管的直径为12mm，用电的容量有450VA，高压电流只有0.03A，一次侧低压电流为2.05A。当电源接通后，变压器次级的高电压使管内的气体电离而发出彩色的荧光。

安装霓虹灯灯管一般用角铁做成框架，用专用的绝缘支架固定牢固。灯管与建筑物、构筑物表面的最小距离不宜小于20mm。安装灯管时，可将灯管直接卡入绝缘支持件，用螺钉将灯管支持件固定在难燃材料上，如图5.19所示。

室内或橱窗里的小型霓虹灯管安装时，应将霓虹灯管用$\phi 0.5$的裸铜丝或弦线绑扎固定在镀锌铁丝上，组成200～300mm间距的网格，然后拉紧铁丝，如图5.20所示。

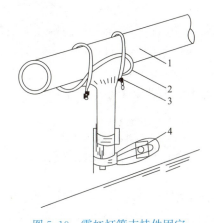

图5.19　霓虹灯管支持件固定

1—霓虹灯管；2—绝缘支持件；3—$\phi 0.5$裸钢丝扎紧；
4—螺钉固定

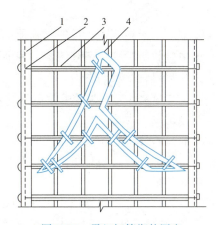

图5.20　霓虹灯管绑扎固定

1—型钢框架；2—镀锌铁丝；
3—玻璃套管；4—霓虹灯管

霓虹灯变压器必须放在金属箱内，两侧开百叶窗孔通风散热。变压器一般紧靠灯管安装，或隐蔽在霓虹灯板后，不可安装在易燃品周围，也不宜装在吊顶内。室外的变压器明装时，高度不宜小于3m，否则应采取保护措施和防水措施。霓虹灯变压器离阳台、架空线路等的距离不宜小于1m。变压器的铁芯、金属外壳、输出端的一端以及保护箱等均应进行可靠接地。

霓虹灯控制箱内一般装设有电源开关、定时开关和控制接触器。控制箱一般装设在邻近霓虹灯的房间内。在霓虹灯与控制箱之间应加装电源控制开关和熔断器。在检修灯管时，应先断开控制箱开关，再断开现场的控制开关，以防止造成误合闸而使霓虹灯管带电的危险。

（2）霓虹灯安装要求

1）霓虹灯管完好，无破裂。

2）灯管采用专用的绝缘支架固定，且牢固可靠。灯管固定后，与建筑物、构筑物表面的距离不小于20mm。

3）霓虹灯专用变压器采用双圈式，所供灯管长度不大于允许负载长度。露天安装时应有防雨措施。

4）霓虹灯专用变压器的二次电线和灯管间的连接线应采用额定电压大于 15kV 的高压绝缘电线。二次电线与建筑物、构筑物表面的距离不小于 20mm。

5）当霓虹灯变压器明装时，高度应不小于 3m；低于 3m 时应采取防护措施。

6）霓虹灯变压器的安装位置应方便检修，且隐蔽在不易被非检修人员触及的场所；不可装在吊顶内。

7）当橱窗内装有霓虹灯时，橱窗门与霓虹灯变压器一次侧开关有连锁装置，确保开门不接通霓虹灯变压器的电源。

8）霓虹灯变压器二次侧的电线应采用玻璃制品绝缘支持物固定，支持点距离应不大于下列数值：水平线段不大于 0.5m；垂直线段不大于 0.75m。

4. 装饰串灯和节日彩灯安装

（1）装饰串灯安装

装饰串灯用于建筑物入口的门廊顶部；节日串灯可随意挂在装饰物的轮廓或人工花木上；彩色串灯装于螺纹塑料管内，沿装饰物的周边敷设，勾绘出装饰物的主要轮廓。串灯通常装于软塑料管或玻璃管内。

装饰串灯可直接用 220V 电压点亮发光体。装饰串灯由若干个小电珠串联而成，每只小电珠的额定电压为 2.5V。

（2）节日彩灯安装

建筑物顶部彩灯选用有防雨功能的专用灯具。彩灯的配线管路按明配管敷设，灯罩要拧紧，且有防雨功能。

彩灯装置有固定式和悬挂式两种。固定安装采用定型的彩灯灯具，灯具的底座有溢水孔，雨水可自然排出。固定式彩灯安装示意图如图 5.21 所示，其灯间距离一般为 600mm，每个灯泡的功率不宜超过 15W。节日彩灯每一单相回路不宜超过 100 个灯泡。

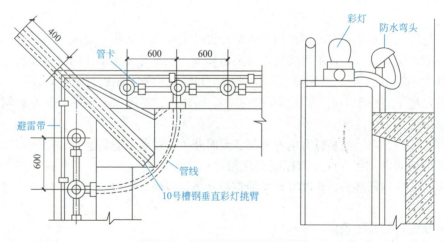

图 5.21 固定式彩灯安装示意图

安装彩灯装置时，应使用钢管敷设，连接彩灯灯具的每段管路应用管卡子及塑料膨胀螺栓固定，管路之间（即灯具两旁）应用直径不小于 6mm 的镀锌圆钢进行跨接连接。

在彩灯安装部位，根据灯具位置及间距要求，沿线打孔埋入塑料胀管，把组装好的灯具底座及连接钢管一起放到安装位置，用膨胀螺栓将灯座固定。

彩灯穿管导线应使用橡胶铜导线敷设。

彩灯装置的钢管应与避雷带（网）进行连接，并应在建筑物上部将彩灯线路线芯与接地管路之间接避雷器，以控制放电部位，减少线路损失。

悬挂式彩灯多用于建筑物的四角，采用防水吊线灯头，连同线路一起挂于钢丝绳上。其导线应采用绝缘强度不低于 500V 的橡胶铜导线，截面积不应小于 $4mm^2$。灯头线与干线的连接应牢固，绝缘包扎紧密。导线所载灯具重量的拉力不应超过该导线的允许力学性能。悬挂式彩灯安装示意图如图 5.22 所示。灯的间距一般为 700mm，距地面 3m 以下的位置上不允许装设灯头。

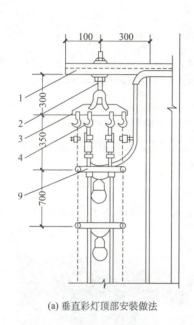 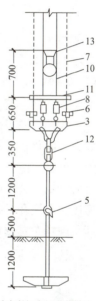

(a) 垂直彩灯顶部安装做法　　　　(b) 垂直彩灯底部安装做法

图 5.22　悬挂式彩灯安装示意图

1—角钢；2—拉索；3—拉板；4—拉钩；5—地锚环；6—钢丝绳扎头；7—钢丝绳；
8—绝缘子；9—绑扎线；10—铜导线；11—硬塑管；12—张紧螺栓；13—接头

四、特殊灯具的安装

1. 舞厅照明灯安装

舞厅的舞区内顶棚上通常设置各种宇宙灯、旋转效果灯、频闪灯等现代舞用灯光，中间部位上通常还设有镜面反射球，有的舞池地板还安装由彩灯组成的图案。舞厅或舞池灯的线路应采用钢芯导线穿钢管、普利卡金属套管配线。

旋转彩灯由底座和灯箱组成，电源通过底座插口由电刷到导电环，再通过插头到灯箱内的灯泡。

舞池地板内安装彩灯时，先在舞池地板下安装小方格，方格内壁四周镶有玻璃镜面用以增大亮度，每一个方格内装设一个或几个彩灯（视需要而定），地板小方格上面再铺上厚度大于 20mm 的高强度有机玻璃板作为舞池的地板。舞厅灯如图 5.23 所示。

(a) 舞厅旋转彩灯　　　　　　　　　　　　(b) 舞厅地板彩灯

图 5.23　舞厅灯

2. 水下照明灯安装

灯光喷水系统由喷嘴、压力泵和水下照明灯组成。常用的水下照明灯的额定功率为 300W，额定电压为 12V 或 220V（220V 用于喷水照明，12V 用于水下照明）。水下照明灯的滤色片分为红、黄、绿、蓝、透明五种。

喷水照明灯一般选用白炽灯，并采用可调光方式控制；当喷水高度不需要调光时，可采用高压汞灯或金属卤化物灯；水下照明灯具是具有防水措施的投光灯，投光灯的底座和支架应固定牢固，枢轴应沿需要的光轴方向拧紧固定。

水下接线盒为铸铝合金结构，密封可靠，进线孔在接线盒的底部，与预埋在喷水池中的电源配管相连接。出线孔在接线盒的侧面，电源引入线由水下接线盒引出，用软电缆连接。喷水照明灯及现场布置图如图 5.24 所示。

(a) 喷水照明灯　　　　　　　　　　　　(b) 现场布置图

图 5.24　喷水照明灯及现场布置图

喷水照明灯一般安装在水面下 30～100mm 的喷水端部水花散落瞬间的位置。安装后灯具不得露出水面。调换灯泡时，应先提出灯具，待晾干后方可松开螺钉，以免漏入水滴造成短路及漏电。灯泡换好装实后，灯具才能放回水中工作。

当游泳池内设置水下照明时，其照明灯的电源、灯具及接线盒应设有安全接地等保护措施。水下照明灯上口距水面宜在 0.3～0.5m；灯具间距在浅水部分宜为 2.5～3m，在深水部分宜为 3.5～4.5m。

3. 航空障碍标志灯安装

航空障碍标志灯应装设在建筑物或构筑物的最高部位。当制高点平面面积较大或为建筑群时，除在最高端装设障碍标志灯外，还应在其外侧转角的顶端分别装设，且最高端装设的障碍标志灯光源不宜少于 2 个。障碍标志灯的水平、垂直距离不宜大于 45m。烟囱顶上设置障碍标志灯时，宜将其安装在低于烟囱口 1.5～3m 的部位，并呈三角形水平排列。航空障碍标志灯现场图如图 5.25 所示。

图 5.25　航空障碍标志灯现场图

在距地面 60m 以上装设标志灯时，应采用恒定光强的红色低光强障碍标志灯；距地面 90m 以上装设时，应采用红色光的中光强障碍标志灯，其有效光强应大于 1600cd；距地面 150m 以上应采用白色光的高光强障碍标志灯，其有效光强随背景亮度而定。

航空障碍标志灯电源应按主体建筑中最高负荷等级要求供电，且宜采用自动通断其电源的控制装置。

航空障碍标志灯的启闭一般可使用露天安放的光电自动控制器进行控制，也可以通过建筑物的管理电脑，以时间程序来启闭障碍标志灯。两路电源的切换最好在障碍标志灯控制盘处进行。

4. 景观照明灯的安装

景观照明通常采用泛光灯，其布置方式可以在建筑物自身或在相邻建筑物上设置灯具，也可以将灯具设置在地面绿化带中。

每套灯具的导电部分对地绝缘电阻值应大于 2MΩ。在人行道等人员来往密集场所安装的落地式灯具，在无围栏防护措施时，其安装高度距离地面 2.5m 以上。金属构架和灯具的可接近裸露导体及金属软管的接地（PE）或接零（PEN）应可靠，且有标识。

金属卤化物灯安装高度宜大于 5m，导线应经接线柱与灯具连接，且不得靠近灯具表面。灯管必须与触发器和限流器配套使用。落地安装的反光照明灯具，应采取保护措施。

在建筑物附近的地面安装泛光灯时，为了能得到较均匀的亮度，灯与建筑物的距离 D 与建筑物高度 H 之比不应小于 1/10。整个建筑物、构筑物受照面上半部的平均亮度宜为下半部的 2～4 倍。对于顶层有旋转餐厅的高层建筑，如果旋转餐厅外墙与主体建筑外墙不在一个平面内，应在顶层加辅助立面照明，增设节日彩灯。

景观照明灯控制电源箱可安装在所在楼层竖井内的配电小间内，控制启闭宜由控制室或中央电脑统一管理。

五、灯具及附件的验收

1. 照明灯具及附件进场验收规定

（1）查验合格证。新型气体放电灯具有随带技术文件。

（2）外观检查。灯具涂层应完整，无损伤，附件齐全；防爆灯具铭牌上有防爆标志和防爆合格证号；普通灯具有安全认证标志。

（3）对成套灯具的绝缘电阻、内部接线等性能进行现场抽样检测。灯具的绝缘电阻值不小于2MΩ，内部接线为铜芯绝缘电线，芯线截面积不小于 $0.5mm^2$，橡胶或聚氯乙烯（PVC）绝缘电线的绝缘层厚度不小于0.6mm。对游泳池和类似场所灯具（水下灯及防水灯具）的密闭和绝缘性能有异议时，按批抽样送到有资质的试验室检测。

2. 钢制灯柱进场验收规定

（1）按批查验合格证。

（2）外观检查。涂层应完整，根部接线盒盒盖紧固件和内置熔断器、开关等器件齐全，盒盖密封垫片完整；钢柱内设有专用接地螺栓，地脚螺栓孔位置按提供的附图尺寸，允许偏差为±2mm。

六、插座的安装

1. 插座安装要求

（1）当交流、直流或不同电压等级的插座安装在同一场所时，应有明显的区别，且必须选择不同结构、不同规格和不能互换的插座；配套的插头应按交流、直流或不同电压等级区别使用。

（2）插座接线应符合下列规定：

1）单相两孔插座，面对插座的右孔或上孔与相线连接，左孔或下孔与零线连接；单相三孔插座，面对插座的右孔与相线连接，左孔与零线连接。

2）单相三孔、三相四孔和三相五孔插座的接地（PE）或接零（PEN）线接在上孔。插座的接地端子不与零线端子连接。同一场所的三相插座，接线的相序一致。

3）接地（PE）或接零（PEN）线在插座间不串联连接。

4）暗装的插座面板紧贴墙面，四周无缝隙，且安装牢固；表面光滑整洁，无碎裂、划伤，装饰帽齐全。

（3）特殊情况下，插座安装应符合下列规定：

1）当接插有触电危险的家用电器的电源时，应采用能断开电源的带开关插座，开关断开相线。

2）潮湿场所应采用密封型并带保护地线触头的保护型插座，其安装高度不低于1.5m。

3）当不采用安全型插座时，托儿所、幼儿园及小学等儿童活动场所安装高度应不低于1.8m。

4）车间及试（实）验室的插座安装高度距地面不低于0.3m；特殊场所暗装的插座的高度不低于0.15m；同一室内插座安装高度应一致。

5）地面插座面板与地面应齐平或紧贴地面，盖板固定牢固，密封良好。

2. 插座的安装

插座安装工艺流程如下：

接线盒清理检查→接线→安装→通电试验。

（1）接线盒清理检查

用錾子轻轻地将盒子内残留的水泥、灰块等杂物剔除，用小号油漆刷将接线盒内杂物清理干净，如图 5.26（a）所示。清理时注意检查有无接线盒预埋安装位置错位、螺钉安装孔缺失、相邻接线盒高差超标等现象，如有问题应及时修整，现场图如图 5.26（b）所示。

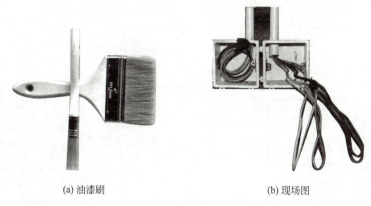

(a) 油漆刷　　　　　　　　　　(b) 现场图

图 5.26　接线盒清理检查

（2）接线

1）先将盒内导线留出维修长度后剪除余线，用剥线钳剥出适宜长度，以刚好能完全插入接线孔的长度为宜。

2）对于多根线的连接，应先按标准绕制 5 圈后挂锡，并用双层胶布缠好。

3）应注意区分相线、零线及保护地线，不得混乱。

4）插座接线。插座接线时应面对插座操作。

① 单相双孔插座在垂直排列时，上孔接相线，下孔接零线；水平排列时，右孔接相线，左孔接零线。

② 单相三孔插座接线时，上孔接保护接地（零）线，右孔接相线，左孔接工作零线。

③ 三相四孔插座，保护接地（零）线应在正上方，下孔从左侧起分别接在 L1、L2、L3 相线上；同样用途的三相插座，相序应排列一致；同一场所的三相插座，其接线的柜位必须一致。

④ 接地（PE）或接零（PEN）线在插座间不串联连接。

⑤ 带开关的插座接线时，电源相线应与开关的接线柱连接，电源工作零线应与插座的接线柱相连接。带指示灯带开关插座接线图如图 5.27 所示。带熔丝管二孔三孔插座接线图如图 5.28 所示。

⑥ 双联及以上的插座接线时，相线、工作零线应分别与插孔接线柱并接，或进行不断线整体套接，不应进行串接。插座进行不断线整体套接时，插孔之间的套接线长度不应小于 150mm。插座的接地（零）线应采用铜芯导线，其截面积不应小于相线的截面积。

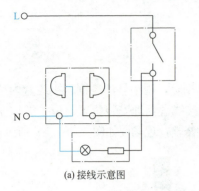 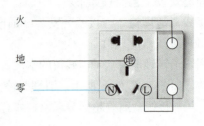

(a) 接线示意图　　　　　　　　　(b) 实物图

图 5.27　带指示灯带开关插座接线图

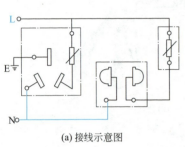 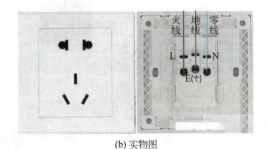

(a) 接线示意图　　　　　　　　　(b) 实物图

图 5.28　带熔丝管二孔三孔插座接线图

（3）安装

按接线要求，将盒内导线与插座的面板连接好后，将面板推入，对正安装孔，用镀锌螺钉固定牢固，如图 5.29 所示；固定时应使面板端正，与墙面平齐。附在面板上的安装孔装饰帽应事先取下备用，在面板安装调整完毕再盖上，以免多次拆卸划损面板。安装在室外的插座应有防水措施；安装在装饰材料上的插座应与装饰材料间设置隔热阻燃制品（如石棉布等）。

图 5.29　插座现场安装图

（4）通电试验

插座安装完毕，且各条支路的绝缘电阻摇测合格后，方允许通电试运行。通电后，应仔细检查和巡视，若发现问题必须先断电，然后查找原因进行修复。

5.3　插座的安装

七、开关的安装

1. 开关安装要求

（1）同一建筑物、构筑物的开关采用同一系列的产品，开关的通断位置一致，操作灵活、接触可靠。

（2）相线经开关控制；民用住宅不能用软线引至床边的床头开关。

（3）开关安装位置应便于操作，开关边缘与门框边缘的距离为 0.15～0.2m，开关距地面高度为 1.3m，拉线开关距地面高度为 2～3m；层高小于 3m 时，拉线开关距顶板不小于 100mm，拉线出口垂直向下。

（4）相同型号开关应并列安装，并列安装的拉线开关的相邻间距不小于 20mm；同一室内开关安装高度应一致，且控制有序不错位。

（5）暗装的开关面板应紧贴墙面，四周无缝隙，且安装牢固；表面光滑整洁、无碎裂、划伤、装饰帽齐全。

（6）在同一室内预埋的开关（插座）盒，相互间高低差应不大于 5mm；成排埋设时应不大于 2mm；并列安装高低差应不大于 1mm；并列埋设时开关盒应以下沿对齐。

（7）厨房、厕所（卫生间）、洗漱室等潮湿场所的开应关设在房间的外墙处。

（8）走廊灯的开关，应在距灯位较近处设置。

（9）壁灯或起夜灯的开关，应设在灯位的正下方，并在同一条垂直线上。

（10）室外门灯、雨棚灯的开关应设在建筑物的内墙上。

2. 开关的安装

开关安装施工工艺流程如下：

接线盒清理检查→接线→安装→通电试验。

（1）接线盒清理检查

用錾子轻轻地将盒子内残留的水泥、灰块等杂物剔除，用小号油漆刷将接线盒内杂物清理干净。清理时注意检查有无接线盒预埋安装位置错位（即螺钉安装孔错位 90°）、螺钉安装孔缺失、相邻接线盒高差超标等现象，如有问题应及时修整。若接线盒埋入较深，超过 1.5mm 时，应加装套盒。具体做法同插座的安装。

（2）接线

1）先将盒内导线留出维修长度后剪除余线，用剥线钳剥出适宜长度，以刚好能完全插入接线孔的长度为宜；

2）对于多联开关需要分支连接的，应采用安全型压接帽压接分支；

3）开关的相线应经开关关断。

（3）安装

按接线要求，将盒内导线与开关的面板连接好后，将面板推入，对正安装孔，用镀锌螺钉固定牢固。固定时应使面板端正，与墙面平齐。附在面板上的安装孔装饰帽应事先取下备用，在面板安装调整完毕再盖上，以免多次拆卸划损面板。安装在室外的开关应有防水措施；安装在装饰材料上的开关与装饰材料间设置隔热阻燃制品（如石棉布等）。

双控开关有三个接线柱，其中两个分别与两个静触点连通，另一个与动触点连通（称为共用桩）。双控开关的共用极（动触点）与电源的 L 线连接，另一个开关的共用桩与灯座的一个接线柱连接。灯座另一个接线柱应与电源的 N 线相连接。两个开关的静触点接线柱，用两根导线分别进行连接。

明装开关需要先把绝缘台固定在墙上；将导线甩出绝缘台，然后在绝缘台上安装开关和接线。

拉线开关暗装时，应把电源的相线和到灯的导线接到开关的两个接线柱上，固定在预埋好的盒体上，面板上的拉线出口应垂直朝下。

明配线路中，安装拉线开关时，应先固定好绝缘台，拧下拉线开关盖，把两个线头分别穿入开关底座的两个穿线孔内，用木螺钉将开关底座固定在绝缘台上，导线分别接到接线柱，然后拧上开关盖。双联及以上明装拉线开关并列安装时，应使用长方空心木台，开关间距不宜小于 20mm。瓷质防水拉线开关安装时，应先安装好瓷座（外壳），开关芯接线完成后再装入瓷座（外壳）内，然后拧好开关芯的固定螺栓。

翘板式开关为暗装开关。开关芯与盖板互不相连的为活装面板。安装时需要先安装开关芯连同固定板，再安装开关盖板。

普通单联单控翘板开关电源的相线应接到与动触点相连接的接线柱上，到灯具的导线与静触点相连接。翘板上有指示灯的，指示灯应在上面；翘板上有红色标记的应向上安装；"ON" 字母的是开的标志。若翘板或面板上无任何标志，应装成翘板下部按下时，开关应处在合闸的位置，翘板上部按下时，应处在断开位置。翘板开关安装如图 5.30 所示。

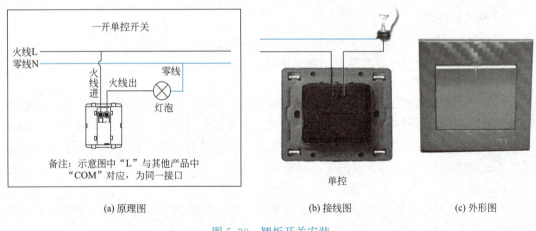

(a) 原理图　　　　　　(b) 接线图　　　　　　(c) 外形图

图 5.30　翘板开关安装

安装在潮湿场所的开关，应使用面板上带有薄膜的防潮防溅开关。开关在凹凸不平的墙面上安装时，为提高电器的密封性能，需要加装一个橡胶垫，以弥补墙面不平整的缺陷。

在塑料管暗敷设工程中，应不使用带金属安装板的翘板开关。

（4）通电试验

开关安装完毕，且各条支路的绝缘电阻摇测合格后，方允许通电试运行。通电后应仔细检查和巡视，检查灯具的控制是否灵活、准确，开关与灯具控制顺序是否相对应。若发现问题必须先断电，然后查找原因进行修复。

5.4　开关的安装

任务5.3 照明工程交接与验收

1. 照明灯具安装工序交接确认：
（1）安装灯具的预埋螺栓、吊杆和吊顶上嵌入式灯具安装专用骨架等完成，并按设计要求做承载试验合格后，才能安装灯具。
（2）影响灯具安装的模板、脚手架拆除，顶棚和墙面喷浆、油漆或壁纸等及地面清理工作基本完成后，才能安装灯具。
（3）导线绝缘测试合格，才能进行灯具接线。
（4）高空安装的灯具，地面通断电试验合格，才能安装。
2. 照明开关、插座安装工序交接确认。
3. 照明系统的测试和通电试运行工序交接确认：
（1）电线绝缘电阻测试前电线的接续应完成。
（2）照明箱（盘）、灯具、开关、插座的绝缘电阻测试在就位前或接线前应完成。
（3）备用电源或事故照明电源做空载自动投切试验前应拆除负荷。空载自动投切试验合格，才能做有载自动投切试验。
（4）电气器具及线路绝缘电阻测试合格，才能做通电试验。
（5）照明全负荷试验必须在本条的（1）、（2）、（4）完成后进行。
4. 建筑物照明通电试运行，要求如下：
（1）照明系统通电，灯具回路控制应与照明配电箱及回路的标识一致。开关与灯具控制顺序相对应，风扇的转向及调速开关应正常。
（2）公用建筑照明系统通电连续试运行时间应为24h，民用住宅照明系统通电连续试运行时间应为8h。试运行期间，所有照明灯具均应开启，且每2h记录运行状态1次，连续试运行时间内应无故障。
5. 工程交接验收时应对下列项目进行检查：
（1）并列安装的相同型号的灯具、开关、插座及照明配电箱（板），其中心轴线、垂直偏差及距地面高度。
（2）暗装开关、插座的面板，盒（箱）周边的间隙，交流、直流及不同电压等级电源插座的安装。
（3）大型灯具固定的防松、防震措施。
（4）照明配电箱（板）的安装和回路编号。
（5）回路绝缘电阻测试和灯具试亮及灯具控制性能。
（6）接地或接零。
6. 工程交接验收时应提交下列技术资料和文件：
（1）竣工图。
（2）变更设计的证明文件。
（3）产品的说明书、合格证等技术文件。
（4）安装技术记录。
（5）试验记录，包括灯具程序控制记录和大型、重型灯具的固定及悬吊装置的过载试验记录。

知识梳理与总结

电气照明是建筑物发挥其基本功能的必要条件，合理的电气照明对提高工作效率、保证安全生产具有重要意义，照明在建筑物中的作用可归结为功能作用和装饰作用。

照明的方式有一般照明、分区一般照明、局部照明、混合照明。照明的种类有正常照明、应急照明、值班照明、航空障碍照明、装饰照明、景观照明。

常用的电光源从发光原理来看，有热辐射光源和气体放电光源两大类。

电气照明装置指各种灯具、开关、插座等。灯具安装方式有吸顶式、线吊式、链吊式、管吊式、壁装式等，不同种类的灯具应采用不同的安装方式，安装时要掌握其安装步骤和工艺要求。

知识拓展

铁人王进喜

王进喜出生于一个贫苦家庭，玉门解放后他成为一名新中国石油工人，因用自己身体制伏井喷而家喻户晓，人称"铁人"。他勤快、能吃苦，各种杂活抢着干。王进喜说，党把我们当主人，主人不能像长工那样磨磨蹭蹭、被动地干活。艰苦的钻井生产实践，锻炼了他坚韧不拔的品格和大公无私的先进思想。铁人王进喜从普通工人成长为领导干部，但他功高不自傲，始终保持谦虚谨慎的作风，对工人和家属关怀备至，而对自己和家人却严格要求，一辈子甘当党和人民的"老黄牛"。他为我们树立了廉洁奉公、无私奉献的公仆形象。

王进喜在石油工业中凭借精湛的技能和不懈的努力，创造了多项纪录。在建筑电气施工中，施工人员同样需要不断提升自己的专业技能，确保施工质量和安全。他的事迹告诉我们，只有不断追求卓越，才能在各自的领域中取得优异的成绩。建筑电气施工人员应以此为榜样，精益求精，力求在每一项工作中都做到最好。

实训项目

用线槽安装照明线路

1. 实训目的

使学生了解照明系统安装的内容，掌握线槽配线的安装步骤和工艺要求，灯具的安装要求和步骤、开关插座的安装步骤和工艺要求。

2. 能力及标准要求

培养学生动手操作能力，能独立完成照明安装。能在规定时间内完成线路、电表箱、开关、插座、荧光灯、白炽灯的安装。

3. 准备

（1）工具、仪表准备：电工刀、一字起、十字起、剥线钳、试电笔、万用电表、手锯、钢丝钳、尖嘴钳。

(2) 材料准备：木板（1200mm×1800mm）1块、电表箱1个（电表1个、单数断路器3个）、24mm线槽4m、双控开关2个、单控开关1个、5孔插座1个、明装底盒4个、荧光灯1套、白炽灯1个、圆木1个、平装螺口灯头1个、木螺钉40个。

4. 步骤

(1) 器具定位；

(2) 线路定位画线；

(3) 线路安装；

(4) 布线；

(5) 器具安装；

(6) 线路与器具连接；

(7) 安装盖板；

(8) 通电试验。

5. 注意事项

(1) 线路安装横平竖直；

(2) 线槽内导线不得有接头；

(3) 线槽固定点间距小于800mm，墙部固定点距槽底终点距离为50～100mm；

(4) 导线连接要符合要求；

(5) 螺口灯头的中心触头接相线；

(6) 插座接线为左零右相，上保护线；

(7) 保护线为黄绿双色线；

(8) 开关、插座内预留线长度为100～150mm；

(9) 槽板拐角处要呈45°对角；

(10) 开关接相线。

6. 讨论

(1) 为什么螺口灯头的中心触头要接相线？

(2) 导线连接为什么要连接紧密？

实训报告及分组情况表

习 题

一、选择题

1. 灯具开关安装位置应便于操作，安装高度为（　　）m。
A. 1　　　　　　B. 1.2　　　　　　C. 1.3　　　　　　D. 1.6

2. 单相两孔插座，面对插座的（　　）与相线连接。
A. 左孔或上孔　　B. 右孔　　　　　C. 右孔或上孔　　D. 左孔

3. 单相三孔插座，面对插座的（　　）与相线连接，（　　）与零线连接。
A. 右孔、左孔　　B. 左孔、右孔　　C. 左孔、右孔　　D. 右孔、右孔

4. 照明回路中的导线为（　　）mm^2。
A. BV1　　　　　B. BV2.5　　　　　C. BV4　　　　　D. BV6

5. 应急照明灯的电源除正常电源外，另一路电源是（　　）。
A. 柴油发电机组　　B. 蓄电池柜　　C. 自带电源　　D. 逆变器

二、简答题

1. 普通灯具安装的规范要求有哪些？
2. 试述照明灯具安装程序。
3. 吊灯安装有哪些工艺方法？
4. 吸顶灯安装有哪些工艺方法？顶棚采用吊顶时，不同灯具的安装有什么特殊要求？
5. 荧光灯安装有哪些工艺方法？
6. 开关、插座的安装位置是如何确定的？安装步骤有哪些？
7. 照明系统的测试和通电试运行工序交接确认包含哪些内容？
8. 建筑物照明通电试运行包含哪些内容？

项目 6

室外配线工程

1. 了解架空配线、电缆配线;
2. 掌握电缆线路工程施工工艺。

1. 能根据施工图合理地进行电缆敷设;
2. 根据规范要求进行电缆预留;
3. 能进行电缆头的制作安装。

1. 培养学生做到爱岗、敬业,具有良好的沟通能力及团队协作能力;
2. 培养学生具有爱岗敬业、高度的责任心,养成遵守工作规范的良好品质。

建筑电气施工技术

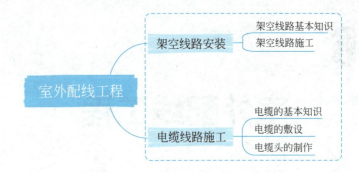

任务6.1 架空线路安装

一、架空线路基本知识

架空线路主要指架空明线，架设在地面之上，是用绝缘子将输电导线固定在直立于地面的杆塔上以传输电能的输电线路。架空配电线路主要由电杆基础、电杆、导线、横担、绝缘子、金具及拉线等组成，如图6.1所示。

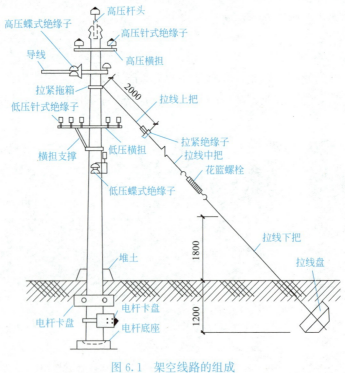

图6.1 架空线路的组成

1. 电杆基础

电杆基础是对电杆地下设备的总称，主要由底盘、卡盘和拉线盘等组成。其作用主要是防止电杆因承受垂直荷重、水平荷重及事故荷重等作用发生上拔、下压甚至倾倒等。

2. 电杆

电杆是架空配电线路的重要组成部分，用来安装横担、绝缘子和架设导线。其截面有圆形和方形。按材质不同，电杆可分为木杆、钢筋混凝土杆和金属杆。

3. 导线

架空线路因受环境与自然条件的影响，要求导线具有导电率大、机械强度大、质量小、耐腐蚀和价廉等特点。架空配电线路中常用裸绞线的种类有铜绞线（TJ）、铝绞线（LJ）、钢芯铝绞线（LGJ）和铝合金绞线（HLJ），低压架空配电线路也可采用绝缘导线。

4. 横担

架空配电线路的横担较为简单，它装设在电杆的上端，用来安装绝缘子和固定开关设备、电抗器及避雷器等。因此，要求其具有足够的机械强度和长度。

架空配电线路的横担按材质可分为木横担、铁横担和陶瓷横担。

5. 绝缘子

绝缘子（俗称瓷瓶）是用来固定导线，并使导线与导线、导线与横担、导线与电杆间保持绝缘。此外，绝缘子还承受导线的垂直荷载和水平拉力，所以选用时应考虑绝缘强度和机械强度。架空配电线路中常用绝缘子的种类有针式绝缘子、蝶式绝缘子、悬式绝缘子和拉线绝缘子。

6. 金具

在架空线路中用来固定横担、绝缘子、拉线及导线的各种金属连接件统称为金具。金具的种类较多，根据用途可分为联结金具、接续金具和拉线金具等。

（1）联结金具是用于连接导线与绝缘子、绝缘子与杆塔横担的金具，如耐张线夹、碗头挂板、球头挂环、直角挂板、U形挂环等；

（2）接续金具是用于接续断头导线的金具，如接续导线的各种铝压接管以及在耐张杆上连接导线的并沟线夹等；

（3）拉线金具是用于拉线的连接和承受拉力的金具，如楔形线夹、UT线夹、花篮螺钉等。

7. 拉线

拉线在架空线路中用来平衡电杆各方向的拉力，防止电杆弯曲或倾倒。因此，在承立杆（终端杆、转角杆等）上均需安装拉线。

为了防止电杆被强大的风力刮倒或被冰凌载荷的破坏影响，在土质松软的地区，为增强线路电杆的稳定性，有时也在直线杆上，每隔一定距离，装设抗风拉线（两侧拉线）或四方拉线。当受地形限制无法装设拉线时，也可利用撑杆代替。线路中使用最多的是普通拉线。此外，还有由普通拉线组成的人字拉线、十字拉线、水平拉线（过道拉线）、共同拉线、V形拉线、弓形拉线和自身拉线等。

二、架空线路施工

1. 测量定位

按设计坐标及标高测定坑位及坑深，钉好标桩，撒好灰线。

2. 挖坑

按灰线位置及深度要求挖坑。当采用人力立杆时,坑的一面应挖出坡道。核实杆位及坑深达到要求后,平整坑底并夯实。电杆埋设深度应符合设计规定,设计未作规定时,应符合表6.1所列的数值。

电杆埋设深度（m） 表6.1

杆长	8.0	9.0	10.0	11.0	12.0	13.0	15.0
埋深	1.5	1.6	1.7	1.8	1.8	2.0	2.3

注：遇有土质松软、流沙、地下水位较高等情况时,应做特殊处理。

坑深允许偏差为-50～100mm；当杆坑深度偏差为100～300mm时,可用填土夯实处理；偏差超过300mm时,其超深部分应进行铺石灌浆处理。

3. 电杆组装

起立杆塔有整体起立和分解起立两种方式。整体起立杆塔的优点在于,绝大部分组装工作在地面上进行,高空作业量少,施工比较安全方便。在起立之前对杆塔进行组装。所谓组装,就是根据图纸及杆型装置杆塔本体、横担、金具、绝缘子等。其安装工艺流程如下：

电杆连接→横担组装→杆顶支座安装→绝缘子安装。

（1）电杆连接

等径分段钢筋混凝土电杆和分段的环形截面锥形电杆,均必须在施工现场进行连接。钢圈连接的钢筋混凝土电杆宜采用电弧焊接,焊接的具体要求详见相关规范。

（2）横担组装

导线的布置不同,横担安装距离也不同。在低压线路中,导线的布置都采用水平排列；在高压线路中,导线的布置多采用三角形排列,以提高线路的耐雷水平。

横担组装应符合下列要求：

1）同杆架设的双回路或多回路线路,横担间的垂直距离不应小于表6.2的数值。

同杆架设线路横担间的最小垂直距离（mm） 表6.2

架设方式	直线杆	分支或转角杆
1～10kV与1～10kV	800	500
1～10kV与1kV以下	1200	1000
1kV以下与1kV以下	600	300

2）1kV以下线路的导线排列方式可采用水平排列,最大挡距不大于50m时,导线间的水平距离为400mm,但靠近电杆的两导线间的水平距离不应小于500mm。10kV及以下线路的导线排列方式及线间距离应符合设计要求。

3）横担的安装。当线路为多层排列时,自上而下的顺序为高压、动力、照明、路灯；当线路为水平排列时,上层横担距杆顶不宜小于200mm；直线杆的单横担应装于受电侧,90°转角杆及终端杆应装于拉线侧。

4）横担端部上下歪斜及左右扭斜均不应大于20mm。对于双杆的横担,横担与电杆连接处的高差不应大于连接距离的5/1000；左右扭斜不应大于横担总长度的1/100。

5）螺栓的穿入方向一般为：水平顺线路方向，由送电侧穿入；垂直方向，由下向上穿入，开口销钉应从上向下穿。

6）使用螺栓紧固时，均应装设垫圈、弹簧垫圈，且每端的垫圈不应多于 2 个；螺母紧固后，螺杆外露不应少于 2 扣，但最长不应大于 30mm，双螺母可平扣。

（3）杆顶支座安装

将杆顶支座的上、下抱箍抱住电杆，分别将螺栓穿入螺栓孔，再用螺母拧紧固定；如果电杆上留有装杆顶支座的孔眼，则不用抱箍，可将螺栓直接穿入支座和电杆上的孔眼，用螺母拧紧固定即可。

（4）绝缘子安装

杆顶支座及横担调整紧固好后，即可安装绝缘子。安装前，应把绝缘子表面的灰垢、附着物及不应有的涂料擦拭干净，经过检查试验合格后，再进行安装。要求安装牢固、连接可靠、防止积水。

4. 立杆

架空配电线路施工常用立杆方法有机械立杆和人力立杆。

（1）机械立杆

汽车式起重机就位后，在电杆的适当部位挂上钢丝绳，吊索拴好缆风绳，挂好吊钩，在专人指挥下起吊就位。

当电杆顶部距离地面 1m 左右时，应停止起吊。检查各部件、绳扣等是否安全，确认无误后再继续起吊。

电杆起立后，调整好杆位，回填一步土，架上叉木，撤去吊钩及钢丝绳；然后，校正好杆身垂直度及横担方向（纵向可用经纬仪，横向可用线坠），再回填土；回填土时，应将土块打碎，每回填 500mm 应夯实一次，填到卡盘安装部位为止；最后，撤去缆风绳及叉木。

电杆位置、杆身垂直度应符合下列要求：

1）直线杆的横向位移不应大于 50mm。直线杆的倾斜、杆梢的位移不应大于杆梢直径的 1/2。

2）转角杆的横向位移不应大于 50mm。转角杆应向外角预偏，紧线后不应向内角倾斜，应向外角倾斜，其杆梢位移不应大于杆梢直径。

3）终端杆应向拉线侧预偏，其预偏值不应大于杆梢直径。紧线后不应向受力侧倾斜。

4）双杆立好后应正直，双杆中心与中心桩之间的横向位移不应大于 50mm；迈步不应大于 30mm；根开不应超过±30mm。

（2）人力立杆

绞磨就位后，应根据需要打好地锚钎子，用钢丝绳将地锚钎子与绞磨连接好。然后依次装滑轮组，穿钢丝绳，立人字抱杆（抱杆角度要适当）；在电杆的适当部位挂上钢丝绳（吊牵），拴好缆风绳及前后横绳，挂好吊钩，在专人指挥下起吊就位。

当电杆顶部离地面 1m 左右时，应停止起吊。检查地锚钎子、人字抱杆、绳扣等是否安全，确认无误后再继续起吊。

电杆起立后，调整好杆位，回填一步土。架上叉木，撤去吊钩及钢丝绳（吊索）；然后，校正好杆身垂直度及横担方向（纵向可用经纬仪，横向可用线坠），再回填土；回填土时，应将土块打碎，每回填 500mm 应夯实一次，填到卡盘安装部位为止；最后撤去缆风绳、前后横绳及叉木。电杆位置、杆身垂直度的要求同机械立杆。

5. 卡盘安装

（1）将卡盘分散运至杆位，核实卡盘埋设位置及坑深，将坑底找平并夯实。卡盘安装应符合下列要求：

1）卡盘上口距离地面不应小于 350mm。

2）直线杆卡盘应与线路平行，并应在电杆左、右侧交替埋设；终端杆卡盘应埋设在受力侧，转角杆应分上、下两层埋设在受力侧。

（2）将卡盘放入坑内，穿上抱箍，垫好垫圈，再用螺母紧固；检查无误后回填土；回填土时，应将土块打碎，每回填 500mm 应夯实一次，并设高出地面 300mm 的防沉土台。

6. 拉线安装

拉线整体由拉线抱箍、楔形线夹、钢绞线、UT 型线夹、拉线棒和拉线盘组成。在居民区和厂矿区，当拉线从导线之间穿过时，应装设拉线绝缘子；另外，在拉线断线时，绝缘子距地面应不小于 2.5m，其目的是避免拉线上部碰触带电导体时，人员在地面上因误触拉线而触电。

拉线施工时，应先埋设拉线盘再安装拉线上把和中把。

（1）埋设拉线盘

在埋设拉线盘之前，首先应将拉线棒与拉线盘组装好，放入拉线坑内。拉线坑应有斜坡，且宜设防沉层。拉线棒一般采用直径不小于 16mm 的镀锌圆钢。下把拉线棒装好后，将拉线盘放正，再将拉线把方向对准已立好的电杆，拉线棒与拉线盘应垂直，并使拉线棒的拉环露出地面 500~700mm。随后即可分层填土，回填土时，应将土块打碎后夯实。

（2）安装拉线上把

拉线一般采用截面积不小于 $25mm^2$ 的钢绞线。拉线上把装在电杆上，需用拉线抱箍及螺栓固定（也可在横担上焊接拉线环）。组装时，先用一只螺栓将拉线抱箍抱在电杆上，然后把预制好的上把拉线环放在两块抱箍的螺孔间，穿入螺栓，拧上螺母，再加以固定即可。

（3）安装拉线中把

在埋设好下部拉线盘，做好拉线上把后，便可收紧拉线做中把，使上部拉线和下部拉线棒连接起来，形成一个整体，以发挥拉线的作用。

当地形受到限制，无法安装拉线时，也可用撑杆代替拉线，作为平衡张力、稳定电杆之用；当线路建在高低相差悬殊的地方，一般导线成仰角时用拉线、成俯角时用撑杆。

7. 导线架设

导线架设是架空线路施工中的一道大工序，其施工人员较多，又需在一个距离较长的施工现场同时作业，有时还要通过一些交叉跨越物。因此，在施工中，所有施工人员必须密切配合。

导线架设施工工艺流程如下：

放线→导线连接→紧线和弛度观测→导线在绝缘子上的固定。

(1) 放线

将导线运到线路首端（紧线处），用放线架架好线轴，然后放线。一般放线有两种方法：一种方法是将导线沿电杆根部放开后，再将导线吊上电杆；另一种方法是在横担上装好开口滑轮，一边放线一边逐挡将导线吊放在滑轮内前进。

在展放导线的过程中，要有专人沿线查看，放线架处也应有专人看守，导线不应有磨损、散股、断股、扭曲、金钩等现象。如有上述情况，应立即停止放线，并加以修补处理或做出明确的标识，以备专门处理。

(2) 导线连接

架空线路导线连接的质量，直接影响导线的机械强度和电气性能。导线放完后，导线的断头都要连接起来，使其成为连通的线路。导线的连接方法，随接头的位置不同而有所区别。跳线处接头常用线夹连接法；其他位置接头常用钳接（压接）法、单股线缠绕法和多股线交叉缠绕法；特殊地段和部位常用爆炸压接法。

(3) 紧线和弛度观测

架空配电线路的紧线和弛度观测应同时进行。紧线方法通常采用单线法、双线法和三线法。单线法是一线一紧，所用紧线时间较长，但此法使用最为普遍；双线法是两根线同时收紧，施工中常用于同时收紧两根边导线；三线法是三根线同时收紧。紧线图如图 6.2 所示。

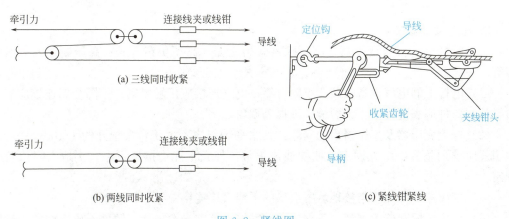

图 6.2 紧线图

(4) 导线在绝缘子上的固定

导线在绝缘子上的固定方法通常有顶绑法、侧绑法、终端绑扎法和用耐张线夹固定法。导线在直线杆针式绝缘子上的固定多采用顶绑法，如图 6.3 所示。

图 6.3 顶绑法

导线在转角杆针式绝缘子上的固定采用侧绑法。有时由于针式绝缘子顶槽太浅，在直线杆上也可采用侧绑法，其绑扎方法如图 6.4 所示。

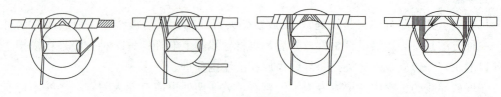

图 6.4 侧绑法

导线在蝶式绝缘子上的固定采用终端绑扎法,如图 6.5 所示。此种方法可用于终端杆、耐张杆及耐张型转角杆上。但当这些电杆全部使用悬式绝缘子串时,则应采用耐张线夹固定导线与之配合,耐张线夹固定法如图 6.6 所示。

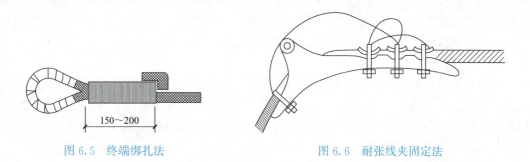

图 6.5 终端绑扎法　　　　　　　图 6.6 耐张线夹固定法

8. 杆上设备安装

常用的杆上设备有变压器、高压跌落式熔断器、高压负荷开关、高压断路器、避雷器等。

(1) 电杆上的电气设备安装应牢固可靠;电气连接应接触紧密;不同金属连接应有过渡措施;瓷件应表面光洁,无裂缝、破损等现象。

(2) 杆上变压器及变压器台的安装:其水平倾斜应不大于台架根开的 1/100;一、二次引线应排列整齐、绑扎固定;油枕油位正常,外壳干净;接地可靠,接地电阻值符合规定。

(3) 变压器中性点应与接地装置引出的干线直接连接。

(4) 跌落式熔断器的安装:各部分零件完整;转轴光滑灵活,铸件不应有裂纹、砂眼及锈蚀。

(5) 杆上断路器和负荷开关的安装:引线应连接紧密;当采用绑扎连接时,其引线长度不小于 150mm;外壳干净,不应有漏油现象,气压不低于规定值;操作灵活,分、合位置应指示正确可靠;外壳接地可靠,接地电阻值应符合规定。

(6) 杆上隔离开关的安装:瓷件良好;操作机构动作灵活;隔离刀刃合闸时接触紧密,分闸后应有不小于 200mm 的空气间隙;与引线的连接紧密可靠。水平安装的隔离刀刃,分闸时宜使静触头带电。三相运动隔离开关的三相隔离刀刃应分、合同期。

(7) 低压熔断器和开关的安装要求各部分接触应紧密,便于操作。低压保险丝(片)的安装要求无弯折、压偏、伤痕等现象。

(8) 杆上避雷器的安装要求如下:

1) 瓷套与固定抱箍之间应加垫层。

2)安装排列整齐、高低一致。

3)相间距离为:1~10kV 时,不小于 350mm;1kV 以下时,不小于 150mm。

4)避雷器的引线短而直、连接紧密,采用绝缘线时,其截面积要求为:

① 引上线:铜线不小于 16mm², 铝线不小于 25mm²;

② 引下线:铜线不小于 25mm², 铝线不小于 35mm²。

5)引下线接地应可靠,接地电阻值符合规定。

6)与电气部分连接时,不应使避雷器产生外加应力。

9. 接户线安装

接户线是指从架空线路电杆上引到建筑物电源进户点前第一支持点的一段架空导线。按其电压等级可分为低压接户线和高压接户线。接户线的安装应满足设计要求。

6.1 架空配电线路的安装

低压接户线一般应从靠近建筑物而又便于引线的一根电杆上引下来,其档距不宜大于 25m,否则不宜直接引入,应增设接户杆。低压接户线一般应采用绝缘导线,导线的架设应符合下列规定:

(1)低压架空接户线的线间距离,在设计未作规定且档距超过 25m 时,不应小于 200mm;档距小于 25m 时,不应小于 150mm。若为沿墙敷设,且档距不超过 6m 时,线间距离不应小于 100mm;超过 6m 时,线间距离不应小于 150mm。

(2)接户线不宜跨越建筑物。如必须跨越时,在最大弛度情况下,对建筑物的垂直距离不应小于 2.5m。当接户线与建筑物有关部分接近时,其最小距离应符合下列规定:

1)与上方窗户和阳台的垂直距离不小于 800mm;

2)与下方窗户的垂直距离不小于 300mm;

3)与下方阳台的垂直距离不小于 2500mm;

4)与窗户和阳台的水平距离不小于 750mm;

5)与墙壁、构架的距离不小于 50mm。

(3)低压架空接户线不应从高压引下线之间穿过,同时也严禁跨越铁路。跨越通车街道的接户线不允许有接头。当与弱电线路交叉时,如接户线在弱电线路上方,则垂直距离不应小于 600mm;在弱电线路下方时,垂直距离不应小于 300mm。

(4)接户线在最大弛度时,跨越街道及建筑物的最小距离应符合下列规定:

1)通车的街道不小于 6m;

2)不通车的街道、人行道不小于 3.5m;

3)胡同(里)、弄、巷不小于 3.0m;

4)进户点的对地距离不小于 2.5m。

(5)低压架空接户线在电杆上和进户处均应牢固地绑扎在绝缘子上,以避免松动和脱落。绝缘子应安装在支架上和横担上,支架或横担应装设牢固,并能承受接户线的全部动力。导线截面积在 16mm² 及以上时,应使用蝶式绝缘子。

导线穿墙必须用套管保护,套管埋设应内高外低,以免雨水流入屋内。钢管可用防水弯头,管口应光滑,防止擦伤导线绝缘。

任务 6.2　电缆线路施工

电缆线路在电力系统中作为传输和分配电能之用。随着时代的发展，电力电缆在民用建筑、工矿企业等领域应用越来越广泛。电缆线路与架空线路相比，具有敷设方式多样、占地少（不占或少占用空间）、受气候条件和周围环境的影响小、传输性能稳定、维护工作量较小、整齐美观等优点。电缆线路也有一些不足之处，如投资费用较大、敷设后不宜变动、线路不宜分支、寻测故障较难、电缆头制作工艺复杂等。

一、电缆的基本知识

1. 电缆的种类与结构

电缆的种类很多，按用途分为电力电缆和控制电缆；按电压等级分为高压电缆和低压电缆；按导线芯数分为一至五芯电缆；按绝缘材料分为纸绝缘电缆、聚氯乙烯绝缘电缆、聚乙烯绝缘电缆、交联聚乙烯绝缘电缆和橡皮绝缘电缆。

电缆是由三个主要部分组成，即导电线芯、绝缘层和保护层，其结构如图 6.7 所示。电缆的导电线芯是用来传导大功率电能的，其所用材料通常是高导电率的铜和铝。我国制造的电缆线芯的标称截面面积有 2.5～800mm^2 多种规格。

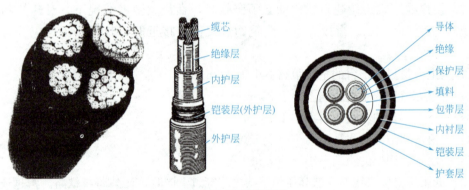

图 6.7　电缆结构图

电缆绝缘层是用来保证导电线芯之间、导电线芯与外界的绝缘。绝缘层包括分相绝缘和统包绝缘。绝缘层的材料有纸、橡皮、聚氯乙烯、聚乙烯和交联聚乙烯等。

电缆的保护层分为内护层和外护层两部分。内护层主要用来保护电缆统包绝缘不受潮湿和防止电缆浸渍剂外流及轻度机械损伤；外护层是用来保护内护层的，防止内护层受到机械损伤或化学腐蚀等，其包括铠装层和外被层两部分。

2. 电缆的型号及名称

我国电缆的型号是采用双语拼音字母组成，带外护层的电缆则在字母后加上两个阿拉伯数字。常用的电缆型号中字母的含义及排列次序见表 6.3。

电缆外护层的结构采用两个阿拉伯数字表示，前一个数字表示铠装层结构，后一个数字表示外被层结构。电缆外护层代号的含义见表 6.4。

根据电缆型号，就可以读出该电缆的名称。例如，VV22-10-3×95 表示 3 根截面面积为 95mm², 聚氯乙烯绝缘、电压为 10kV 的铜芯电力电缆, 铠装层为双钢带, 外被层是聚氯乙烯护套。

常用电缆型号中字母的含义及排列次序　　　表 6.3

类别	绝缘种类	线芯材料	内护层	其他特征	外护层
电力电缆不表示； K—控制电缆； Y—移动式软电； P—信号电缆； H—市内电话电缆	Z—纸； X—橡皮； V—聚氯乙烯； Y—聚乙烯； YJ—交联聚乙烯	T—铜； L—铝	Q—铅护套； L—铝护套； H—橡套； (H)F—非燃性橡套； V—聚氯乙烯护套； Y—聚乙烯护套	D—不滴流； F—分相铅包； P—屏蔽； C—重型	两个数字（含义见表6.4）

电缆外护层代号的含义　　　表 6.4

第一个数字		第二个数字	
代号	铠装层类型	代号	外被层类型
0	—	0	—
1	—	1	纤维绕包
2	双钢带	2	聚氯乙烯护套
3	细圆钢丝	3	聚乙烯护套
4	粗圆钢丝	4	

二、电缆的敷设

室外电缆的敷设方式很多，有直埋敷设、电缆沟敷设、隧道敷设、排管敷设、穿管敷设等。采用哪种敷设方式，应根据电缆的根数、电缆线路的长度以及周围环境条件等因素决定。

1. 电缆的直埋敷设

电缆直埋敷设就是沿选定的路线挖沟，然后将电缆埋设在沟内。此种方式一般适用于沿同一路径，线路较长且电缆根数不多（8根以下）的情况。电缆直埋敷设具有施工简便、费用较低、电缆散热好等优点。但这种方式土方量大，电缆还易受到土壤中酸碱物质的腐蚀。

电缆直埋敷设的施工工艺如下：

挖沟→敷设电缆→回填土→埋标桩。

（1）挖沟

电缆直埋敷设时，首先应根据选定的路径挖沟。电缆沟的宽度与沟内埋设电缆的电压和根数有关；电缆沟的深度与敷设场所有关；电缆沟的形状通常是一个梯形，对于一般土质，沟顶应比沟底宽200mm。

（2）敷设电缆

敷设前应清除沟内杂物，在铺平夯实的电缆沟底铺一层厚度不小于100mm的细砂或软土，然后进行敷设电缆。敷设完毕后，在电缆上面再铺一层厚度不小于100mm的细砂或软土，并盖以混凝土保护板，其覆盖宽度应超过电缆两侧各50mm。10kV及以下电缆直埋敷设示意图如图6.8所示。

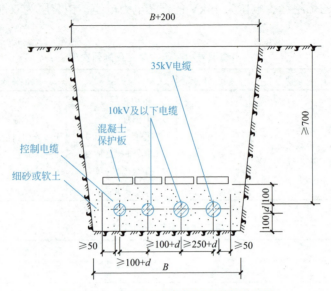

图 6.8 10kV 及以下电缆直埋敷设示意图

（3）回填土

电缆敷设完毕后，应请建设单位、监理单位及施工单位的质量检查部门共同进行隐蔽工程验收，验收合格后方可覆盖、填土。填土时，应分层夯实，覆土要高出地面 150～200mm，以备松土沉陷。

（4）埋标桩

直埋电缆在直线段每隔 50～100m 处，以及电缆的拐弯、接头、交叉、进出建筑物等地段均应设标桩。标桩露出地面以 15cm 为宜。

（5）直埋电缆敷设的一般规定

1）电缆的埋设深度一般要求电缆的表面距地面的距离不应小于 0.7m；穿越农田时，不应小于 1m；在寒冷地区，电缆应埋设于冻土层以下；在电缆引入建筑物、与地下建筑物交叉及绕过地下建筑物时，可埋设浅些，但应采取保护措施。

2）当电缆与铁路、公路、城市街道、厂区道路交叉时，应敷设于坚固的保护管或隧道内。道路与铁路、公路交叉敷设做法应符合规范要求。

3）同沟敷设两条及以上电缆时，电缆之间，电缆与管道、道路、建筑物之间平行或交叉时的最小净距应符合表 6.5 的规定。电缆之间不得重叠、交叉和扭绞。

电缆之间，电缆与管道、道路、建筑物之间平行或交叉时的最小净距   表 6.5

项目		最小净距（m）	
		平行	交叉
电力电缆间及其与控制电缆间	10kV 及以下	0.10	0.50
	10kV 以上	0.25	0.50
控制电缆间		—	0.50
不同使用部门的电缆间		0.50	0.50
热管道（管沟）及热力设备		2.00	0.50

续表

项目		最小净距(m)	
		平行	交叉
油管道(管沟)		1.00	0.50
可燃气体及易燃液体管道(沟)		1.00	0.50
其他管道(管沟)		0.50	0.50
铁路路轨		3.00	1.00
电气化铁路路轨	交流	3.00	1.00
	直流	10.0	1.00
公路		1.50	1.00
城市街道路面		1.00	0.70
电杆基础(边线)		1.00	—
建筑物基础(边线)		0.60	—
排水沟		1.00	0.50

注：① 电缆与公路平行的净距，当情况特殊时可酌减。
② 当电缆穿管或者其他管道有保温层等保护设施时，表中净距应从管壁或保护设施的外壁算起。
③ 电缆直埋敷设时，严禁在管道上面或下面平行敷设。与管道（特别是热力管道）交叉不能满足距离要求时，应采取隔热措施。
④ 电缆在沟内敷设应有适量的蛇形弯，电缆的两端、中间接头、电缆井内、过管处、垂直位差处均应留有适当的裕度。

2. 电缆在电缆沟和隧道内敷设

电缆沟敷设方式主要适用于在厂区或建筑物内地下电缆数量较多但无须采用隧道时，以及城镇人行道开挖不便且电缆需分期敷设时。电缆隧道敷设方式主要适用于同一通道的地下中低压电缆达 40 根以上或高压单芯电缆多回路的情况，以及位于有腐蚀性液体或经常有地面水流溢出的场所。电缆沟和电缆隧道敷设具有维护、保养和检修方便等特点。

电缆沟和电缆隧道敷设施工工艺流程如下：

砌筑沟道→制作、安装支架→电缆敷设→盖盖板。

（1）砌筑沟道

电缆沟和电缆隧道通常由土建专业人员用砖和水泥砌筑而成。其尺寸应按照设计图的规定。沟道砌筑好后，应有 5～7 天的保养期。室外电缆沟的断面如图 6.9 所示。电缆隧

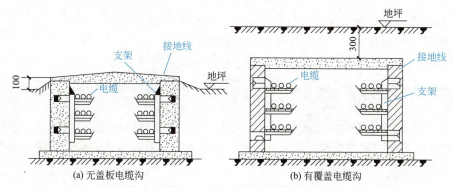

图 6.9　室外电缆沟的断面

道内净高不应低于 1.9m，有困难时局部地区可适当降低。电缆隧道断面如图 6.10 所示。图中尺寸 C 与电缆的种类有关，当电力电缆为 36kV 时，$C \geqslant 400$mm；当电力电缆为 10kV 及以下时，$C \geqslant 300$mm；若为控制电缆，$C \geqslant 250$mm。其他各部尺寸也应符合有关规定。

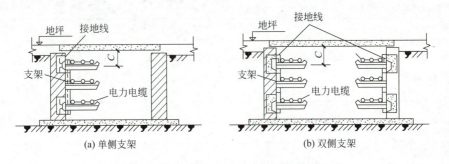

(c) 双侧支架现场图

图 6.10　电缆隧道断面

6.2　电缆的敷设

电缆沟和电缆隧道应采取防水措施，其底部应做成坡度不小于 0.5% 的排水沟，积水可直接接入排水管道或经积水坑、积水井后用水泵抽出，以保证电缆线路在良好环境下运行。

（2）制作、安装支架

常用的支架有角钢支架和装配式支架。角钢支架需要自行加工制作；装配式支架由工厂加工制作。支架的选择、加工要求一般由工程设计决定，也可以按照标准图集的做法加工制作。安装支架时，宜先找好直线段两端支架的准确位置，将其先安装固定好，然后拉通线再安装中间部位的支架，最后安装转角和分岔处的支架。制作、安装支架一般要求如下：

1）制作电缆支架所使用的材料必须是标准钢材，且应平直无明显扭曲。

2）电缆支架制作中，严禁使用电、气焊割孔。

3）在电缆沟内，支架层架（横撑）的长度不宜超过 0.35m；在电缆隧道内，支架层架（横撑）的长度不宜超过 0.5m。保证支架安装后在电缆沟内、电缆隧道内留有一定的通路宽度。

4）电缆沟支架组合和主架安装尺寸、支架层间垂直距离和通道宽度的最小净距、电缆支架最上层及最下层至沟顶和沟底的距离、电缆支架间或固定点间的最大距离等数据均应符合设计要求或有关规定。

5）支架在室外敷设时应进行镀锌处理；或者采用涂磷化底漆一道、过氧乙烯漆两道。

如支架用于湿热、盐雾以及有化学腐蚀地区时，应根据设计做特殊的防腐处理。

6）为防止电缆产生故障时危及人身安全，电缆支架全长均应有良好的接地。当电缆线路较长时，还应根据设计进行多点接地。接地线应采用直径不小于 12mm 镀锌圆钢，并应在电缆敷设前与支架焊接。

（3）电缆敷设

按电缆沟或电缆隧道的电缆布置图敷设电缆，并逐条加以固定。固定电缆可采用管卡子或单边管卡子，也可用 U 形夹及 Π 形夹固定。电缆固定的方法如图 6.11、图 6.12 所示。

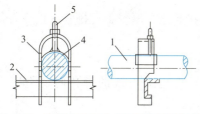

图 6.11　电缆在支架上用 U 形夹固定安装

1—电缆；2—支架；3—U 形夹；4—压板；5—螺栓

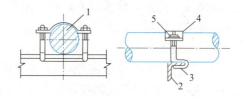

图 6.12　电缆在支架上用 Π 形夹固定安装

1—电缆；2—支架；3—Π 形夹；4—压板；5—螺母

电缆沟或电缆隧道电缆敷设的一般规定：

1）各种电缆在支架上的排列顺序：高压电力电缆应放在低压电力电缆的上层；电力电缆应放在控制电缆的上层；强电控制电缆应放在弱电控制电缆的上层。若电缆沟和电缆隧道两侧均有支架时，1kV 以下的电力电缆和控制电缆应与 1kV 以上的电力电缆分别敷设在不同侧的支架上。

2）电力电缆在电缆沟或电缆隧道内并列敷设时，水平净距应符合设计要求，一般可为 35mm，但不应小于电缆的外径。

3）敷设在电缆沟的电力电缆与热力管道、热力设备之间的净距，平行时不应小于 1m，交叉时不应小于 0.5m。如果受条件限制，无法满足净距要求，则应采取隔热保护措施。

4）电缆不宜平行敷设于热力设备和热力管道上部。

（4）盖盖板

电缆沟盖板的材料有水泥预制块、钢板和木板。采用钢板时，钢板应做防腐处理；采用木板时，木板应做防火、防蛀和防腐处理。电缆敷设完毕后，应清除杂物，盖好盖板，必要时还应将盖板缝隙密封。

3. 电缆在排管内敷设

电缆排管敷设方式适用于电缆数量不多（一般不超过 12 根），而与道路交叉较多，路径拥挤，又不宜采用直埋或电缆沟敷设的地段。穿电缆的排管大多是水泥预制块，也可采用混凝土管或石棉水泥管。

电缆排管敷设的施工工艺流程如下：

挖沟→人孔井设置→安装电缆排管→覆土→埋标桩→穿电缆。

（1）挖沟

电缆排管敷设时，首先应根据选定的路径挖沟，沟的挖设深度不应小于 0.7m 加排管厚度，宽度略大于排管的宽度。排管沟的底部应垫平夯实，并应铺设厚度不小于80mm的混凝土垫层。垫层坚固后，方可安装电缆排管。

（2）人孔井设置

为便于敷设、拉引电缆，在敷设线路的转角处、分支处和直线段超过一定长度时，均应设置人孔井。一般人孔井间距不宜大于150m，净空高度不应小于1.8m，其上部直径不小于0.7m。人孔井内应设集水坑，以便集中排水。人孔井由土建专业人员用水泥砖块砌筑而成。人孔井的盖板为水泥预制板，待电缆敷设完毕后，应及时盖好盖板。

（3）安装电缆排管

将准备好的排管放入沟内，用专用螺栓将排管连接起来，既要保证排管连接平直，又要保证连接处密封。

排管安装的要求如下：

1）排管孔的内径不应小于电缆外径的1.5倍，但电力电缆的管孔内径不应小于90mm，控制电缆的管孔内径不应小于75mm。

2）排管应倾向人孔井侧有不小于0.5%的排水坡度，以便及时排水。

3）排管的埋设深度为排管顶部距地面不小于0.7m，在人行道下面可不小于0.5m。

4）在选用的排管中，排管孔数应充分考虑发展需要的预留备用。一般不得少于1~2孔，备用回路配置于中间孔位。

（4）覆土

与电缆直埋敷设的方式类似。

（5）埋标桩

与电缆直埋敷设的方式类似。

（6）穿电缆

穿电缆前，首先应清除孔内杂物，然后穿引线，引线可采用毛竹片或钢丝绳。在排管中敷设电缆时，把电缆盘放在井坑口，然后用预先穿入排管孔眼中的钢丝绳，将电缆拉入管孔内。为了防止电缆受损伤，排管口应套以光滑的喇叭口，井坑口应装设滑轮。在人孔井间拉引电缆如图6.13所示。

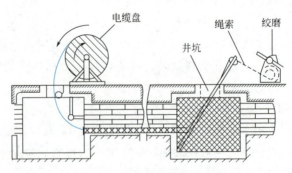

图6.13 在人孔井间拉引电缆

4. 电缆敷设的一般规定

电缆敷设过程中，一般按下列程序敷设：先敷设集中的电缆，再敷设分散的电缆；先敷设电力电缆，再敷设控制电缆；先敷设长电缆，再敷设短电缆；先敷设难度大的电缆，再敷设难度小的电缆。

电缆敷设的一般规定如下：

（1）施工前应对电线进行详细检查。规格、型号、截面积、电压等级均符合设计要求，外观无扭曲、毁损及漏油、渗油等现象。

（2）每轴电缆上应标明电缆规格、型号、电压等级、长度及出厂日期。电缆盘应完好无损。

（3）电缆外观完好无损，铠装层应无锈蚀、无机械损伤、无明显皱褶和扭曲等现象；油浸电缆应密封良好，无漏油及渗油等现象；橡套及塑料电缆外皮及绝缘层应无老化及裂纹等现象。

（4）电缆敷设前应进行绝缘测定。如工程采用 1kV 以下电缆，可用 1kV 摇表摇测线间及对地的绝缘电阻，应不小于 10MΩ。摇测完毕后，应将芯线对地放电。

（5）冬季电缆敷设，温度达不到规范要求时，应将电缆提前加温。

（6）电缆短距离搬运，一般采用滚动电缆轴的方法。滚动时，应按电缆轴上箭头指示方向滚动；如无箭头时，可按电缆缠绕方向滚动，切不可反缠绕方向滚动，以免电缆松弛。

（7）电缆支架的架设地点应选好，以敷设方便为准，一般应在电缆起止点附近。架设时，应注意电缆轴的转动方向，电缆引出端应在电缆轴的上方，敷设方法可采用人力或机械牵引。人力牵引敷设电缆如图 6.14 所示。

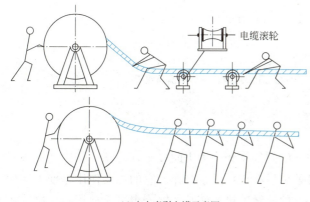 

(a) 人力牵引电缆示意图　　　　　　　　　　　(b) 现场施工图

图 6.14　人力牵引敷设电缆

（8）有麻皮保护层的电缆，进入室内部分，应将麻皮剥掉，并涂防腐漆。

（9）电缆穿过楼板时，应装套管，敷设完后应将套管用防火材料封堵严密。

（10）电缆两端头处的门窗要装好并加锁，防止电缆丢失或损毁。

（11）三相四线制系统中必须采用四芯电力电缆，不可采用三芯电缆加一根单芯电缆或以导线、电缆金属护套等作中性线，以免损坏电缆。

（12）电缆敷设时，不应破坏电缆沟、隧道、电缆井和人孔井的防水层。

（13）并联使用的电力电缆，应选用型号、规格及长度都相同的电缆。

（14）电缆敷设时，不应使电缆过度弯曲，电缆的最小弯曲半径应符合相关规范的规定。

(15) 电缆进入电缆沟、隧道、竖井、建筑物、盘（柜）以及穿入管子时，出入口应封闭，管口应密封。

(16) 电缆铠装层及铜屏蔽层均应可靠接地，接地方法如图 6.15 所示。

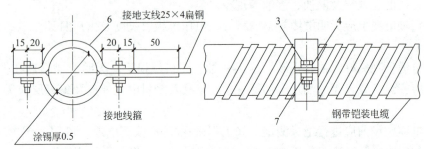

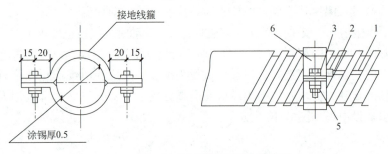

图 6.15 电缆铠装层及铜屏蔽层的接地方法

1—4mm² 裸铜接地线；2—40mm 铜接头；3—M8×30 螺栓；4—M8 垫圈；
5—M8 螺母；6—25×4 镀锌扁钢接地线箍；7—M8 弹簧垫圈

三、电缆头的制作

电缆线路两末端的接头称为终端头，中间的接头称为中间接头，终端头和中间接头又统称为电缆头。电缆头一般是电缆敷设就位后在现场进行制作。它的主要作用是使电缆保持密封，使线路畅通，并保证电缆接头处的绝缘等级，使其能够安全可靠地运行。电缆头制作的方法很多，但目前大多使用的是热缩式和冷缩式两种方法。冷缩式电缆头与热缩式电缆头相比，具有制作简便，受人为影响因素小的优点；另外，冷缩式电缆头会随着电缆的热胀冷缩而和电缆保持同步呼吸作用，使其和电缆始终保持良好的结合状态；但冷缩式电缆头的缺点是制作成本高。目前在 10kV 以上领域，广泛使用冷缩式电缆头。

1. 电缆头施工的基本要求

(1) 施工前应做好一切准备工作，如熟悉安装工艺，对电缆、附件及辅助材料进行验收和检查，以及施工用具配备到位。

(2) 当周围环境及电缆本身的温度低于 5℃ 时，必须采取采暖和加温措施；对于塑料绝缘电缆则要求在 0℃ 以上。

(3) 施工现场周围应不含导电粉尘及腐蚀性气体；操作中应保持材料工具的清洁；环境应保持干燥，霜、雪、露、积水等应清除。当相对湿度高于 70% 时，不宜施工。

(4) 操作时,应严格防止水和其他杂质浸入绝缘层材料,尤其在天热时,应防止汗水滴落在绝缘材料上。

(5) 用喷灯封铅或焊接地线时,操作应熟练、迅速,防止过热,避免灼伤铅包及绝缘层。

(6) 从剖铅开始到封闭完成,应连续进行,且要求时间越短越好,以免潮气进入。

(7) 切剥电缆时,不允许损伤线芯和应保留的绝缘层,且线芯沿绝缘表面至最近接地点(金属护套端部及屏蔽)的最小距离应符合下列要求:1kV 电缆为 50mm、6kV 电缆为 60mm、10kV 电缆为 125mm。

2. 15kV 三芯电缆户外冷缩式终端头的制作

(1) 电缆预处理

1) 把电缆置于预定位置,剥去外护套、铠装层及衬垫层。开剥长度按说明书要求确定。

2) 再往下剥 25mm 的护套,留出铠装层,并擦洗开剥处往下 50mm 长护套表面的污垢。

3) 护套口往下 15mm 处绕包两层防水胶带。

4) 在顶部绕包 PVC 胶带,将铜屏蔽带固定。

(2) 钢带接地线安装

1) 用恒力弹簧将第一条接地线固定在钢铠上,绕包配套胶带两个来回将恒力弹簧及衬垫层包覆住;

2) 先在三芯铜屏蔽带根部缠绕第二条接地线,并将其向下引出,然后用恒力弹簧将第二条接地线固定住;

3) 半重叠绕包配套胶带将恒力弹簧全部包覆住;

4) 在第一层防水胶带的外部再绕包第二层防水胶带,把接地线夹在当中,以防水汽沿接地线空隙渗入,如图 6.16 所示;

5) 在整个接地区域及防水胶带外面绕包几层 PVC 胶带,将它们全部覆盖住。

(3) 安装分支手套

1) 把冷缩式电缆分支手套套入电缆根部,逆时针抽掉芯绳,收缩颈部;然后,按同样方法,分别收缩三芯。

2) 用 PVC 胶带将接地编织线固定在电缆护套上。

(4) 安装绝缘套管

1) 将冷缩式套管分别套入三芯,使套管重叠在手套分支上 15mm 处,逆时针抽掉芯绳,将其收缩。

2) 在冷缩式套管口上留 15mm 的铜屏蔽带,其余的切除。

3) 铜屏蔽带切口往上留 5mm 的半导体层,其余的全部剥去。剥离时切勿划伤到绝缘层。

4) 按接线端子孔深加上 10mm 切除顶部绝缘。

5) 套管口往下 25mm 处,绕包 PVC 胶带做一标识带,此处为冷缩式终端安装基准。

(5) 安装冷缩式终端头

1) 半重叠绕包半导电带,从铜屏蔽带上 5mm 处开始,绕包至主绝缘 5mm 外,然后再返回绕包到开始处,如图 6.17 所示。

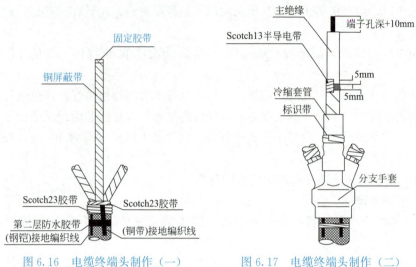

图 6.16 电缆终端头制作（一） 　　图 6.17 电缆终端头制作（二）

2）套入接线端子，对称压接。压接后将接线端子挫平打光，并仔细清洁。

3）用清洁剂将主绝缘擦拭干净。

4）在半导电带与主绝缘搭接处，涂上少许硅脂，将剩余的涂抹在主绝缘表面；然后，用半导电带填平接线端子与主绝缘之间的空隙。

5）套入冷缩式终端头，定位于 PVC 胶带标识处，逆时针抽掉芯绳，使终端头收缩。

6）从绝缘管开始，半重叠来回绕包配套胶带至接线端子上。

如果接线端子的宽度大于冷缩式终端头的直径，那么应先安装冷缩式终端头，最后再压接线端子。15kV 三芯电缆户外冷缩式终端头如图 6.18 所示。

(a) 示意图　　(b) 护套及材料　　(c) 实物图

图 6.18 三芯电缆户外冷缩式终端头

3. 15kV 三芯电缆冷缩式中间接头的制作

（1）电缆预处理

1）把电缆置于预定位置，严格按照规定尺寸将需连接的两端电缆开剥处理。切除钢带时,应用扎线将钢带绑扎住,切割后用 PVC 胶带将端口锐边包覆住。

2) 绕包两层配套半导电胶带,将电缆铜屏蔽带端口包覆住加以固定。

(2) 安装冷缩式中间接头主体

1) 按 $\frac{1}{2}$ 接管长加 5mm 的尺寸切除电缆主绝缘。

2) 从开剥长度较长的一端装入冷缩式中间接头主体,较短的一端套入铜屏蔽编织网套。

3) 参照连接管供应商的指示装上接管,并进行压接。压接后如有尖角、毛刺,应将接管表面挫平打光并且清洗干净。

4) 按常规方法清洗电缆主绝缘,并等其干燥后方可进行下一步操作。

5) 将专用混合剂涂抹在半导体屏蔽层与主绝缘交界处,然后把其余剂料均匀涂在主绝缘表面及接管上。

6) 如图 6.19 所示,测量绝缘端口之间的尺寸 C,然后按尺寸 $\frac{1}{2}C$,在接管上确定实际中心点 D,然后按 300mm 在一边的铜屏蔽带上找出一个尺寸校验点 E。

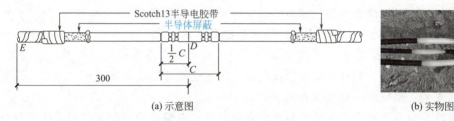

(a) 示意图   (b) 实物图

图 6.19 电缆中间接头

7) 距离半导电屏蔽层端口某处(按图纸尺寸规定)做一记号,此处为接头收缩起始点。

8) 将冷缩式中间接头对准定位标记,逆时针抽掉芯绳使接头收缩;在接头完全收缩后 5min 内校验冷缩式中间接头主体上的中心标记到校验点 E 的距离是否确实为 300mm;如有偏差,应尽快左右抽动接头以进行调整。照此步骤完成第二、第三个中间接头的安装。

(3) 恢复金属屏蔽

1) 在装好的接头主体外部套上铜编织网套;

2) 用 PVC 胶带把铜网套绑扎在接头主体上;

3) 用两只恒力弹簧将铜网套固定在电缆铜屏蔽带上;

4) 将铜网套的两端修剪整齐,在恒力弹簧前各保留 10mm。

按同样方法完成另两相的安装。

(4) 防水处理

1) 用 PVC 胶带将三芯电缆绑扎在一起;

2) 绕包一层配套防水胶带,涂胶粘剂的一面朝外,将电缆衬垫层包覆住。

(5) 安装铠装接地接续编织线

1) 在编织线两端各 80mm 的范围将编织线展开。

2) 将编织线展开的部分贴附在配套胶带和钢铠上,并与电缆外护套搭接 20mm。

3）用恒力弹簧将编织线的一端固定在钢铠上，搭接在外护套上的部分反折回来一起固定在钢铠上。同样，编织线的另一端也照此步骤安装。

4）半重叠绕包两层PVC胶带将恒力弹簧连同铠装层一起覆盖住，不要包在配套的防水胶带上。

5）用配套防水胶带做接头的防潮密封，从一端护套上距离为60mm处开始半重叠绕包（涂胶粘剂一面朝里），绕至另一端护套上60mm处。

（6）恢复外护层

1）如果为得到一个整齐的外形，可先用防水胶带填平两边的凹陷处。

2）在整个中间接头外绕包装甲带，以完成整个安装工作，从一端电缆护套上防水带60mm处开始，半重叠绕包装甲带至对面另一端防水带60mm处。为得到最佳的效果，30min内不得移动电缆。

知识梳理与总结

架空线路主要指架空明线，架设在地面之上，是用绝缘子将输电导线固定在直立于地面的杆塔上以传输电能的输电线路。架空线路由导线、横担、杆塔、绝缘子、金具、基础拉线等元件组成。架空配电线路中常用裸绞线的种类有铜绞线（TJ）、铝绞线（LJ）、钢芯铝绞线（LGJ）和铝合金绞线（HLJ），低压架空配电线路也可采用绝缘导线。线路施工的一般步骤为：熟悉设计图纸，明确施工要求；按设计要求准备材料和机具；测量定位；挖坑；组装电杆；立杆；制作并安装拉线或撑杆；架空线路架设与弛度观测；杆上设备安装；接户线安装；架空线路的竣工验收。

电缆线路在电力系统中作为传输和分配电能之用。电缆的种类很多，按用途可分为电力电缆和控制电缆；按电压等级可分为高压电缆和低压电缆；按导线芯数可分为一至五芯（电力）电缆；按绝缘材料可分为纸绝缘电缆、聚氯乙烯绝缘电缆、聚乙烯绝缘电缆、交联聚乙烯绝缘电缆和橡皮绝缘电缆。

电缆由三个主要部分组成，即导电线芯、绝缘层和保护层。室外电缆的敷设方式很多，有电缆直埋敷设、电缆沟敷设、排管敷设、隧道敷设、穿管敷设等。采用何种敷设方式，应根据电缆的根数、电缆线路的长度以及周围环境条件等因素决定。每种敷设方式都有不同的施工步骤和工艺要求。

知识拓展

±660kV超高压直流输电线路上带电检验的世界第一人——王进

在中国广袤的电力建设领域，有这样一位大国工匠，他以非凡的勇气、精湛的技能和不懈的追求，书写了一段段传奇故事，特别是在2011年，王进带领团队成功完成了世界首次±660kV直流架空输电线路带电作业，这一壮举不仅填补了国内外技术空白，更为社会节省了大量电量，避免了巨大的经济损失。特高压带电作业是世界上最危险的工作之一，其操作人员被称为"刀锋上的舞者"。215m、70层楼高，这是特高压带电检验工王进经常攀爬的高度。

王进的故事告诉我们,作为一名电气施工人员,首先要坚守初心,牢记自己的使命与责任。他对技艺的极致追求和不断创新的精神,也是每一位电气施工人员应该学习的榜样。我们要在工作中不断提升自己的专业技能和综合素质,力求在每一项工作中都做到最好。

王进和他的团队之所以能够取得如此辉煌的成就,同样离不开他们之间的团结协作和共同奋斗。在电气施工中,我们需要注重团队协作和沟通协作的重要性。只有大家齐心协力、密切配合,才能确保施工任务的顺利完成和工程质量的稳步提升。

习 题

一、选择题

1. ( ) 表示为交联聚乙烯绝缘,聚氯乙烯护套,内钢带铠装电力电缆,3芯240mm^2。

   A. YJV20－3×240　　　　　　B. YJV22－3×240
   C. VV22－3×240　　　　　　　D. VV20－3×240

2. 电缆直埋敷设时,电缆沟的开挖深度最小为( )m。

   A. 1　　　　B. 0.7　　　　C. 1.5　　　　D. 2

二、简答题

1. 简述架空配电线路的基本结构。
2. 简述架空配电线路的施工程序。
3. 导线在绝缘子上的固定方法有哪几种?应符合哪些要求?
4. 什么是接户线?低压接户线的安装应符合哪些规定?
5. 简述电力电缆的分类及其结构。
6. 直埋电缆敷设主要有哪些要求?
7. 电缆沟敷设主要有哪些要求?
8. 电缆排管敷设主要有哪些要求?
9. 电缆在电缆沟内支架上敷设有哪些规定?
10. 简述15kV三芯电缆户外冷缩式终端头的制作步骤。

项目 7

接地装置的安装

Project 07

知识目标

1. 了解接地系统的构成及接地形式；
2. 熟悉接地电阻及等电位的连接；
3. 掌握接地装置的安装工艺。

技能目标

1. 能根据施工图进行接地装置的安装；
2. 能根据设计要求对接地装置接地电阻进行测量。

素质目标

1. 引导学生遵守建筑工程相关法律法规，坚持制度自信、文化自信，要有较强的政治意识；
2. 培养学生具有探索未知、追求真理的责任感和使命感。

项目7 接地装置的安装

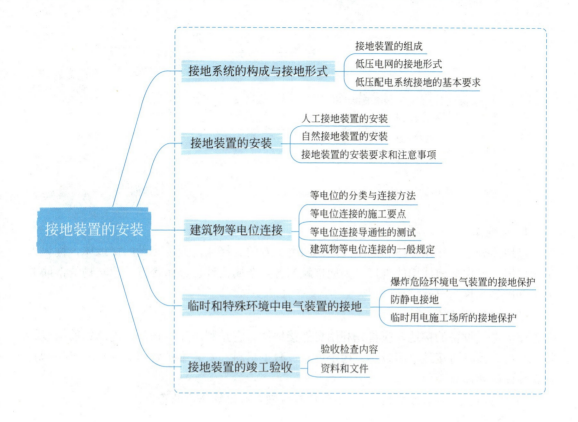

任务 7.1 接地系统的构成与接地形式

接地与保护是电气工程施工中的重要内容。人们在日常生活中，随时随地都会使用各种用电设备，而大多的设备其外壳往往是金属的。当设备中的相线碰到金属外壳时，这些金属外壳对地产生一个电压，一旦人的任何部位碰触到设备的外壳，人所承受的电压将是相电压，这会危及生命。所以了解各种接地装置的施工工艺、掌握接地装置的施工要求是十分重要的。

一、接地装置的组成

接地装置的组成如图 7.1 所示。

电气装置的某部分与大地之间进行良好的电气连接，称为接地。埋入地中并直接与大地接触的金属导体，称为接地体或接地极。连接接地体与设备、装置接地部分的金属导体，称为接地线。接地线在设备、装置正常运行情况下是不载流的，但在故障情况下要通过接地故障电流。

接地线与接地体合称接地装置，其主要作用是向大地均匀地泄放电流，使接地装置对地电压不至于过高。由若干接地体在大地中相互用接地线连接起来的一个整体，称为接地网。其中接地线又分接地干线和接地支线，接地网如图 7.2 所示。

185

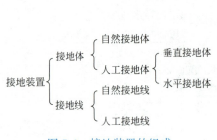

图 7.1 接地装置的组成

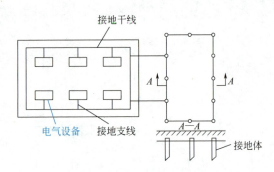

图 7.2 接地网

1. 接地体

接地体分为自然接地体和人工接地体两类。专门为接地而人为装设的接地体，称为人工接地体；兼作接地体用的直接与大地接触的各种金属构件、金属管道及建筑物的钢筋混凝土基础等，称为自然接地体。

（1）自然接地体

交流电气设备的接地，应首先利用自然接地体。它是利用建筑物基础内的钢筋构成的接地系统；其具有接地电阻较小、稳定可靠、减少材料和安装维护费用等优点。可作为自然接地体的物体有：

1) 埋设在地下的金属管道，但不包括有可燃或有爆炸物质的管道；

2) 金属井管；

3) 与大地有可靠连接的建筑物的金属结构；

4) 水工构筑物及其类似的构筑物的金属管、柱。

（2）人工接地体

当采用自然接地体时的接地电阻不能满足要求，或在技术上有特殊要求的情况下，应采用人工接地体，以减小接地电阻阻值。人工接地体一般安装时需要配合土建施工进行，在基础开挖时，也应同时挖好接地沟，并将人工接地体按设计要求埋设好。

人工接地体按其敷设方式可分为垂直接地体和水平接地体两种。垂直接地体一般为垂直埋入地下的角钢、圆钢、钢管等，也可采用金属接地板；水平接地体一般为水平敷设的扁钢、圆钢等。

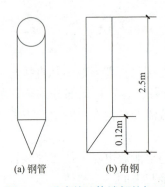

图 7.3 垂直接地体端部的加工

1) 垂直接地体。垂直接地体多使用镀锌角钢和镀锌钢管，一般应按设计数量及规格进行加工。镀锌角钢一般选用 40mm×40mm×5mm 或 50mm×50mm×5mm 两种规格，其长度一般为 2.5m；镀锌钢管直径一般为 50mm，壁厚不小于 3.5mm。垂直接地体打入地下的部分应将端部加工成尖形，其形状如图 7.3 所示。

接地装置需埋于地表层以下，一般深度应不小于 0.6m。为减少相邻接地体的屏蔽作用，垂直接地体之间的间距不宜小于接地体长度的 2 倍，一般间距不应小于 5m，并应保证接地体与地面垂直。

接地体与接地体之间的连接一般采用镀锌扁钢。扁钢应立放，这样既便于焊接又可减小流散电阻。

2) 水平接地体。水平接地体是将镀锌扁钢或镀锌圆钢水平敷设于土壤中，水平接地体可采用 40mm×4mm 的扁钢或直径为 16mm 的圆钢。水平接地体埋深应不小于 0.6m。水平接地体一般有三种形式，即普通水平接地体、绕建筑物四周的环式接地体及延长接地体。普通水平接地体埋设方式如图 7.4 所示。普通水平接地体如果有多根水平接地体平行埋设，其间距应符合设计规定；当无设计规定时，不应小于 5m。围绕建筑物四周的环式接地体如图 7.5 所示。当受地方限制或建筑物附近的土质差时，可延长水平接地体，将接地体延伸到电阻率小的地方去（图 7.2）。但要考虑到接地体的有效长度范围限制，否则不利于电流的泄散。

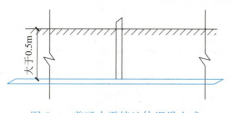

图 7.4　普通水平接地体埋设方式

图 7.5　围绕建筑物四周的环式接地体

2. 接地线

接地线是连接接地体和电气设备接地部分的金属导体，其作用是将接地体与电气设备保持电气通路。接地线可分为自然接地线和人工接地线两种类型。

（1）自然接地线

自然接地线可利用建筑物的金属结构，如梁、柱、桩等混凝土结构内的钢筋等。使用自然接地线必须符合下列要求：

1) 应保证管路全长有可靠的电气通路；

2) 利用电气配线钢管作为接地线时，管壁厚度应不小于 2.5mm；

3) 用螺栓或铆钉连接的部位必须焊接跨接线；

4) 利用串联金属构件作为接地线时，其构件之间应以截面积不小于 100mm^2 的钢材焊接；

5) 不得用蛇皮管、管道保温层的金属外皮或金属网作为接地线。

（2）人工接地线

人工接地线材料一般采用扁钢和圆钢，但移动式电气设备、采用钢质导线在安装上有困难的电气设备可采用有色金属作为人工接地线，绝对禁止使用裸铝导线作为接地线。采用扁钢作为接地线时，其截面积应不小于 15mm×4mm；采用圆钢作为接地线时，其直径应不小于 6mm。人工接地线不仅要有一定的机械强度，而且接地线截面积应满足热稳定的要求。

二、低压电网的接地形式

在低压电网中，其常用的接地形式有 TT 系统、TN 系统和 IT 系统三种。其中，IT 系统除在煤矿等场所普遍采用外，在工业和民用建筑中很少采用；目前我国一些较大的企事业单位，在自用配电变压器的独立电网中，一般均采用 TN-C-S 系统；而对于具有较多携带式或移动式的单相用电设备场所，如多层厂房、医院、宾馆等，提倡采用 TN-S 系统。

1. IT 系统

IT 系统就是电源中性点不接地、用电设备外露可导电部分直接接地的系统，如图 7.6 所示。

IT 系统是三相三线式接地系统，该系统变压器中性点不接地或经阻抗接地，无中性线 N，只有线电压（380V），无相电压（220V），保护接地线 PE 各自独立接地。该系统的优点是当一相接地时，不会使外壳带有较大的故障电流，系统可以照常运行；同时由于各设备的保护接地线 PE 分开，彼此没有干扰，电磁适应性也比较强。其缺点是不能配出中性线 N。因此它是不适用于拥有大量单相设备的民用建筑。

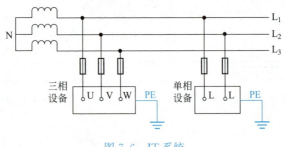

图 7.6 IT 系统

2. TT 系统

TT 系统就是电源中性点直接接地、用电设备外露可导电部分也直接接地的系统，如图 7.7 所示。

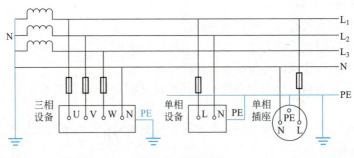

图 7.7 TT 系统

TT 系统的特点是中性线 N 与保护接地线 PE 无电气连接，即中性点接地与保护接地线 PE 接地是分开的，各用电子系统接地点也是分开的。该系统在正常运行时，不管三相负荷是否平衡，在中性线 N 带电情况下，保护接地线 PE 不会带电。正常运行时的 TT 系统类似于 TN-S 系统，也能获得人与物的安全性和取得合格的基准接地电压。但是由于采用了多点接地，各用电子系统接地点间的地电压不同而导致信号地线中有电流，形成周波干扰。在对各用电子系统之间信号线的地线进行低频隔离，并安装合适的用电设备保护装置之后，还是可以用于广播电视系统、城市公共配电网和农网的。

3. TN 系统

TN 系统即电源中性点直接接地、设备外露可导电部分与电源中性点直接电气连接的系统。它有三种形式，分述如下：

（1）TN-S 系统

TN-S 系统如图 7.8 所示。图中相线 $L_1 \sim L_3$、中性线 N 与 TT 系统的接线方式相同。与 TT 系统不同的是，用电设备外露可导电部分通过 PE 线连接到电源中性点，与系统中性点共用接地体，而不是连接到自己专用的接地体上。在这种系统中，中性线 N 和保护接地线 PE 是分开的，这就是 TN-S 中"S"的含义。TN-S 系统的最大特征是 N 线与 PE 线在系统中性点分开后，不能再有任何电气连接，这一条件一旦破坏，TN-S 系统便不再成立。

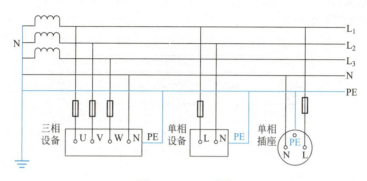

图 7.8 TN-S 系统

TN-S 系统是我国现在应用最为广泛的一种系统。其特点是，中性线 N 与保护接地线 PE 除在变压器中性点共同接地外，两线不再有任何的电气连接。中性线 N 是带电的，而保护接地线 PE 不带电。该接地系统完全具备安全和可靠的基准电压。其优点是，PE 线上在正常工作时不出现电流，因此设备的外露可导电部分也不呈现对地电压。在发生事故时，TN-S 系统也容易切断电源，因此比较安全。在自带变配电所的建筑中，几乎无一例外地采用了 TN-S 系统；在建筑小区中，也有一些采用了 TN-S 系统。

（2）TN-C 系统

TN-C 系统如图 7.9 所示。TN-C 系统被称为三相四线系统，该系统中性线 N 与保护接地 PE 合二为一，通称 PEN 线。这种接地系统虽对接地故障灵敏度高，线路经济简单，在一般情况下，若选用适当的开关保护装置和足够的导线截面，也能达到安全要求，但它只适合用于三相负荷较平衡的场所。例如，广播电视系统中，单相负荷所占比重较大，难以实现三相负荷平衡，PEN 线的不平衡电流加上线路中存在着的由于荧光灯、晶闸管（可控硅）等设备引起的高次谐波电流，在非故障情况下，会在中性线 N 上叠加，使中性线 N 带电，且电流时大时小极不稳定，造成中性点接地电压不稳定漂移，以及干扰信号。这样会使设备外壳（与 PEN 线连接）带电，给人身带来安全隐患。因此，在民用建筑中，TN-C 系统应禁止使用。

（3）TN-C-S 系统

TN-C-S 系统是 TN-C 系统和 TN-S 系统的结合形式，如图 7.10 所示。在 TN-C-S 系统中，从电源出来的那一段采用 TN-C 系统，因为在这一段中无用电设备，只起电能的传

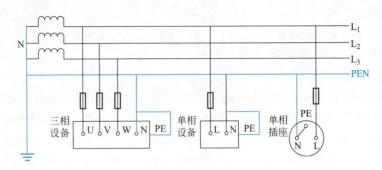

图 7.9 TN-C 系统

输作用。到用电负荷附近某一点处,将 PEN 线分开形成单独的 N 线和 PE 线。从这一点开始,系统相当于 TN-S 系统。

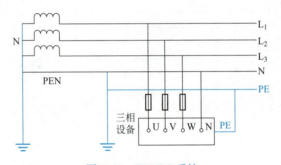

图 7.10 TN-C-S 系统

TN-C-S 系统也是现在应用比较广泛的一种系统。工厂的低压配电系统、城市公共低压电网、小区的低压配电系统等采用 TN-C-S 系统的较多。一般在采用 TN-C-S 系统时,都要同时采用重复接地这一技术措施,即在系统由 TN-C 变成 TN-S 处,将 PEN 线再次接地,以提高系统的安全性能。

以上各种系统中,用电设备外露可导电部分的连接方式只是针对 I 类设备而言,而其他类别的用电设备,多数情况下不存在设备外壳的接地问题。

三、低压配电系统接地的基本要求

低压配电系统接地应满足以下基本要求:

1. 在 TN 系统的接地形式中,所有受电设备的外露可导电部分必须用保护接地线 PE (或共用中性线即 PEN)与电力系统的接地点相连接,且必须将能同时触及的外露可导电部分接至同一接地装置上。

2. 当采用 TN-C-S 系统时,保护接地线 PE 与中性线 N 从某点(一般为进户处)分开后就不能再合并,且中性线 N 的绝缘水平应与相线相同。

3. 接地干线一般应采用不少于两根导体,分别在不同地点与接地网相连接。

4. 系统重复接地的设置要求:

(1) 架空线的干线和分支线的终端,以及沿线每隔 1km 处;

(2) 电缆和架空线在引入车间或大型建筑物处(但距接地点不超过 50m 的除外)。

5. 系统中保护零线的使用要求：

（1）用于保护接零的零线上，不得装设熔断器和开关。因为，一旦熔断器熔断、开关跳闸，就等于零线断开。

（2）由同一台变压器或同一段母线供电的低压线路，不允许一部分设备采用接零，而另一部分设备采用接地。因为，一旦采用接地的电气设备外壳带电时，将使所有采用接零的电气设备的外壳，呈现出危险的电压。

任务 7.2　接地装置的安装

接地装置是直接与大地接触，将接地线（引下线）引来的电流直接散入到大地的设备。自然接地装置是在房屋建造过程中必然存在的，但必须要等连接安装以后才能成为真正可用的自然接地装置；人工接地装置是当自然接地装置不能满足要求时才增加的。接地装置安装的质量将直接关系到接地系统对设备保护的安全性与可靠性。

一、人工接地装置的安装

接地装置的具体安装，应根据设计图纸的要求进行。接地装置安装的一般示意图如图7.11 所示。

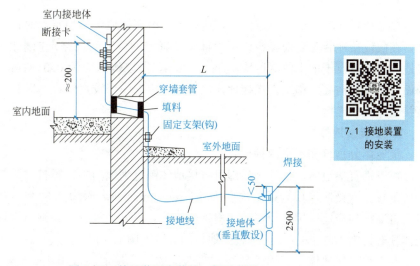

图 7.11　接地装置安装的一般示意图

人工接地装置安装工艺流程如下：

加工接地体→挖掘土沟→安装接地体→连接接地体→焊接部位的防腐处理→接地电阻测试→回填土→接地干线与接地支线的敷设。

1. 加工接地体

对于垂直接地体来说，若采用镀锌角钢，则应将角钢的一端加工成尖头形状；若采用镀锌钢管，则应将钢管的一端加工成扁尖形或斜面形（适用于松软土壤），以及圆锥形（适用于较坚硬的土壤）。

为了防止在锤打接地体入地时产生接地体弯曲、打劈等现象，常在角钢上端部焊上一段长 150mm 的加强短角钢，在端面上再焊上一块 60mm×60mm 的正方铁板；当接地体采用钢管时，可以在顶部的管口用一块铁板封焊，也可以制作一个护管帽，将它套在接地体的顶端上，这样就可以防止打劈。垂直接地体的制作如图 7.12 所示。

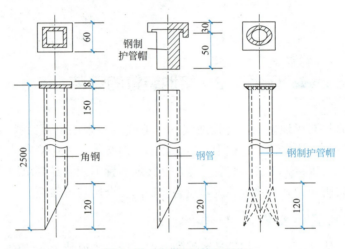

图 7.12　垂直接地体的制作

2. 挖掘土沟

接地装置须埋入地下一定深度，这样不仅可使接地电阻稳定，而且不易遭到损坏。因此，在敷设接地装置之前，应该按设计图纸确定的位置及线路走向来挖掘土沟。按规定，接地体顶端埋设于地下的深度应不小于 0.6m，所以沟深应为 0.8～1m，沟宽约为 0.5m，沟面应稍宽，沟底应稍窄。在接地体位置处，应挖一个较宽的坑，以利于锤击接地体与焊接接地体间的连接。

3. 安装接地体

接地体分垂直和水平两种形式。

对于垂直接地体，挖好沟后即可将接地体锤打到地沟中。锤打时，要使接地体与地面保持垂直。当接地体顶端露出沟底 150～200mm 时（沟深为 0.8～1m），即可停止锤打。然后将扁钢与接地体用电焊焊接。扁钢应侧放，不可平放，且扁钢与钢管连接的位置距接地体顶端约为 100mm。人工垂直接地体的安装如图 7.13 所示。

对于水平接地体，多用于环绕建筑四周的联合接地。常用 40mm×4mm 镀锌扁钢作为水平接地体，其最小截面积应不小于 100mm^2，厚度应不小于 4mm。当接地体沟挖好后，应将水平接地体垂直敷设在地沟内（不应平放），垂直放置时，散流电阻较小，且顶部埋设深度距地面应不小于 0.6m。水平接地体多根平行敷设时，水平间距应不小于 5m。水平接地体安装如图 7.14 所示。

沿建筑物四周敷设成闭合环状的水平接地体，可埋设在建筑物散水及灰土基础以外的基础槽边。

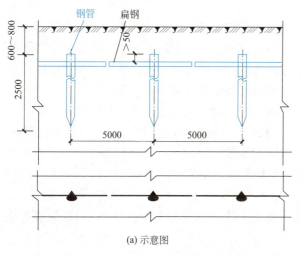

(a) 示意图　　　　　　　　　(b) 现场图

图 7.13　人工垂直接地体的安装

将水平接地体直接敷设在基础底坑与土壤接触是不合适的。这是由于接地体受土壤的腐蚀会极易损坏；且其被建筑物基础压在下面，给维修带来不便。

4. 连接接地体

接地体间的连接，一般采用 40mm×4mm 的镀锌扁钢。先将扁钢调直，然后用电焊将其与接地体依次连接。焊接时，扁钢应立放而不可平放，以使散流电阻较小。焊接应采用搭接焊，扁钢与钢管、扁钢与角钢，除应在其接触部位两侧进行焊接外，还应焊上用钢带弯成的弧形（或直角形）卡子，或将钢带本身弯成弧形（或直角形）直接焊接在钢管（或角钢）上。接地体与连接线的几种常用焊接形式如图 7.15 所示。

图 7.14　水平接地体安装

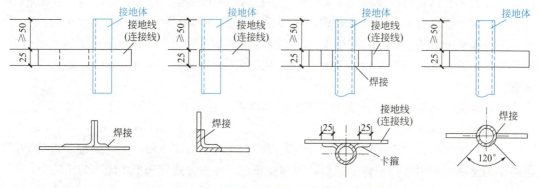

图 7.15　接地体与连接线的几种常用焊接形式

5. 焊接部位的防腐处理

当焊接确认牢固且无虚焊时，即可对焊接部位进行防腐处理，一般涂以沥青油。

6. 接地电阻测试

接地电阻是指电气设备接地装置的对地电压与电流之比。接地装置是由接地体和接地线组成，故接地电阻是接地体的流散电阻与接地线和接地体电阻的总和。在数值上等于接地装置对地电压与通过接地体流入地中电流的比值，不同系统的接地装置对接地电阻的要求有所不同，但总的来说就是为了降低电气设备可导电部分对地的电压。因此，依据设计要求，准确测量接地电阻、有效降低接地电阻是保证设备及人身安全的有效措施。

目前，测量接地电阻主要采用接地电阻测试仪（俗称接地电阻摇表）直接进行测量。

摇测时，应将测试仪的"倍率标尺"开关置于较大倍率档。慢慢转动摇柄，同时调整"测量标度盘"，当指针指零（中线）时，加大转速（约为 120r/min），并同时再次调整"测量标度盘"，使指针指示表盘中线上。这时"测量标度"所指示的数值乘以"倍率标尺"的数值即为接地装置的接地电阻阻值。接地电阻的测量接法和测量小于 1Ω 的接地电阻的接线如图 7.16、图 7.17 所示。

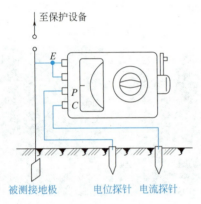

图 7.16 接地电阻的测量接法

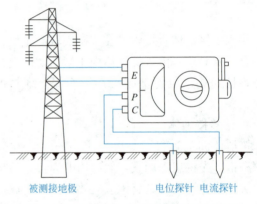

图 7.17 测量小于 1Ω 的接地电阻的接线

流散电阻与土壤的电阻有直接关系。土壤电阻率越低，流散电阻就越小，接地电阻也就越小。所以，在遇到电阻率较高的土壤（如砂质、岩石以及长期冰冻的土壤）时，装设的人工接地体要达到设计要求的接地电阻，往往需要采取适当的措施，常用的方法如下：

（1）对土壤进行混合或浸渍处理。在接地体周围土壤中适当混入一些木炭粉、炭黑等，用以提高土壤的电导率；或用食盐溶液浸渍接地体周围的土壤，对降低接地电阻也有明显效果；近年来，还有采用木质素等长效化学降阻剂来降低接地电阻的，效果也十分显著。

（2）改换接地体周围部分土壤。将接地体周围换成电阻率较低的土壤，如黏土、黑土、砂质黏土、加木炭粉土等。

（3）增加接地体埋设深度。当碰到地表面岩石或高电阻率土壤不太厚，而下部就是低电阻率的土壤时，可将接地体采用钻孔深埋或开挖深埋的方式埋至低电阻率的土壤中。

（4）外引式接地。当接地处土壤电阻率很大，而在距离接地处不太远的地方有导电良好的土壤或有不冰冻的湖泊、河流时，可将接地体引至该低电阻率的地带，然后按规定做好接地。

7. 回填土

经过检查,确认接地体的埋深、焊接质量、线路走向、接地体间的间距、接地体离建筑物的距离等都符合要求时,即可填沟平土。填沟的泥土中不应有石头、垃圾、建筑碎料等,因为这些杂物会增大接地电阻。回填土应分层夯实,最好在每层土上浇一些水,以使土壤与接地体接触紧密,从而可降低接地电阻。

8. 接地干线与接地支线的敷设

接地线包括接地体间的连线、接地干线与接地支线。接地干线和接地支线又可分为室外和室内两种。

室外接地干线与接地支线一般敷设在沟内。敷设前,应按设计要求挖沟,沟深不小于0.5m;接地线敷设后,其末端露出地面的高度应大于0.5m,以便引接。焊接部位应涂刷沥青油防腐。

室内接地干线与接地支线一般采用明敷,以便于检查。但部分设备的接地支线,也有暗敷在地面或混凝土层中。明敷的接地线,一般沿墙壁敷设,也有敷设在母线架或电缆架等支持构件上的。接地线敷设的示意图如图7.18所示。

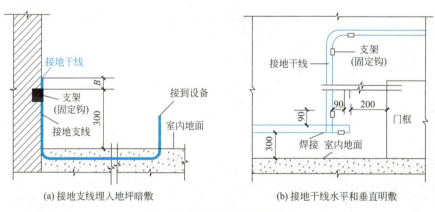

图7.18 接地线敷设的示意图

二、自然接地装置的安装

交流电气设备的接地可以利用的自然接地体有:埋设在地下的金属管道,但不包括有可燃或有爆炸物质的管道;金属井管;与大地有可靠连接的建筑物的金属结构;水工构筑物及其类似的构筑物的金属管、桩。

1. 利用钢筋混凝土桩基基础做接地体

在接地引下线的柱子(或者剪力墙内主筋做引下线)处,将桩基础的底部钢筋与承台梁主筋焊接,再与上面作为引下线的柱(或剪力墙)内主筋焊接。如果每一组桩基多于4根,只须连接四角桩基的钢筋作为自然接地体。桩基内钢筋做接地体如图7.19所示。

2. 利用钢筋混凝土板基础做接地体

(1)利用无防水层底板的钢筋混凝土板式基础做接地体时,将利用作为引下线负荷规定的柱主筋与底板的钢筋进行焊接连接,如图7.20所示。

(2)利用有防水层板式基础的钢筋做接地体时,将符合设计要求可以用来作(避雷)

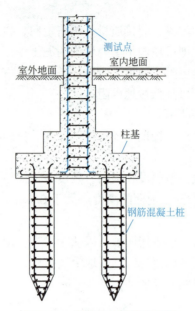

图 7.19 桩基内钢筋做接地体

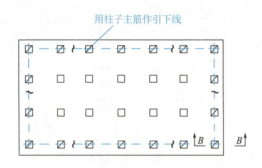
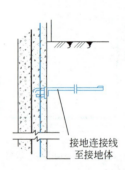

(a) 无防水层底板(避雷)接地体平面图　　　　(b) B-B无防水层（避雷）引下线外引做法

图 7.20　利用无防水层底板的钢筋混凝土板式基础做接地体

引下线的柱内主筋，在室外自然地面以下的适当位置处，利用预埋连接板，与外引的φ12镀锌圆钢或40mm×4mm的镀锌扁钢相焊接做连接线，如图7.21所示。

3. 利用独立柱基础、箱形基础做接地体

（1）利用钢筋混凝土独立柱基础及箱形基础做接地体，将符合设计要求并可用于（避雷）引下线现浇混凝土柱内的主筋，与基础底层钢筋网做焊接连接，如图7.22所示。

（2）钢筋混凝土独立柱基础若有防水层，应将预埋的铁件和引下线连接，并跨越防水层，将柱内的引下线钢筋、垫层内的钢筋与接地线相焊接。

4. 利用钢柱钢筋混凝土基础做接地体

（1）有水平钢筋网的钢柱钢筋混凝土基础做接地体时，每个钢筋混凝土基础中有一个地脚螺栓通过连接导体（大于或等于φ12的钢筋或圆钢）与水平钢筋网进行连接。地脚螺栓与连接导体、水平钢筋网的搭接焊接长度应不小于6mm，并应在钢桩就位后，将地脚螺栓、螺母与钢柱焊成一体，如图7.23所示。

项目 7　接地装置的安装

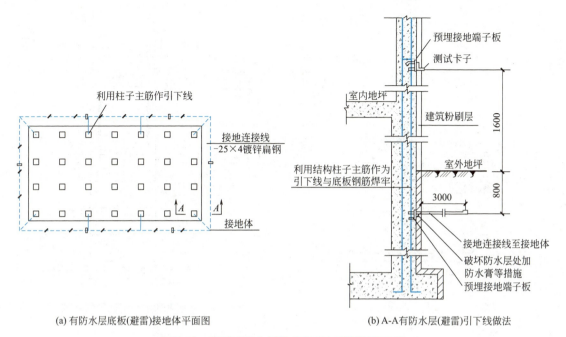

(a) 有防水层底板(避雷)接地体平面图　　　(b) A-A有防水层(避雷)引下线做法

图 7.21　利用有防水层板式基础的钢筋做接地体

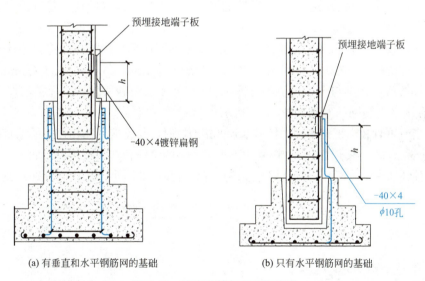

(a) 有垂直和水平钢筋网的基础　　　(b) 只有水平钢筋网的基础

图 7.22　柱内主筋与基础焊接图

（2）有垂直和水平钢筋网的基础，垂直和水平钢筋网的连接，应将与地脚螺栓相连接的一根垂直钢筋焊到水平网上。当不能焊接时，采用大于或等于 $\phi 12mm$ 钢筋或圆钢跨接焊接。如果垂直 4 根主筋能接触到水平钢筋网，应将垂直的 4 根钢筋与水平钢筋网进行绑扎连接，如图 7.24 所示。

（3）当钢柱钢筋混凝土基础底部有柱基时，宜将每一桩基的一根主筋同承台钢筋连接。

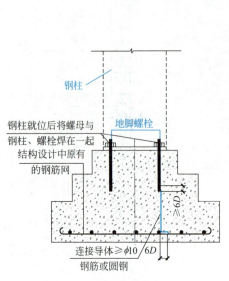
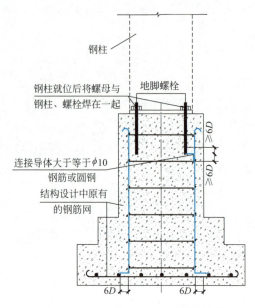

图 7.23　有水平钢筋网的基础　　　　图 7.24　有垂直和水平钢筋网的基础

5. 钢筋混凝土杯形基础预制柱做接地体

(1) 当仅有水平钢筋的杯形基础做接地体时，将连接导体（即连接基础内水平钢筋网与预制混凝土柱预埋连接板的钢筋和圆钢，引出位置是在杯口一角的附近）与预制混凝土柱上的预埋连接板位置相对应，连接导体与水平钢筋网通常采用焊接。连接导体与柱上预埋件连接也应焊接，立柱后，将连接导体与∠63mm×63mm×5mm、长 100mm 的柱内预埋连接板焊接后，将其与土壤接触的外露部分用 1∶3 水泥砂浆保护，保护层厚度不小于50mm。有水平钢筋网的基础如图 7.25 所示。

(2) 当有垂直和水平钢筋网的杯形基础做接地体时，与连接导体相连接的垂直钢筋，应与水平钢筋相焊接。若不能焊接，则采用不小于 $\phi10$ 的钢筋和圆钢跨接焊。如果 4 根垂直主筋都能接触到水平钢筋网，应将其绑扎连接。有垂直和水平钢筋网的基础如图 7.26 所示。

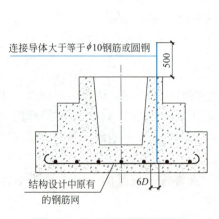
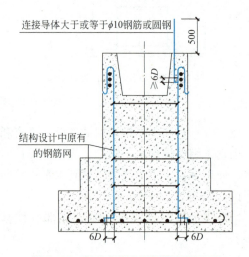

图 7.25　有水平钢筋网的基础　　　　图 7.26　有垂直和水平钢筋网的基础

(3) 连接导体外露部分应做水泥砂浆保护层，厚度为 50mm。当杯形钢筋混凝土基础底下有桩基时，宜将每一根桩基的一根主筋同承台梁钢筋焊接。若不能直接焊接，可用连接导体进行连接。

6. 利用建筑物的钢结构做接地装置

利用建筑物的钢结构作为接地装置的主要要求是保证成为连续的导体。因此，除了其在接合处采用焊接外，凡是用螺栓连接、铆钉连接及其他仅以接触相连接的地方，都要采用跨接线连接。利用建筑物的钢结构作为接地装置如图 7.27 所示。跨接线一般采用扁钢作为接地干线的，其截面积不得小于 100mm²；作为接地支线的，其截面积不得小于 48mm²。当金属结构的扁钢、工字钢、槽钢与圆钢相接，或圆钢与圆钢相接时，可利用钢绞线作为连接线，钢绞线的直径不得小于 6mm，两端焊以适当的接头。

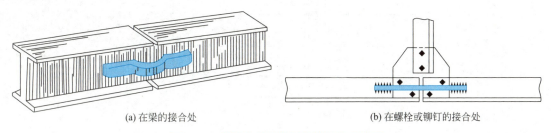

(a) 在梁的接合处　　　　　　　　(b) 在螺栓或铆钉的接合处

图 7.27　利用建筑物的钢结构做接地装置

在建筑物伸缩缝的地方，为了避免建筑物沉陷不均等情况造成电气上不连续的可能，也必须采用连接线跨过伸缩缝，在金属结构的两端连接。此时所用钢绞线的直径不得小于 12mm。

7. 利用金属管道做接地装置

除了流经可燃液体和可燃或爆炸性气体的管道外，其他金属制管道都可作为接地装置。

(1) 利用配电线管作为接地装置。配电线用的保护钢管，若敷设在水泥地坪中或安装在干燥建筑物内，则允许作为接地线，但其管壁厚度不得小于 1.5mm，以免产生锈蚀而成为不连续的导体。接地线与配电管道相连如图 7.28 所示，但镀锌钢管不能进行焊接，应采用卡箍连接。接地线连接时的跨接长度不小于表 7.1 中的长度。

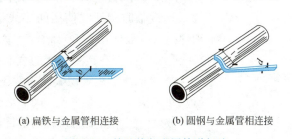

(a) 扁铁与金属管相连接　　　(b) 圆钢与金属管相连接

图 7.28　接地线与金属管道相连

接地线连接时的焊接长度							表 7.1
钢管公称直径(mm)	20	25	30	40	50	60	75
圆、扁钢连接尺寸(mm)	φ6	φ6	φ8	φ10	25×4	25×4	30×4

续表

铜裸线截面积(mm²)	6	6	6	6	10	10	10
连接线焊接尺寸 l(mm)	30	30	40	50	30	30	35

（2）利用工业管道作为接地装置。从工业管道上引出接地线时，应采用螺栓连接。工业管道的接地装置如图7.29所示。

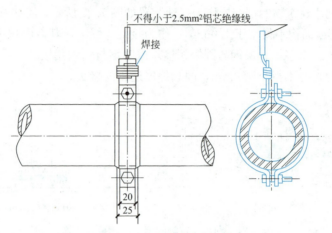

图7.29　工业管道的接地装置

三、接地装置的安装要求和注意事项

在安装接地装置时，除上面提到的一些注意事项外，还必须符合下列要求：

1. 接地体离建筑物的距离应由设计图纸决定，一般不宜小于1.5m（作为防雷接地时，不宜小于3m）。

2. 从接地干线引到电气设备的接地支线的距离，越小越好。

3. 接地装置由多个分接地装置组成时，应按设计要求设置便于分开的断接卡。自然接地体与人工接地体连接处，应有便于分开的断接卡。

4. 为测量接地电阻，应在室内接地线中设立断接卡。

5. 进行检修时，在断路器室、配电间、母线分段处、发电机引出线等需临时接地的地方，应引入接地干线，并应设有专供连接临时接地线使用的接线板（一般采用扁钢制成）和螺栓（一般使用M10螺栓），如图7.30所示。也有时将接线螺栓直接焊在接地干线的宽面上。

6. 明敷接地线沿建筑物敷设的，还应符合下列要求：

（1）便于检查。

（2）敷设位置不应妨碍设备的拆卸与检修。

（3）支持件间的距离，在水平直线部分宜为0.5～1.5m；垂直部分宜为1.5～3m；转弯部分宜为0.3～0.5m。

（4）接地线应按水平或垂直敷设，也可与建筑物倾斜结构平行敷设。在直线段上，不应有高低起伏及弯曲等情况。

（5）接地线沿建筑物墙壁水平敷设时，离地面距离宜为

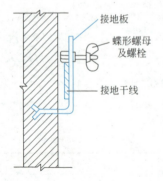

图7.30　临时接地线柱安装

250～300mm；接地线与建筑物墙壁间的间隙宜为 10～15mm。

（6）接地线在穿过墙壁、楼板和地坪处应加装钢管或其他坚固的保护套，接地线穿过墙、楼板的一般施工方法如图 7.31 所示。

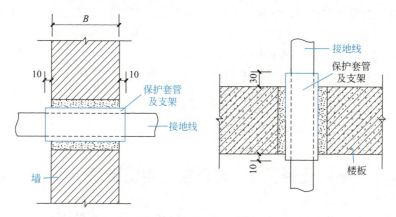

图 7.31　接地线穿过墙、楼板的一般施工方法

（7）接地线跨越建筑物伸缩缝、沉降缝时，应设置补偿器。补偿器可用接地线本身弯曲成弧状来代替，也可先将该处的接地线断开，然后用截面积为 50mm^2 的软铜线或弯成 U 形的 ϕ12 的圆钢跨接在断开的接地扁钢的两端，如图 7.32 所示，以防止由于建筑物伸缩或沉降不均等而损伤接地线。

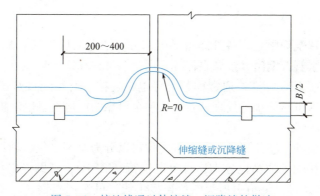

图 7.32　接地线通过伸缩缝、沉降缝的做法

（8）接地线跨越门时，可将接地线埋入门口的地中或从门的上方通过。

（9）为防止接地线发生机械损伤和化学腐蚀，在与公路、铁路或管道等交叉及其他可能使接地线遭受损伤处，均应用管子或角钢等加以保护。有化学腐蚀的部位，还应采取防腐措施。

（10）有色金属接地线不能采用焊接时，可采用螺栓连接。接至电气设备上的接地线，应用镀锌螺栓连接。

（11）明敷的接地线敷设完毕，应该对接地线表面涂漆，以便于识别与防腐；按规定明敷接地线的表面应涂以 15～100mm 宽度相等的绿色和黄色相间的条纹；在每个导体的全部长度上或只在每个区间或每个可接触到的部位上宜做出标志；当使用胶带时，应使用双色胶带；中性线宜涂淡蓝色标志。

在接地线引向建筑物的入口处和在检修用临时接地点处，均应刷白色底漆，并标以黑色记号，其代号为"⏚"。

7. 垂直接地体之间的间距，按规定不宜小于接地体长度的2倍，所以一般为5m。接地体与地下管道、电缆等交叉时，应相距为300~350mm。其搭接长度必须符合下列规定：

（1）扁钢与扁钢，为扁钢宽度的2倍（且至少3个棱边焊接）；

（2）圆钢与圆钢，为圆钢直径的6倍；

（3）圆钢与扁钢，为圆钢直径的6倍。

任务7.3　建筑物等电位连接

人的任何两部位触及不同的电位时，两部位间都将产生一个电位差，电流将流过人的身体，此电流若超过人能承受的极限电流，那么将危及生命；如果将人的任何两部位能触及的地方用导体将它们连接起来，则即使人的任何两部位触及带电导体，两部位间的电位差都很小，甚至为零，不会危及生命。等电位连接能降低建筑物内间接接触电击的接触电压和不同金属部件的电位差，并消除自建筑物外经电气线路和各种金属管道引入的危险故障电压的危害。等电位连接是防止触电的一项安全措施。

一、等电位的分类与连接方法

在工业和民用建筑物中，将各外露可导电部分（如电动机外壳、配电箱外壳）、各装置外导电部分（如水管、钢门、金属旗杆等）用金属材料和绝缘导线连接起来，以构成一个等电位空间，按照IEC标准，通常称其为等电位连接。安装连接端子的箱体称等电位箱。等电位箱体再做可靠的接地处理，就形成一个可靠的漏电、触电保护系统。

1. 等电位箱的分类

根据用途的不同和安装位置的不同，等电位可以分为总等电位、辅助等电位和局部等电位三种。安装连接端子的箱也分别称总等电位箱（MEB）、辅助等电位箱（SEB）和局部等电位箱（LEB）。等电位箱引出等电位连接干线，可选用扁钢、圆钢或导线穿绝缘导管来敷设。等电位连接端子排如图7.33所示；等电位端子箱外形如图7.34所示。

图7.33　等电位连接端子排

图7.34　等电位箱外形

2. 等电位连接的方法

（1）总等电位连接

总等电位连接是将建筑物内进线配电箱的 PE 母排、接地干线、上下水管、煤气管道、暖气管道、空调管路、电缆槽道及各种金属构件等汇接到接地母排（总接地端子）上并相互连接。

建筑物内总等电位连接系统如图 7.35 所示。

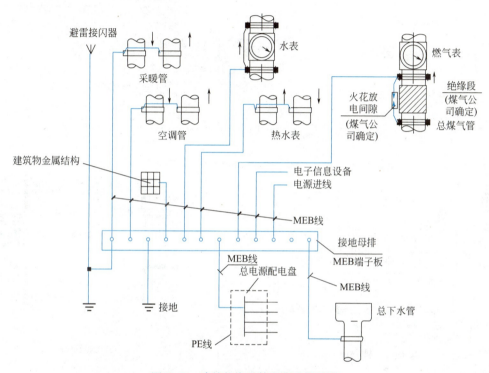

图 7.35　建筑物内总等电位连接系统

（2）辅助等电位连接

辅助等电位连接是将两导电部分用导线直接进行等电位连接。

（3）局部等电位连接

当需要在一局部场所范围内做多个辅助等电位连接时，可将多个辅助等电位连接通过一个等电位连接端子板实现，这种方式称为局部等电位连接。这块端子板称为局部等电位连接端子板。

有防水要求的房间等电位连接系统如图 7.36 所示，游泳池等电位连接系统如图 7.37 所示，医院手术室等电位连接系统如图 7.38 所示。

二、等电位连接的施工要点

1. 总等电位连接系统的施工要点

（1）端子板应采用紫铜板，根据设计要求的规格尺寸加工。端子箱尺寸及箱顶、底板孔规格和孔距应符合设计要求。

（2）MEB 线截面应符合设计要求。相邻管道及金属结构允许用一根 MEB 线连接。

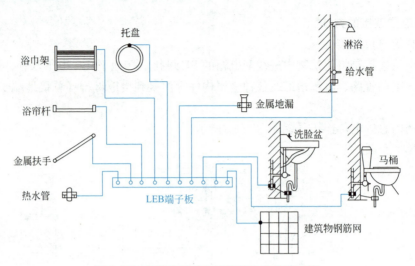

图 7.36 有防水要求的房间等电位连接系统

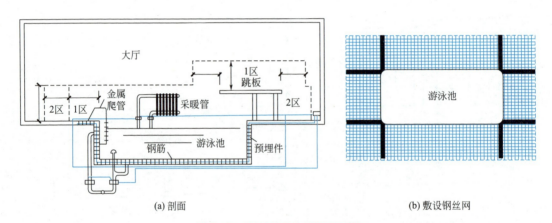

图 7.37 游泳池等电位连接系统

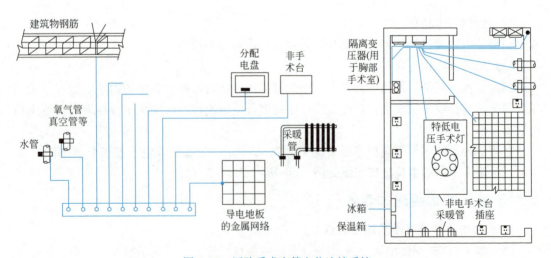

图 7.38 医院手术室等电位连接系统

（3）利用建筑物金属体做防雷及接地时，MEB 端子板宜直接短接地与该建筑物用做防雷及接地的金属体连通。

2. 有防水要求房间的等电位连接系统的施工要点

（1）首先将地面内钢筋网与等电位连通。

（2）预埋件的结构形式和尺寸、埋设位置、标高应符合施工图设计的要求。

（3）等电位连接线与浴缸、地漏、下水管、卫生设备的连接如图 7.37 所示进行。

（4）等电位连接端子板安装位置应方便检测。端子板和端子箱组装应牢固、可靠。

（5）LEB 线均应采用 BV-4mm^2 的铜导线，应暗设于地面内或墙内穿入塑料管布线。

3. 游泳池等电位连接系统的施工要点

（1）LEB 线可自 LEB 端子板引出，与其室内有关金属管道和金属导电部分相互连接。

（2）无筋地面应敷设等电位均衡导线，采用 25mm×4mm 镀锌扁钢或 φ12 镀锌圆钢在游泳池四周敷设 3 道，距游泳池 0.3m，每道间距约为 0.6m，最少在两处进行横向连接，且与等电位连接端子板连接。

（3）等电位均衡导线也可敷设网格为 50mm×150mm、φ3 的铁丝网，相邻网之间应互相焊接牢固。

4. 医院手术室等电位连接系统的施工要点

（1）等电位连接端子板与插座保护线端子或任意装置外导电部分间的连接线的电阻（包括连接点的电阻）应不大于 0.2Ω。

（2）不同截面导线每 10m 的电阻值供选择等电位连接线截面参考值见表 7.2。

不同截面导线每 10m 的电阻值　　　　　　表 7.2

铜导线截面（mm^2）	每 10m 的电阻值（Ω）	铜导线截面（mm^2）	每 10m 的电阻值（Ω）
2.5	0.073	50	0.0038
4	0.045	150	0.0012
6	0.03	500	0.0004
10	0.018		

（3）预埋件形式、尺寸和安装的位置、标高均应符合施工图设计要求，且安装必须牢固、可靠。

三、等电位连接导通性的测试

等电位连接安装完毕应进行导通性测试，测试用电源可采用空载电压为 4～24V 的直流和交流电源，测试电流应不小于 0.2A，当测得等电位连接端子板与等电位连接范围内的金属管道等金属体末端之间的电阻不超过 3Ω 时，可认为等电位连接是有效的。若发现导通不良的管道连接处，应做跨接线，并在投入使用后定期做测试。

四、建筑物等电位连接的一般规定

1. 建筑物电源进线处应做总等电位连接，各个总等电位连接端子板应相连通。总等电位连接端子板安装在进线配电柜或箱近旁。

2. 等电位连接线和等电位连接端子板宜用铜质材料。

3. 用做等电位连接的主干线或总等电位箱（MEB）应不少于两处与接地装置（接地体）直接连接。

4. 辅助等电位连接干线或辅助局部等电位箱（SEB）之间的连接线，形成环形网络。环形网络应就近与等电位连接总干线或局部等电位箱连接。

5. 需连接等电位的可接近裸露导体或其他金属部件、构件与从等电位连接干线或局部等电位箱（LEB）派出的支线相连，支线连接应可靠，熔焊、钎焊或机械固定应导通正常。

6. 等电位连接线路最小允许截面：若用于干线，铜 $16mm^2$，钢 $50mm^2$；若用于支线，铜 $6mm^2$，钢 $16mm^2$。

7. 用 $25mm×4mm$ 镀锌扁钢或 $\phi 12$ 镀锌圆钢作为等电位连接的总干线，按施工图设计的位置，与接地体直接连接，不得少于两处。

8. 将总干线引至总（局部）等电位箱，箱体与总干线应连接为一体，铜排与镀锌扁钢搭接处，铜排端应刷锡，搭接倍数不小于 $2b$（b 为扁钢宽度）；也可在总干线镀锌扁钢上直接打孔，作为接线端子，但必须刷锡。螺栓为 M10（局部为 M8）的镀锌螺栓，附件齐全，等电位总箱箱门应有标识。

9. 由局部等电位箱派出的支线，一般采用多股软铜线穿绝缘导管的做法。建筑物结构施工期间预埋箱、盒和管，做好的等电位支线先预置于接线盒内，待金属器具安装完毕，将支线与专用连接点接好。

任务 7.4　临时和特殊环境中电气装置的接地

一、爆炸危险环境电气装置的接地保护

1. 火灾和爆炸危险环境分区

（1）爆炸性气体环境分区

根据爆炸性气体混合物出现的频繁程度和持续时间进行分区，爆炸性气体环境共分为三区：

1) 0 区：连续出现或长期出现爆炸性气体混合物的环境；

2) 1 区：在正常运行时可能出现爆炸性气体混合物的环境；

3) 2 区：在正常运行时不可能出现爆炸性气体混合物的环境，或即使出现也仅是不正常情况下偶尔短时存在爆炸性气体混合物的环境。

此处所述的正常运行，是指正常开车、运转、停车，易燃物质产品的装卸，密闭容器盖的开启，安全阀、排放阀以及所有工厂设备都在其设计参数范围内工作的状态。

（2）爆炸性粉尘环境分区

根据爆炸性粉尘混合物出现频繁程度和持续时间进行分区，爆炸性粉尘环境可分为两种：

1) 10 区：连续出现或长期出现爆炸性粉尘的环境；

2) 11区：有时会将积下的粉尘扬起而偶然出现爆炸性粉尘混合物的环境。

2. 爆炸危险环境的接地

（1）接地范围

下列情况在正常环境下不要求接地，但在爆炸危险环境内必须接地：

1) 在不良导电地面处，交流额定电压为380V及以下、直流额定电压在440V及以下的电气设备的外露导电部分；

2) 在干燥环境下，交流额定电压在127V以下、直流电压在110V及以下的电气设备的外露导电部分；

3) 安装在已接地的金属结构上的电气设备的外露导电部分。

（2）接地制式

在爆炸性气体环境1区内及爆炸性粉尘环境10区内的所有电气设备，以及爆炸性气体环境2区内除照明灯具以外的其他电气设备，均应采用TN-S接地制式，即采用专用的PE线；爆炸性气体环境中2区内的照明灯具，以及爆炸性粉尘环境11区内所有电气设备可采用TN-C接地制式，即可利用有可靠电气连接的金属管线系统作为PE线，但不得利用输送易燃物质的管道。当采用金属管线系统时，在爆炸性气体环境1区及2区内，ϕ25及以下的钢管，螺纹旋合应不少于5扣，ϕ32及以上的则不少于6扣，在1区内还应加锁紧螺母；在爆炸性粉尘环境10区及11区内，螺纹旋合均不少于5扣。钢管应采用低压流体输送用的镀锌钢管。为了防腐蚀，钢管连接的螺纹部分应涂以铅油或磷化膏。在可能有凝结水凝结的地方，管线上还应装设排除冷凝水的密封接头。

TT接地制式因为单相接地短路电流小，一般不容易引起爆炸，适于爆炸危险环境使用，但必须采取适当措施，如采用RCD作为保护设备。

IT接地制式在第一次接地短路故障时的短路电流比TT接地制式还要小，一般不容易引起爆炸，适于爆炸环境使用。但当第一次单相接地短路后，如再发生异相接地短路，即形成相间短路，其短路电流比TN系统的单相短路电流还大，容易引起爆炸。因此，必须在第一次接地短路后立即有音响报警装置，以便及时采取措施，防止发生异相接地短路。

（3）PE线的选用

1) PE线材质

当采用电缆中的一根芯线作为PE线时，1区和10区内应用铜质。在2区内宜用铜质，当采用铝芯电缆中的一根铝芯线作PE线时，与电气设备的连接应有可靠的过渡铜铝接头。11区内有剧烈振动的，用电设备的PE线也应用铜质；其他用电设备可采用铝芯电缆中的一根铝芯作PE线，所有接地线及控制线应全部用铜质。

2) PE线的截面

1区及10区，PE线截面积，铜芯不小于2.5mm^2；2区及11区，铜芯不小于1.5mm^2，铝芯不小于2.5mm^2；10区及11区内的移动电缆的芯线截面积应不小于2.5mm^2。

3) PE线的绝缘和保护

当利用电缆中的一根芯线或钢管配线中的一根导线作PE线时，其绝缘强度与相线相同。10区内的移动电缆采用重型；11区内的电缆采用中型。

（4）接地的要求

接地干线在爆炸危险区域不同方向应有不少于2处与接地体相连。电缆屏蔽层只需一点接地，并应在非爆炸危险场所内进行接地。

电气设备的接地装置与防止直击雷的独立避雷针的接地装置分开设置；与装设在建筑物上防止直击雷的避雷针的接地装置和防止感应雷的接地装置可共同设置，其接地电阻取其中的最小值。

3. 有爆炸和火灾危险的建筑物内接地

在有爆炸危险的建筑物内，当设备正常运行或发生事故时，由于产生易燃气体、蒸气或悬浮状态的灰尘及纤维，与空气混合后有发生爆炸的危险。此时，如在电气设备的外壳上产生较高的对地电压，或在金属设备、管道等之间产生火花，更容易造成爆炸的危险。为了防止发生这种严重后果，必须使接地电流的路径不中断，减少接地系统的电阻和均衡建筑物内部的电位，因此必须采取下列措施：

（1）为了保证接地电流的路径不中断，必须将整个电气设备和其他金属设备、金属管道及建筑物的金属结构全部接地，并在管道接头处敷设跨接线使其成为连续导体。同时，为了保证"相-零回路"的可靠性，必须装设人工接地线。电缆的金属包皮及电气配线的钢管等自然导体不能作为专门的接地线，仅能作为改善安全条件的补充措施。

（2）接地线和接零线可以采用裸导线、扁钢和电缆的单独芯线，其截面积应根据接地的要求保证有足够的电导率。在1000V以下中性点接地的线路内，为了保证可靠而迅速地切断接地短路，必须提高安全系数 K 值。当线路用熔断器保护时，K 至少取4；当线路用自动开关保护时，K 至少取2。在一般工业企业里，短路电流的倍数比较大，在有爆炸危险的车间内，除了采用人工接地线以外，还可采用自然接地导体作为接地并联回路，这样接地电阻更小，短路电流的倍数当然更大，因此在大多数情况下都能满足上述要求。但当用电设备或熔断器的容量较大以及在由架空线供电的情况下不能满足要求时，为了使短路电流达到所要求的倍数，必须采用增加接地线的截面或采用并联接地线的方法来减少"相-零回路"的电阻，以达到上述要求。

（3）在有爆炸危险的建筑物内，电压小至6V所产生的微弱火花也可能引起爆炸的危险。因此，不论建筑物周围环境如何，对于一切电气设备的所有金属结构部分，如电机、电器的外壳及照明的金属灯具等，甚至在一般情况下不需接地的部分也要进行接地，只有电缆的金属外皮以及金属外皮两端已接地的电缆的支架可以不接地。同时，如电气设备与机床的机座之间能保证有可靠的金属连接，容许将机床的机座直接接地，而机床上的电气设备则不必再进行接地。

（4）在有爆炸危险的建筑物内，一般不采用中性点不接地系统，因为这种系统在一般情况下不可能切断单相和双重接地短路，所以比较危险。如果不得不采用这种系统时，为了消除危险，必须采用指示系统绝缘情况的仪器并发出必要的信号，同时还要尽可能将由同一台变压器供电的电气设备的接地装置连接在一起。

在这种建筑物内，为了使接地更可靠，要求接地和接零干线至少在建筑物的两端与接地体相连。对于经常通过工作电流的零线应包有绝缘层，其绝缘强度应与相线绝缘层相同。在第一类防爆建筑物内有零线的双线回路，其相线和零线都应防止过电流。由于零线上有防止过电流的保护设备，所以必须敷设专门的接地线，这根接地线要接到保护设备以前的接零线路上。

（5）在有爆炸危险的建筑物内所采用的防爆设备上的接线端应采取防止接触松弛的措

施。所有电机及电器的接线盒内都应有专门接地用的螺丝,接地用的导线或电缆芯都应该接在这个螺丝上。如用电设备采用铠装电缆连接时,电缆接线盒的外部还要有一个接地螺丝。防爆设备的接地螺丝和接地线的最小规格见表7.3。

防爆设备的接地螺丝和接地线的最小规格　　　　　　　　　表7.3

电气设备的额定电流(A)	接地螺丝的最小直径(mm)	接地线最小截面积(mm^2)
≤15	4	1.5
>15～25	5	4
>25～60	6	6
>60～100	6	10
>100～200	8	25
>200～600	10	50
>600	12	60

为了防止进行测量接地电阻时发生火花,一般不在有爆炸危险的建筑物内进行测量。假如根据生产要求必须进行接地电阻测量时,应将测量用的端钮设置在户外或非爆炸危险的建筑物或过道内,以免发生危险。

蓄电池室虽然也属于有爆炸危险的场所,但因其设计已考虑到通风,同时蓄电池室仅在充电时才可能产生有爆炸危险的介质,又由于在蓄电池室内仅有少数熟练人员操作,因此在220V及以下的蓄电池室内,蓄电池组一般不予接地。

雷击、感应雷和静电感应也是造成爆炸的主要原因。为了防止在这些情况下所产生的危险,主要的办法是采取接地。

为了防止电气设备外壳产生较高的对地电压,以及金属设备与管道间产生火花,对危险场所内电气设备的接地要求如下:

(1) 将整个电气设备、金属设备、管道、建筑物金属结构全部接地,并且在管道接头处敷设跨接线。

(2) 接地或接零的导线要采用裸导线、扁钢或电缆芯线,并有足够截面积。在1000V以下中性点接地配电网络中,为保证能迅速可靠地切断接地短路故障,当线路采用熔断器保护时,熔体额定电流应小于接地短路电流的1/4;若线路上装设自动开关时,自动开关瞬时脱扣器的整定电流应小于接地短路电流的1/2。

(3) 对所装用的电动机、电器及其他电气设备的接线头、导线或电缆芯的电气连接等,都应可靠地压接,并采取防止接触松弛的措施。

(4) 为防止测量接地电阻时产生火花,测试应在没有爆炸危险的建筑物内进行,或者将测量端钮用线引接至户外进行测量。

二、防静电接地

1. 静电产生的危害

静电是由于两种不同物质相互接触、分离、摩擦而产生的。这些静电将聚集在其相关的金属设备、管道、容器上形成高电位。静电电压可能高达数千伏甚至上百千伏,而电流却很小(微安级)。当电阻小于1MΩ时,就可能发生静电短路而泄放静电能量。

静电放电的火花会引起该环境下的物质燃烧或爆炸,造成人员伤亡或财产的损失,或静电电位的变化会危及电子设备的安全可靠运行等严重后果。

2. 防静电危害的主要方法

在生产过程或电子设备工作中,在诸多环境或场所下,要防止静电产生是极其困难的。但在静电产生后应将其消除,防止静电的危害,最主要的方法就是接地。

另外,在许多情况下,金属设备、管道、容器的表面或内壁会出现非导电的沉淀物质(如固体、液体,其电阻率大于 $10^4\Omega \cdot m$ 者,对静电均视为非导电物质),会使接地失去作用。对此必须引起重视,应采取有效措施将静电导入大地,彻底消除静电的危害。

3. 防静电危害的场所与接地措施

洁净厂房、计算机房、手术室等房间应采用接地的导静电地板。当其与大地之间的电阻在 $10^6\Omega$ 以下时,可防止静电危害,其接地如图 7.39 所示。

图 7.39 防静电导电地板接地示意图

在有静电危害的房间内,工作人员应穿导静电鞋,并应使导静电鞋与导静电地板之间的电阻保持在 $10^4 \sim 10^6\Omega$ 以上。

为了防止静电危害,在某些特殊场所,工作人员不应穿丝绸或合成纤维衣服,并应在手腕佩戴接地环以确保接地。从事带静电作业的人员不应戴金属戒指和手镯。这些场所的金属门、把手等也应接地。

设置在户内外有可能发生静电危害的栈桥、地沟、容器、贮罐、管道和设备,均应连成连续的电气通路并接地。管道系统的接地点应不少于 2 处。采用金属法兰连接的设备和金属管道的连接处可不设跨接线,但还需防雷时应设跨接线。

容积大于 $50m^3$ 和直径大于 $2.5m$ 的容器,接地点不应少于 2 处,并应沿设备外围均匀布置,其间距不应大于 $30m$。

铁路油罐车在灌注油液时,油罐车和铁轨之间应有良好的电气连接并可靠接地。同样，油罐车、油船在灌注或排放可燃性液体或液化气时应接地。

当润滑油的电阻大于 106Ω 时，设备的旋转部分必须接地，否则应采用接触电刷或导电润滑剂。

移动的导电容器或器具有可能产生静电危害时应接地。当利用其他接地物体相连接的方法不能确保其可靠接地时，应采用可挠的铜线将其直接接地。利用工具操作或检修这类设备时，工具也应接地。

专门用于防止静电危害的接地系统，其接地电阻值应不大于 100Ω。在易燃易爆区宜为 30Ω；但如与其他接地共用接地系统时，则其接地电阻值应不大于其中最小值的要求。

由于防静电接地系统所要求的接地电阻值较大而接地电流很小，所以其接地线按机械强度来选择，其最小截面为 $6mm^2$。对于自然导体，不能作为防静电接地线，只能作为其辅助接地线使用。

对于固定式装置的防静电接地，接地线应与其焊接；对于移动式装置的防静电接地，接地线应与其可靠连接，防止松动或断线；也可采用可挠导线。

三、临时用电施工场所的接地保护

1. 一般规定

（1）施工现场专用的中性点直接接地的电力线路中，必须采用 TN-S 接零保护系统，电气设备的金属外壳必须与专用的保护零线 PE 连接。专用保护零线应由工作接地线、配电室的零线或第一级漏电保护器电源侧的零线引出。

城防、人防、隧道等潮湿或条件特别恶劣施工现场的电气设备必须采取保护接零。当施工现场与外电线共用同一供电系统时，电气设备应根据当地的要求做保护接零或保护接地，严禁一部分设备只做保护接零，另一部分设备只做保护接地。

（2）做防雷接地的电气设备，必须同时做重复接地。同一台电气设备的重复接地与防雷接地可使用同一个接地装置，接地电阻通常不超过 4Ω。

只允许做保护接地的系统中，因自然条件限制接地有困难时，应设置操作和维修电气装置的绝缘台，并必须使操作人员不至偶然触及外物。

（3）一次侧由 50V 以上的接零保护系统供电，二次侧为 50V 及以下电压的降压变压器，如果采用双重绝缘或有接地金属屏蔽层的变压器，此时二次侧不得接地。如果采用普通变压器，则应将二次侧中性线或一个相线就近直接接地，或者通过专用接地线与附近变电所接地网相连。

（4）施工现场的电气系统严禁利用大地做相线或零线，保护零线不得装设开关或熔断器。接地装置的设置应考虑土壤干燥或冻结等季节变化的影响。接地装置的季节系数见表 7.4。防雷装置的冲击接地电阻值只考虑在雷雨季节中土壤干燥状态的影响。

接地装置的季节系数　　　　　表 7.4

埋深（m）	水平接地体	垂直接地体	备注
0.5	1.4~1.8	1.2~1.4	
0.8~1.0	1.25~1.45	1.15~1.3	深埋接地体
2.5~3.0	1.0~1.1	1.0~1.1	

注：大地比较干燥时，取表中较小的数值；比较潮湿时，则取表中较大的数值。

2. 等电位体连接

(1) 电动建筑机械的防雷接地和重复接地使用同一接地体不仅有利于机械的接零保护，而且避免了施工现场测量冲击接地电阻值的难度。在高土壤电阻率地区，电气设备允许接地时，可利用等电位的原理设置绝缘台，以保证操作人员的安全。

(2) 保护零线应单独敷设，不做他用。重复接地线应与保护零线相连接。保护零线的截面积应不小于工作零线的截面积，同时必须满足机械强度要求。保护零线架空敷设的间距大于12m时，保护零线必须选择截面积不小于$10mm^2$的绝缘铜线或不小于$16mm^2$的绝缘铝线。

与电气设备相连接的保护零线应为截面积不小于$2.5mm^2$的绝缘多股铜线。保护零线统一标志为绿/黄双色线。任何情况下，不准使用绿/黄双色线作负荷线。

(3) 正常情况下，下列电气设备不带电的外露导电部分应做保护接零：

1) 电机、变压器、电器、照明器具、手持电动工具的金属外壳；
2) 电气设备传动装置的金属部件；
3) 配电屏与控制屏的金属框架；
4) 室内外配电装置的金属框架及靠近带电部分的金属围栏和金属门；
5) 电力线路的金属保护管、敷线的钢索、起重机轨道、滑升模板金属操作平台；
6) 安装在电力线路杆（塔）上的开关、电容器等电气装置的金属外壳及支架。

(4) 正常情况下，下列电气设备不带电的外露可导电部分可不做保护接零：

1) 在木质、沥青等不良导电地坪的干燥房间内，交流电压380V及以下的电气设置金属外壳（当维修人员可能同时触及电气设备金属外壳和接地金属物件时除外）；
2) 安装在配电屏、控制屏金属框架上的电气测量仪表、电流互感器、继电器和其他电器外壳。

任务7.5 接地装置的竣工验收

一、验收检查内容

1. 整个接地网外露部分连接可靠，接地线规格正确，防腐层完好，标志齐全明显；
2. 避雷针（带）的安全位置及高度符合设计要求；
3. 供连接临时接地线用的连接板的数量和安装位置应符合设计要求；
4. 工频接地电阻阻值及设计时要求的其他测试参数应符合设计规定，雨后不应立即测量接地电阻；
5. 整个等电位连接网的连接可靠，等电位连接线规格正确，防腐层完好，标志齐全明显；
6. 等电位连接的位置、端子板的数量与位置符合设计要求。

二、资料和文件

1. 实际施工的竣工图；
2. 变更设计的证明文件；
3. 安装技术记录（包括隐蔽工程记录等）；
4. 测试记录。

知识梳理与总结

接地装置由接地体和接地线组成，分为人工接地装置和自然接地体装置两种形式，用金属把电气设备的某一部分与地做良好的连接，称为接地。接地装置的安装包括接地体和接地线的安装，应掌握其安装方法、步骤和工艺要求。

低压配电接地形式有 IT 系统、TT 系统和 TN 系统。TN 系统有 TN-S 系统、TN-C 系统和 TN-C-S 系统三种形式。民用建筑和施工现场应采用 TN-S 系统。

在建筑电气工程中，常见的等电位连接措施有三种，即总等电位连接、辅助等电位连接和局部等电位连接，应掌握等电位连接的安装方法、步骤和工艺要求。

临时和特殊环境中电气装置的接地与电气装置接地施工有所区别，但其施工方法、步骤、工艺要求基本一样。

古人智慧

被动式节能建筑——福建土楼

福建土楼以历史悠久、规模宏大、结构奇巧、功能齐全、内涵丰富著称，具有极高的历史、艺术和科学价值，被誉为"东方古城堡""世界上独一无二的、神话般的山区建筑模式"。土楼厚重的土墙不仅有效地抵御了外患，而且生土本身透气的功能，调节了土楼内部房间的温度湿度，适应了山区恶劣潮湿的气候。福建土楼建造的原材料是泥土和杉木，就地取材又可重复使用，它来自土地，土墙倒塌、木材腐朽又回到土地，因此延续上千年的建筑活动并没有造成对自然生态的破坏，继承与弘扬了传统建筑精神。

福建土楼所蕴含的文化价值、建筑智慧以及对细节的极致追求，可以为现代建筑电气施工人员提供精神激励和借鉴。土楼的建造过程中，工匠们对每一块土、每一块石的精心挑选和细致雕琢，体现了对工艺的极致追求。这种工匠精神可以激励电气施工人员在工作中精益求精，不断追求更高的施工质量和更完美的工程效果。

实训项目

人工接地装置的安装

1. 实训目的

（1）了解人工接地装置系统的组成；

（2）掌握人工接地装置的施工步骤和工艺要求。

2. 材料和工具准备

材料：50mm×50mm×5mm 角钢 10m、40mm×4mm 扁钢 16m。

工具：交流电弧焊机、大锤、铁铲、铁镐、氧割设备。

3. 步骤

（1）制作垂直接地体（每根长 2.5m，一端加工成 120mm 的尖头形状）；

（2）挖沟（沟深 1m，沟长 15m）；

（3）按要求在地沟内打入接地体（接地体间距 5m）；

（4）用扁钢把接地体焊接成一整体。

4. 操作要求

（1）接地体上面的端部离开沟底 100~200mm，以便连接接地线；

（2）接地体的顶部采用 40mm×4mm 扁钢焊连，连接的方法如图 7.11 所示；

（3）用锤子敲打角钢时，应敲打角钢端面角脊处，锤击力会顺着脊线传到其下部尖端，容易打入、打直；

（4）接地极应沿沟的中心线垂直打入；

（5）沟截面呈梯形（上宽下窄），底宽不小于 350mm。

实训报告及分组情况表

习　题

一、选择题

1. 电源中性点接地属于什么接地？（　　）

A. 保护接地　　　　　　　　B. 保护接零

C. 工作接地　　　　　　　　D. 重复接地

2. 所有用电设备的带电部分不允许接地的系统是（　　）。

A. IT 系统　　　　　　　　　B. TT 系统

C. TN-S 系统　　　　　　　　D. TN-C 系统

3. TN-C-S 系统是在总配电处应用了（　　）的技术，将 PEN 线分为 PE 线与 N 线。

A. 保护接地　　　　　　　　B. 保护接零

C. 工作接地　　　　　　　　D. 重复接地

4. 接地装置埋于地下的深度一般不小于（　　）。

A. 0.4m　　　　B. 0.6m　　　　C. 0.8m　　　　D. 1.0m

5. 接地装置的接地电阻主要是由（　　）的电阻决定。

A. 土壤　　　　　　　　　　B. 接地线

C. 接线体　　　　　　　　　D. 接地装置

6. 下列常用降低接地电阻的措施中错误的是（　　）。

A. 填充电阻率升高的物质（或升阻剂）

B. 伸长水平接地体

C. 利用水和水接触的钢筋混凝土体作为流散介质

D. 用加入食盐的方法降低土壤电阻率

二、简答题

1. 什么是接地？什么是接地体和接地装置？
2. 接地装置由哪几部分组成？通常可以采用什么材料制作？
3. 接地体有哪两种形式？施工时应优先选用哪一种？为什么？
4. 简述人工接地体的安装方法及要求。
5. 降低接地电阻的措施有哪些？
6. 什么是等电位？哪些设备和设施应接入总等电位箱？

项目 8

防雷装置的安装

Project 08

知识目标

1. 了解防雷装置的组成及作用;
2. 掌握防雷装置的施工工艺及要求。

技能目标

1. 能制定防雷装置的操作工艺流程;
2. 能根据施工图进行避雷针、避雷带、引下线的安装。

素质目标

1. 引导学生在工作中遵纪守法,严格遵守建筑工程相关法律法规;
2. 培养学生具有解决问题、分析问题的能力。

项目 8　防雷装置的安装

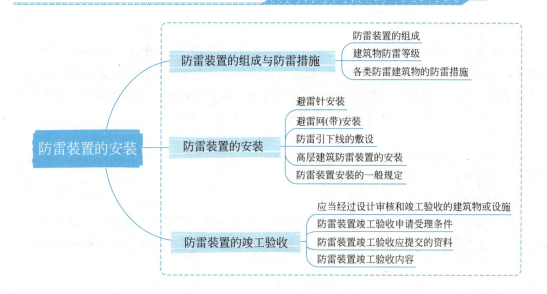

任务 8.1　防雷装置的组成与防雷措施

在人们的日常生活中，人员、设备和建筑物遭受雷击的事件时有发生，据分析不外乎有以下几个原因：建筑物越建越高、电气设备越来越多、金属装饰构架应用越来越普遍，加之大自然的气候变化无常。雷击是一种大自然的现象，人们无法阻止它的发生，但选择合适的防雷装置并按规定进行安装，就能有效地防御和减少雷电对人类的危害。

一、防雷装置的组成

防雷装置一般由接闪器、引下线和接地装置三部分组成。接地装置又由接地体和接地线组成。防雷装置如图 8.1 所示。

8.1　建筑物的防雷装置组成及防雷措施

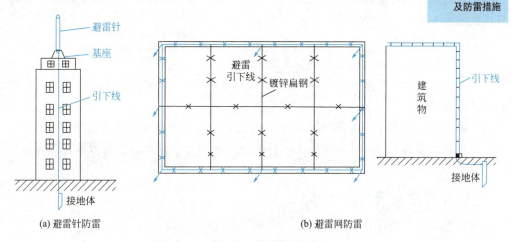

图 8.1　防雷装置

217

1. 接闪器

接闪器是将空中的雷电流引入大地，起先导接收的作用。常用的接闪器有避雷针、避雷线（避雷带）、避雷网等。避雷针一般适合比较高耸且占地面积较小的建筑或设施，如塔雷建筑、烟囱、旗杆等；避雷线一般适合架空线；避雷带适合大多数建筑物。为了达到更好的避雷效果，有时建筑物屋顶采用避雷带加小针的形式避雷。

2. 引下线

引下线是连接接闪器与接地装置的金属导体。引下线有人工引下线和自然引下线之分，目前建筑物的引下线大多利用柱内主筋。

3. 接地装置

接地装置（埋在地下的接地体和接地线）把引下线引下的雷电流流散到大地中去。接地体有人工接地体和自然接地体之分，目前建筑物的接地体大多利用混凝土桩中的钢筋和钢管桩。

二、建筑物防雷等级

对建筑物的防雷，需要针对各种建筑物的实际情况因地制宜地采取防雷保护措施，达到既经济又能有效地防止或减少雷击建筑物所造成的人员伤亡、设施损坏和财产损失的目的。

根据建筑物的重要性、使用性质、受雷击可能性的大小和一旦发生雷击事故可能造成的后果进行分类，建筑物的防雷等级可分为三类，各类防雷建筑的具体划分如下。

1. 一类防雷建筑物

一类防雷建筑物对防雷装置的要求最高。

凡制造、使用或储有炸药、火药、起爆药、火工业品等大量爆炸物质的建筑物，因火花而引起爆炸，会造成巨大破坏和人身伤亡的。

2. 二类防雷建筑物

国家级重点文物保护建筑物、会堂、办公建筑物、大型展览和博览建筑物、大型火车站、国宾馆、国家级档案馆、大型城市的重要给水泵房等特别重要的建筑物。

制造、使用或储存爆炸物质的建筑物，且电火花不易引起爆炸或不致造成巨大破坏和人身伤亡的。

3. 三类防雷建筑物

（1）省级重点文物保护的建筑物及省级档案馆；

（2）0.012 次/a≤年雷击次数 N≤0.06 次/a 的省级办公建筑物及其他重要或人员密集的公共建筑物；

（3）0.06 次/a≤年雷击次数 N≤0.3 次/a 的住宅、办公楼等一般性的民用建筑物；

（4）平均雷暴日大于 15d/a 的地区，高度在 15m 以上的烟囱、水塔等孤立的高耸建筑物。

三、各类防雷建筑物的防雷措施

雷电可分为三种类型：直接雷、感应雷和雷电波。通常，第一类防雷建筑物的防雷保护措施应包括防直击雷、防雷电感应和防雷电波侵入等保护措施，同时这些基本措施还应当被高标准地设置；第二类防雷建筑物的防雷保护措施与第一类相比，既有相同之处，又有不同之处，综合来看，第二类防雷建筑物仍采取与第一类防雷建筑物相类似的措施，但其规定的指标不如第一类防雷建筑物严格；第三类防雷建筑物主要采取防直击雷和防雷电侵入波的措施。各类防雷建筑物防雷措施的技术要求对比见表8.1。

各类防雷建筑物防雷措施的技术要求对比　　　　　　　　　　　　表 8.1

防雷措施特点＼防雷类别	一类	二类	三类
滚球半径/m	30	45	60
防直击雷	应装设独立避雷针或架空避雷线(网)，使保护物体均处于接闪器的保护范围之内。架空避雷网的网格尺寸≤5m×5m 或≤6m×4m	采用装设在建筑物上的避雷网(带)或避雷针或混合组成的接闪器来进行直接雷防护。避雷网的网格尺寸≤10m×10m 或≤12m×8m	宜采用装设在建筑物上的避雷网(带)或避雷针或混合组成的接闪器来进行直接雷防护。避雷网的网格尺寸≤20m×20m 或≤24m×16m
防雷电感应	建筑物的设备、管道、构架、电缆金属外皮、钢屋架和钢窗等较大金属物及突出屋面的放散管和风管等金属物，均应接到防雷电感应的接地体上去	设备、管道、构架等主要金属物，应就近连接到接地装置上，可不另设接地装置	
防雷电波侵入	(1)低压线路宜全线用电缆直接埋地敷设，入户端将电缆的金属外皮、钢管接到防雷电感应的接地体上； (2)当全线采用电缆有困难时，入户时架空线应改换金属铠装或护套电缆穿钢管直埋引入，长度不小于 15m，且在连接处装设避雷器	(1)当低压线路采用全线用电缆直接埋地敷设时，入户端应将电缆金属外皮、金属线槽与防雷的接地装置相连； (2)低压架空线入户时，架空线应改换金属铠装或护套电缆穿钢管直埋引入，长度不小于 15m，且在连接处装设避雷器	(1)电缆进出线，就在进出端将电缆的金属外皮、钢管和电气设备的保护接地相连； (2)架空线进出线，应在进出处装设避雷器，避雷器应与绝缘子铁脚、金具连接并接入电气设备的保护接地体上
防侧击雷	(1)从 30m 起每隔不大于 6m 沿建筑物四周设水平避雷带，并与引下线相连； (2)30m 及以上外墙上的栏杆、门窗等较大的金属物与防雷装置连接	高度超过 45m 的建筑物应采取防侧击雷及等电位的保护措施	高度超过 60m 的建筑物应采取防侧击雷及等电位的保护措施
引下线间距/m	≤12	≤18	≤25
接地装置	接闪器应有独立的接地装置，且冲击电阻小于 10Ω	可和防雷电感应、电气设备等接地共用同一接地装置，冲击电阻小于 10Ω	接地装置共用，冲击电阻不宜大于 30Ω，较高要求的建筑物不宜大于 10Ω

任务 8.2　防雷装置的安装

接闪器、引下线与接地装置是各类防雷建筑都应装设的防雷装置，但由于对防雷的要求不同，各类防雷建筑所采用防雷装置的类型也不同，故技术要求也有所差异。要达到良好的防雷效果，工程施工时，每个环节都应符合规范要求。

一、避雷针安装

1. 屋顶（面）避雷针的安装

避雷针一般采用镀锌圆钢或焊接钢管制作，焊接处应涂防腐漆。其直径不小于下列数值：

针长 1m 以下圆钢 $\phi12$，钢管 $\phi20$；针长 1～2m 圆钢 $\phi16$，钢管 $\phi25$；烟囱顶上的避雷针圆钢 $\phi20$，钢管 $\phi40$。

避雷针在屋面上安装时，先组装好避雷针；在避雷针支座底板上相应的位置焊上一块肋板，将避雷针立起；找直、找正后进行点焊、校正；焊上其他三块肋板，并与引下线焊接牢固。屋面上若有避雷带（网），还要与其焊接成一个整体。如图 8.2 所示，图中避雷针针体各节尺寸见表 8.2。

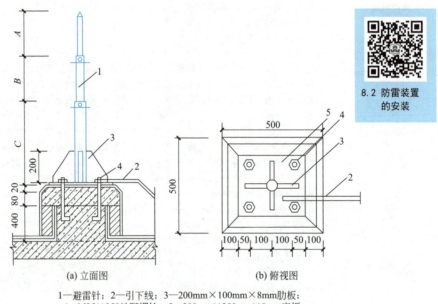

1—避雷针；2—引下线；3—200mm×100mm×8mm 肋板；
4—M25×350 地脚螺栓；5—300mm×300mm×8mm 底板

图 8.2　避雷针在屋面上安装

避雷针针体各节尺寸　　　　　　　　　　　　　　　表 8.2
（单位：m）

避雷针各节尺寸	避雷针全高	1.00	2.00	3.00	4.00	5.00
	A(SC25)	1.00	2.00	1.50	1.00	1.50
	B(SC40)	—	—	1.50	1.50	1.50
	C(SC50)	—	—	—	1.50	2.00

避雷针安装后针体应垂直，其允许偏差不应大于顶端针杆直径。设有标志灯的避雷针，灯具应完整，显示清晰。

2. 水塔避雷针的安装

水塔按第三类构筑物设计防雷。一般在塔顶中心装一支 1.5m 高的避雷针，水塔顶上周围铁栏栅也可作为接闪器，或在塔顶装设环形避雷带保护水塔边缘。要求其冲击接地电阻小于 30Ω，引下线一般不少于两根，间距不大于 30m。若水塔周长和高度在 40m 以下，可只设一根引下线，或利用铁爬梯作引下线。避雷针在水塔上的安装如图 8.3 所示。

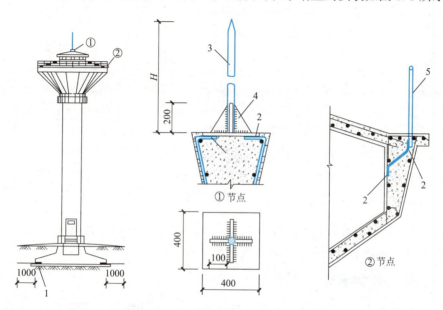

图 8.3　避雷针在水塔上的安装

1—φ12 镀锌圆钢与基础主筋焊接；2—焊接；3—φ12 镀锌圆钢或 SC40 镀锌钢管；
4—6mm 厚钢板；5—金属栏杆

3. 烟囱避雷针的安装

烟囱按第三类构筑物设计防雷。砖烟囱和钢筋混凝土烟囱靠装设在烟囱上的避雷针或避雷环（环形避雷带）进行保护，多根避雷针应用避雷带连接成闭合环。当非金属烟囱无法采用单支或双支避雷针保护时，应在烟囱口装设环形避雷带，并应对称布置三支高出烟囱口且不低于 0.5m 的避雷针。金属烟囱本身可作为接闪器和引下线。

烟囱直径在 1.2m 以下，高度小于或等于 35m 时，采用一根 2.5m 高的避雷针保护；当烟囱直径为 1.2~1.7m，高度大于 35m 且小于或等于 50m 时，用两根 2.2m 高的避雷针保护；当烟囱直径大于或等于 1.7m，高度大于或等于 60m 时，用环形避雷带保护；高度在 100m 以上的烟囱，在离地面 30m 处及以上每隔 12m 加装一个均压环并与引下线连接。烟囱上的避雷针如图 8.4 所示。

烟囱高度小于或等于 40m 时只设一根引下线，40m 以上设两根引下线，铁扶梯可作引下线，也可利用螺栓连接或焊接的一座金属爬梯作为两根引下线。

钢筋混凝土烟囱的钢筋应在其顶部和底部与引下线和贯通连接的金属爬梯相连，利用钢筋作为引下线和接地装置，可不另设专用引下线。

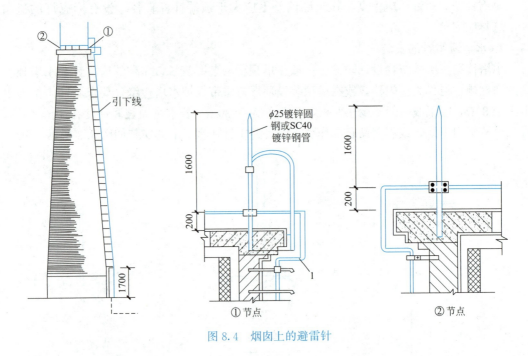

图 8.4 烟囱上的避雷针

当烟囱上采用避雷环时,其圆钢直径不应小于 12mm;扁钢截面积不应小于 100mm^2,其厚度不应小于 4mm;冲击接地电阻应为 20~30Ω。

二、避雷网(带)安装

避雷网适用于建筑物的屋脊、屋檐(坡屋顶)或屋顶边缘及女儿墙(平屋顶)上,对建筑物的易受雷击部位进行重点保护。不同防雷等级的避雷网的规格见表 8.3。

不同防雷等级的避雷网的规格　　表 8.3

(单位:m)

建筑物的防雷等级	滚球半径 h_r	避雷网尺寸
一类	30	5×5 或 6×4
二类	45	10×10 或 12×8
三类	60	20×20 或 24×16

1. 明装避雷网(带)

避雷带明装时,要求避雷带距屋面边缘的距离不应大于 500mm。在避雷带转角中心严禁设置支座。

避雷带的支座可以在屋面层施工中现场浇制,也可预制再砌牢或与屋面防水层进行固定。女儿墙上设置的支架应垂直预埋,或在墙体施工时预留不小于 100mm×100mm×100mm 的孔洞。埋设时,先埋设直线段两端的支架,然后由两端拉线后,埋设中间支架。水平直线段支架间距为 1~1.5m,转弯处间距为 0.5m,距转弯中点处的距离为 0.25m,垂直间距为 1.5~2m,相互间距离应均匀分布。

避雷带在建筑物屋脊上安装时,使用混凝土支座或支架固定。现场浇制支座时,将脊瓦敲去一角,使支座与脊瓦内的砂浆连成一体;用支架固定时,用电钻将脊瓦钻孔,将支架插入孔内,用水泥砂浆填塞牢固。固定支座和支架水平间距为1~1.5m,转弯处为0.25~0.5m。

避雷带沿坡形屋面敷设时,使用混凝土支座固定,且支座应与屋面垂直。

明装避雷带应采用镀锌圆钢或扁铁制成,镀锌圆钢直径应为12mm,镀锌扁铁截面为25mm×4mm或40mm×4mm。避雷带敷设时,应与支座或支架进行卡固或焊接连成一体,引下线的上端与避雷带交接处应弯曲成弧形,再与避雷带并齐进行搭接焊接。

避雷带沿女儿墙及电梯机房或屋顶水池顶部四周敷设时,不同平面的避雷带应至少有两处互相焊接连接。建筑物屋顶上凸出的金属物体,如旗杆、透气管、铁栏杆、爬梯、冷却水塔、电视天线杆等金属导体都必须与避雷网焊成一体。避雷带及引下线在屋脊上安装如图8.5所示。

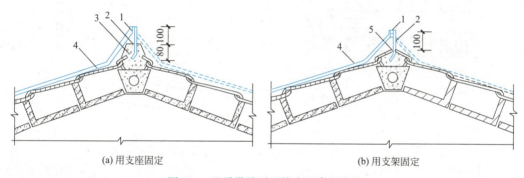

图8.5　避雷带及引下线在屋脊上安装
1—避雷带；2—支架；3—支座；4—引下线；5—1∶3水泥砂浆

避雷带在转角处一般不宜小于90°,弯曲半径不宜小于圆钢直径的10倍,或扁钢宽度的6倍,如图8.6所示。

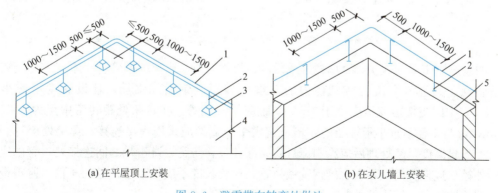

图8.6　避雷带在转弯处做法
1—避雷带；2—支架；3—支座；4—平屋面；5—女儿墙

避雷带沿坡形屋面敷设时,应与屋面平行布置,如图8.7所示。

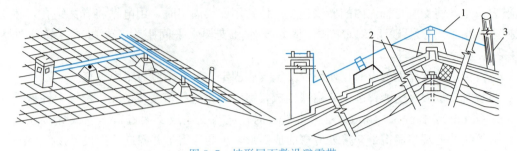

图 8.7 坡形屋面敷设避雷带

1—避雷带；2—混凝土支座；3—凸出屋面的金属物体

古建筑物屋面上各部位避雷带及引下线安装如图 8.8 所示。

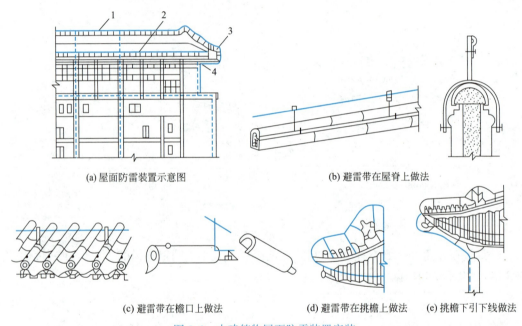

(a) 屋面防雷装置示意图　　(b) 避雷带在屋脊上做法

(c) 避雷带在檐口上做法　　(d) 避雷带在挑檐上做法　　(e) 挑檐下引下线做法

图 8.8 古建筑物屋面防雷装置安装

1—屋脊避雷带；2—檐口避雷带；3—挑檐上避雷带；4—挑檐下引下线

明装避雷带采用建筑物金属栏杆或敷设镀锌钢管时，支架的钢管管径不应大于避雷带钢管管径，其埋入混凝土或砌体内的下端应焊短圆钢做加强筋，埋设深度不应小于150mm。中间支架距离不应小于1m，间距应均匀相等，在转角处距转弯中点为 0.25～0.5m，弯曲半径不宜小于管径的 4 倍。避雷带与支架应采用焊接连接，焊接处应打磨光滑，无凸起高度，经处理后应涂刷樟丹防腐漆和银粉防腐。避雷带之间连接处，管内应设置管外径与连接管内径相吻合的钢管做衬管，衬管长度不应小于管外径的 4 倍。避雷带通过建筑物伸缩缝、沉降缝处时，避雷带应向侧面弯成半径为 100mm 的弧形，且支持卡子中心距建筑物边缘距离减至 400mm，如图 8.9 所示；或将避雷带向下部弯曲，如图 8.10 所示；还可以用裸铜软绞线连接避雷带。

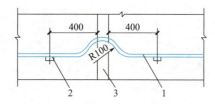

图 8.9　避雷带通过伸缩、沉降缝做法一

1—避雷带；2—支架；3—伸缩、沉降缝

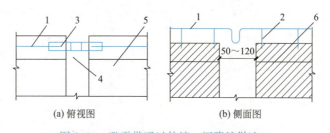

图 8.10　避雷带通过伸缩、沉降缝做法二

1—避雷带；2—支架；3—25mm×4mm，长 500mm 跨越扁钢；
4—伸缩、沉降缝；5—屋面女儿墙；6—女儿墙

2. 暗装避雷网（带）

暗装避雷网是利用建筑物内的钢筋做避雷网。

用建筑物 V 形折板内钢筋做避雷网时，将折板插筋与吊环和网筋绑扎，通长筋与插筋、吊环绑扎。为便于与引下线连接，折板接头部位的通长筋应在端部预留钢筋头 100mm。对于等高多跨搭接处，通长筋之间应采用绑扎；不等高多跨交接处通长筋之间应用 $\phi 8$ 圆钢连接焊牢，绑扎或连接的间距为 6m。V 形折板钢筋做防雷装置，如图 8.11 所示。

当女儿墙上压顶为现浇混凝土时，可利用压顶板内的通长钢筋作为建筑物的暗装防雷接闪器，防雷引下线可采用不小于 $\phi 10$ 的圆钢，引下线与接闪器（即压顶内钢筋）应焊接连接。当女儿墙上压顶为预制混凝土板时，应在顶板上预埋支架做接闪器，或女儿墙上有铁栏杆时，防雷引下线应由板缝引出顶板与接闪器连接，引下线在压顶处同时应与女儿墙压顶内通长钢筋之间用 $\phi 10$ 圆钢做连接线进行焊接。

当女儿墙设圈梁，圈梁与压顶之间有立筋时，女儿墙中相距 500mm 的两根 $\phi 8$ 或一根 $\phi 10$ 立筋可用做防雷引下线，将立筋与圈梁内通长钢筋绑扎。引下线的下端既可以焊到圈梁立筋上，将圈梁立筋与柱主筋连接，也可以直接焊到女儿墙下的柱顶预埋件或钢屋架上。

三、防雷引下线的敷设

1. 一般要求

引下线可分明敷和暗敷两种。明敷时，一般采用直径 8mm 的圆钢或截面积 30mm×4mm 的扁钢，在易受腐蚀部位截面积应适当加大。引下线应沿建筑物外墙敷设，距墙面 15mm，固定支点间距不应大于 2m，敷设时应保持一定松紧度。从接闪器到接地装置，引

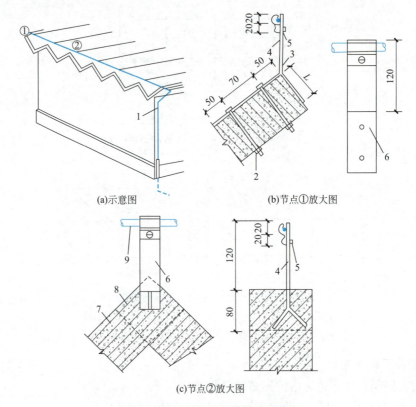

图 8.11 V形折板钢筋做防雷装置

1—φ8镀锌圆钢引下线；2—M8螺栓；3—焊接；4—40mm×4mm镀锌扁钢；5—φ6镀锌机用螺栓；
6—40mm×4mm镀锌扁钢支架；7—预制混凝土板；8—现浇混凝土；9—φ8镀锌圆钢避雷带

下线的敷设应尽量短而直；若必须弯曲时，弯曲角度应大于90°。引下线应敷设于人们不易触及之处。地上1.7m以下的一段引下线应加保护设施，以避免机械损坏。如用钢管保护，则钢管与引下线应有可靠电气连接。

引下线应镀锌，焊接处应涂防锈漆，但利用混凝土中钢筋做引下线的除外。

一级防雷建筑物专设引下线时，其根数不少于2根，沿建筑物周围均匀或对称布置，间距不应大于12m，防雷电感应的引下线间距应介于18～24m之间；二级防雷建筑物引下线数量不应少于2根，沿建筑物周围均匀或对称布置，平均间距不应大于18m；三级防雷建筑物引下线数量不宜少于2根，平均间距不应大于25m；但周长不超过25m，高度不超过40m的建筑物可只设1根引下线。

当引下线长度不足，需要在中间接头时，引下线应进行搭接焊接。

装有避雷针的金属筒体，当其厚度不小于4mm时，可做避雷针引下线。筒体底部应有两处与接地体对称连接。暗敷时，引下线的截面积应加大一级，应用卡钉分段固定。

避雷引下线和变配电室接地干线敷设的有关规范要求如下：

(1) 建筑物抹灰层内的引下线应有卡钉分段固定；明敷的引下线应平直、无急弯，与支架焊接处应刷油漆防腐且无遗漏。

(2) 金属构件、金属管道做接地线时，应在构件或管道与接地干线间焊接金属跨接线。

（3）接地线的焊接应符合接地装置的焊接要求，所用材料及最小允许规格、尺寸与接地装置所要求相同。

（4）明敷引下线及室内接地干线的支持件间距应均匀，水平直线部分为 0.5～1.5m，垂直直线部分为 1.5～3m，弯曲部分为 0.3～0.5m。

（5）接地线在穿越墙壁、楼板和地坪处应加套钢管或其他坚固的保护套管，钢套管应与接地线做电气连通。

2. 明敷引下线

明敷引下线应预埋支持卡子，支持卡子应凸出外墙装饰面 15mm 以上，露出长度应一致，将圆钢或扁钢固定在支持卡子上。一般第一个支持卡子在距室外地面 2m 高处预埋，距第一个卡子正上方 1.5～2m 处埋设第二个卡子，依次向上逐个埋设，间距相等，并保证横平竖直。

明敷引下线调直后，从建筑物最高点由上而下，逐点与预埋在墙体内的支持卡子套环卡固，用螺栓或焊接固定，直到断接卡子为止，如图 8.12 所示。

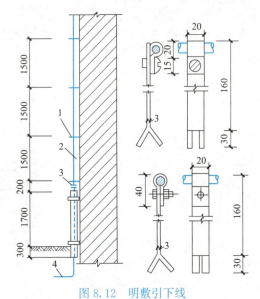

图 8.12 明敷引下线

1—扁钢卡子；2—明敷引下线；3—断接卡子；4—接地线

引下线通过屋面挑檐板处应做成弯曲半径较大的慢弯，弯曲部分线段总长度应小于拐弯开口处距离的 10 倍，如图 8.13 所示。明敷引下线经过挑檐板、女儿墙的做法如图 8.14 所示。

3. 暗敷引下线

沿墙或混凝土构造柱暗敷设的引下线，一般使用直径不小于 12mm 的镀锌圆钢或截面积为 25mm×4mm 的镀锌扁铁。钢筋调直后先与接地体（或断接卡子）用卡钉固定好，垂直固定距离为 1.5～2m，由下至上展放或一段一段连接钢筋，直接通过挑檐板或女儿墙与避雷带焊接，如图 8.15 所示。

建筑电气施工技术

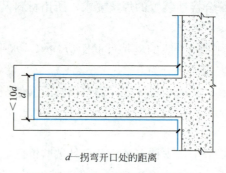

d—拐弯开口处的距离

图 8.13　引下线拐弯的长度要求

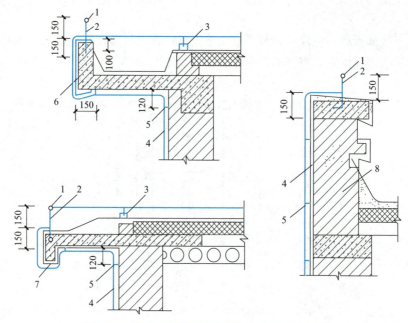

图 8.14　明敷引下线经过挑檐板、女儿墙的做法

1—避雷带；2—支架；3—混凝土支架；4—引下线；5—固定卡子；6—现浇挑檐板；7—预制挑檐板；8—女儿墙

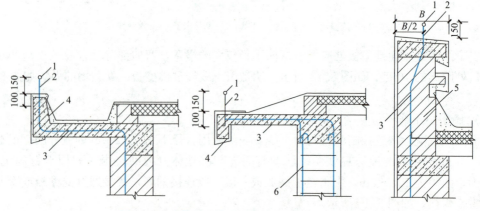

图 8.15　暗敷引下线经过挑檐板、女儿墙的做法

1—避雷带；2—支架；3—引下线；4—挑檐板；5—女儿墙；6—柱主筋；B—墙体宽度

利用建筑物钢筋做引下线时,钢筋直径为 16mm 及以上时,应利用 2 根钢筋(绑扎或焊接)作为一组引下线;当钢筋直径为 10~16mm 时,应利用 4 根钢筋(绑扎或焊接)作为一组引下线。

引下线上部(屋顶上)应与接闪器焊接;中间与每层结构钢筋需进行绑扎或焊接连接;下部在室外地坪下 0.8~1m 处焊出一根 ϕ12 的圆钢或截面 40mm×4mm 的扁钢,伸向室外距外墙面的距离应不小于 1m。

4. 断接卡子

为了便于测试接地电阻值,接地装置中自然接地体和人工接地体连接处与每根引下线应有断接卡子,且断接卡子应有保护措施。引下线断接卡子应在距地面 1.5~1.8m 高的位置设置。

断接卡子的安装形式有明装和暗装两种,如图 8.16、图 8.17 所示。断接卡子可利用不小于 40mm×4mm 或 25mm×4mm 的镀锌扁钢制作,用两根镀锌螺栓拧紧。引下线圆钢或扁钢与断接卡子的扁钢应采用搭接焊的方式。

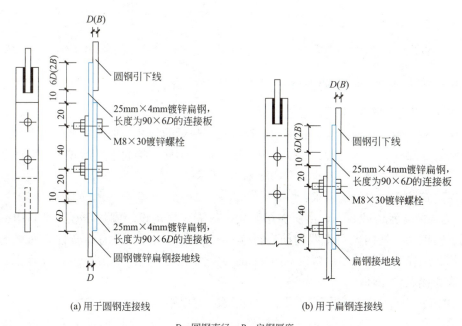

(a) 用于圆钢连接线　　　　(b) 用于扁钢连接线

D—圆钢直径;B—扁钢厚度

图 8.16　明装引下线断接卡子的安装

明装引下线在断接卡子下部应外套竹管、硬塑料管等非金属管保护,保护管深入地下部分不应小于 300mm。明装引下线不应套钢管;必须外套钢管保护时,应在保护钢管的上、下侧焊跨接线,与引下线连接成一整体。

用建筑物钢筋做引下线时,由于建筑物从上而下钢筋连接成一整体,因此不能设置断接卡子,须在柱(或剪力墙)内作为引下线的钢筋上另焊一根圆钢引至柱(或墙)外侧的墙体上,在距地面 1.8m 处设置接地电阻测试箱;也可在距地面 1.8m 处的柱(或墙)外侧,将用角钢或扁钢制作的预埋连接板与柱(或墙)的主筋进行焊接,再用引出连接板与预埋连接板焊接,引至墙体外表面。

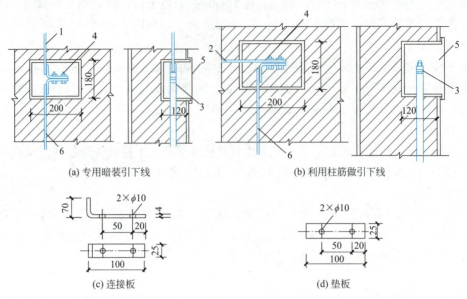

图 8.17 暗装引下线断接卡子的安装
1—专用引下线；2—至柱筋引下线；3—断接卡子；4—M10×30 镀锌螺栓；5—断接卡子箱；6—接地线

四、高层建筑防雷装置的安装

现代化的高层建筑物都是用现浇的大模板和预制的装配式壁板等，结构钢筋较多，从屋顶到梁、柱、墙、楼板及地下的基础，都有相当数量的钢筋，把这些钢筋由上到下及室内上下水管、煤气管、热力管、变压器中性线等均与钢筋连接起来，形成一个整体，构成了笼式暗装避雷网，笼式暗装避雷网如图 8.18 所示。

高层建筑防雷装置设置要求：

1. 建筑物高度超过 30m，由所在层开始，每隔 3 层均设一圈均压环；可利用钢筋混凝土圈梁的钢筋与柱内做引下线钢筋进行连接，制作均压环；没有组合柱和圈梁的建筑物，应每 3 层在建筑物外墙内敷设一圈 $\phi 8$ 的镀锌圆钢或 25mm×4mm 的镀锌扁钢，与避雷引下线连接做均压环；

2. 建筑物为有效防止侧面遭受雷击（侧击雷），以距地 30m 高度起，每向上 3 层，在结构圈梁内敷设一条 25mm×4mm 的镀锌扁钢与引下线焊成环形水平避雷带，以防侧击雷；

3. 3 层以上所有金属栏杆及金属门窗等较大的金属物体应与防雷装置可靠连接。

高层建筑避雷带（网或均压环）引下线连接如图 8.19 所示。

五、防雷装置安装的一般规定

防雷装置施工时，应采用自下而上的施工程序。首先安装集中接地装置，然后安装引下线，最后安装接闪器。

暗敷在建筑物抹灰层内的引下线应有卡钉分段固定；明敷的引下线应平直、无急弯，与支架焊接处涂油漆防腐，且无遗漏。

项目 8　防雷装置的安装

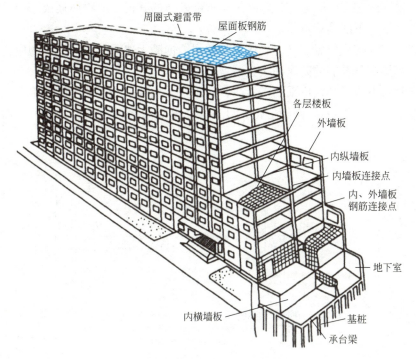

图 8.18　笼式暗装避雷网示意图

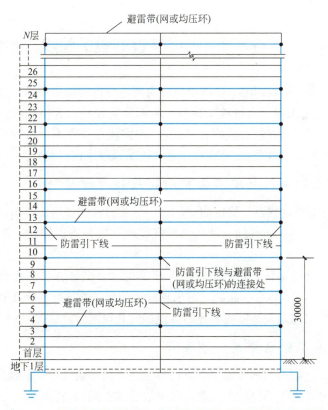

图 8.19　高层建筑物避雷带（网或均压环）引下线连接示意图

建筑物顶部的避雷针、避雷带等必须与顶部外露的其他金属物体连成一个整体的电气通路,且与避雷引下线连接可靠。

避雷针、避雷带应位置正确;焊接固定的焊缝饱满无遗漏;螺栓固定的应备帽等防松零件齐全;焊接部分补刷的防腐油漆完整。

接闪器和引下线的连接应采用搭接法,扁钢搭接长度不小于宽度的两倍,且三个棱边均应施焊,如图 8.20 所示;圆钢搭接长度不小于圆钢直径的 6 倍,且要求两面施焊,如图 8.21 所示。

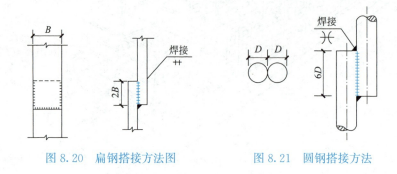

图 8.20　扁钢搭接方法图　　　　图 8.21　圆钢搭接方法

任务 8.3　防雷装置的竣工验收

防雷装置实行竣工验收制度。申请单位应当向许可机构提出申请,填写《防雷装置竣工验收申请书》,按相关程序进行竣工验收。防雷装置经验收合格的,许可机构应当办结有关验收手续,颁发《防雷装置验收合格证》;防雷装置验收不合格的,许可机构应当出具《防雷装置整改意见书》,整改完成后,再次按照原程序进行验收。

一、应当经过设计审核和竣工验收的建筑物或设施

1. 《建筑物防雷设计规范》规定的一、二、三类防雷建(构)筑物;
2. 油库、气库、加油加气站、液化天然气、油(气)管道站场、阀室等爆炸危险环境设施;
3. 邮电通信、交通运输、广播电视、医疗卫生、金融证券、文化教育、文物保护单位和其他不可移动文物、体育、旅游、游乐场所及信息系统等社会公共服务设施;
4. 按照有关规定应当安装防雷装置的其他场所和设施。

二、防雷装置竣工验收申请受理条件

1. 防雷装置设计取得当地气象主管机构核发的《防雷装置设计核准书》;
2. 防雷工程专业施工单位和人员取得国家规定的资质和资格;
3. 申请单位提交的申请材料齐全且符合法定形式。

三、防雷装置竣工验收应提交的资料

1.《防雷装置竣工验收申请书》；
2.《防雷装置设计核准书》；
3. 防雷工程专业施工单位和人员的资质证书和资格证书；
4. 由省、自治区、直辖市气象主管机构认定防雷装置检测资质的检测机构出具的《防雷装置检测报告》；
5. 防雷装置竣工图等技术资料；
6. 防雷产品出厂合格证、安装记录和由国家认可防雷产品测试机构出具的测试报告。

四、防雷装置竣工验收内容

1. 申请材料的合法性和内容的真实性；
2. 安装的防雷装置是否符合国务院气象主管部门规定的使用要求和国家有关技术规范标准，是否按照审核批准的施工图施工。

8.3 防雷与接地装置的安装

知识梳理与总结

避雷装置的作用是将雷击电荷或建筑物感应电荷迅速引入大地，以保护建筑物、电气设备及人身不受损害。完整的避雷装置都是由接闪器、引下线和接地装置三部分组成的。接闪器有避雷针、避雷线、避雷带和避雷网等；引下线是连接接闪器和接地装置的金属导体，是将雷电流引入大地的通道；接地装置包括接地线和接地体，是防雷装置的重要组成部分。

防雷等级分三类，针对直接雷、感应雷、雷电波和侧击雷分别采用不同的措施。

防雷装置的安装包括接闪器安装、防雷引下线安装、接地装置安装。要掌握其安装程序、安装方法和工艺要求。高层建筑物应增加均压环、防侧击雷等防雷措施。

知识拓展

古人智慧——窑洞

中国窑洞因地制宜、就地取材、适应气候，生土材料施工简便、便于自建、造价低廉，有利于再生与良性循环，最符合生态建筑原则。窑洞主要流行在西北及其邻近地区的黄土高原。这里的黄土深达一二百米、极难渗水、直立性很强。窑洞深藏于这些土层中或用土掩覆，可利用地下热能和覆土的储热能力，冬暖夏凉，具有保温、隔热、蓄能、调节洞室小气候的功能，是天然节能建筑的典型。这种传统建筑体现了人们对自然的尊重和顺应，也展示了中华民族在建筑领域的卓越成就。窑洞作为中国传统民居建筑的代表之一，体现了人们的勤劳和智慧，承载着丰富的文化内涵，它不仅是一种建筑形式，更是一种生活方式的体现，深刻反映了中华民族的地域特色、历史传承、精神风貌和价值追求。

习 题

一、选择题

1. 独立避雷针及其接地装置与道路或建筑物的出入口等的距离应大于（　　）。
   A. 1.5m　　　B. 2m　　　C. 3m　　　D. 5m
2. 女儿墙上避雷带明敷时，支架与接闪器的连接应采用（　　）。
   A. 焊接　　　B. 螺栓连接　　　C. 卡接　　　D. 绑扎
3. 当建筑物为三类防雷等级时，屋顶的避雷网格是（　　）。
   A. 5m×5m　　　B. 10m×10m　　　C. 20m×20m　　　D. 随意
4. 防雷引下线的数量与建筑物的（　　）有关。
   A. 高度　　　B. 结构　　　C. 防雷等级　　　D. 用途
5. 建筑物高度超过（　　）m，由所在层开始，每隔3层均设一圈均压环。
   A. 30　　　B. 20　　　C. 10　　　D. 5
6. 三类防雷建筑，引下线的间距为（　　）m。
   A. 12　　　B. 18　　　C. 20　　　D. 25
7. 采用柱内 $\phi16$ 的主筋做引下线，在需要连接时，其搭接的长度应不小于（　　）。
   A. 16mm　　　B. 32mm　　　C. 96mm　　　D. 100mm
8. 采用 40mm×4mm 的扁钢做避雷带，在需要连接时，其搭接的长度应不小于（　　）。
   A. 40mm　　　B. 8mm　　　C. 80mm　　　D. 4mm

二、简答题

1. 防雷装置由哪几部分组成？
2. 建筑物防雷分类主要考虑哪些因素？
3. 避雷针、避雷带各适用什么场合？
4. 利用建筑物钢筋混凝土中的钢筋作为引下线时，对钢筋的直径有何要求？
5. 防雷引下线的敷设要求有哪些？引下线采用什么规格型号的材料？与避雷针（网或带）及接地装置如何实现连接？
6. 对高层建筑的防雷有哪些措施？

项目 9
建筑施工现场临时供配电

Project 09

 知识目标

1. 熟知施工现场临时供配电的要求；
2. 掌握施工现场用电负荷计算。

 技能目标

1. 能正确计算施工现场用电负荷；
2. 能根据用电负荷正确选择线缆及用电设备。

 素质目标

1. 培养学生具有强烈的责任感和使命感，具备安全意识、集体意识；
2. 培养学生爱党、爱国、遵纪守法，增强综合素养。

建筑电气施工技术

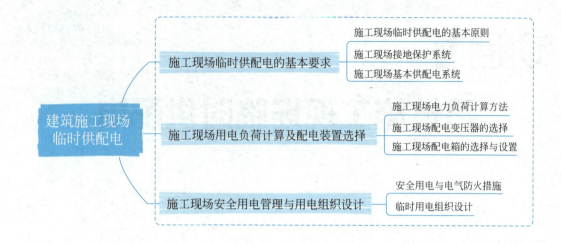

任务 9.1　施工现场临时供配电的基本要求

随着社会的不断发展及国力的不断增强，我国的建设项目越来越多，规模大的项目也不在少数，故施工现场的用电量也越来越大。近几年来，国家相关部门在政策上、制度上、管理上逐步形成了一套完善的管理体系。但不可否认的是，由于施工环境比较恶劣、施工人员流动性大且素质良莠不齐、负荷变化大且临时性强，使得电气事故常有发生。故在建筑工程的施工中，安装及维护好施工现场的临时用电是一项关键的工作，是工程安全文明施工、工程建设顺利进行的前提，是减少用电事故、提高工作效率的有力保证。

一、施工现场临时供配电的基本原则

施工现场临时供配电形式主要有独立变配电所、自备发电机、低压 220/380V 供电及就近借用电源四种形式。无论采用哪种形式，其基本原则如下：

1. 安全。在电能的供应、分配和使用过程中，应不发生人身事故和设备事故，始终坚持"安全第一，预防为主"的方针。
2. 可靠。应满足用电设备对供电可靠性的要求。
3. 优质。应满足用电设备对电压和频率等质量的要求。
4. 经济。临时使用的配电系统的投资要少，运行和维护费用要低，并尽可能地节约电能和减少有色金属的消耗量。

二、施工现场接地保护系统

事实证明，许多电气故障和事故都与接地系统选择不正确或发生故障有关，而人们往往对接地系统的概念模糊，对地线认识不全面，以致造成电气设备不能正常工作或损坏，造成火灾，甚至危及生命。施工现场临时用电应采用 TN-S 接零保护系统，在专用变压器供电的 TN-S 接零保护系统中，电气设备的金属外壳必须与保护零线连接。保护零线应由

工作接地线、配电室（总配电箱）电源侧零线处引出。施工现场接地保护系统相关示意图如图9.1、图9.2所示。

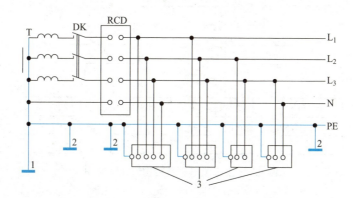

图9.1　专用变压器供电的TN-S接零保护系统示意图

1—工作接地；2—PE线重复接地；3—电气设备金属外壳（正常不带电的外露可导电部分）；L₁、L₂、L₃—相线；N—工作零线；PE—保护零线；DK—总电源隔离开关；RCD—总漏电器（兼有短路、过载、漏电保护功能的断路器）；T—变压器

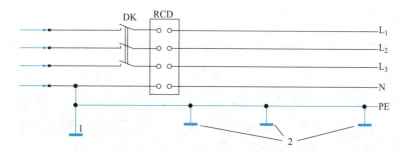

图9.2　三相四线供电的局部TN-S接零保护系统保护零线引出示意图

1—PEN线重复接地；2—PE线重复接地；L₁、L₂、L₃—相线；N—工作零线；PE—保护零线；DK—总电源隔离开关；RCD—总漏电器（兼有短路、过载、漏电保护功能的断路器）

三、施工现场基本供配电系统

建筑施工现场临时用电应满足三级配电、二级保护和"一机、一箱、一闸、一漏"的要求。

所谓三级配电，是指施工现场从电源进线开始至用电设备之间，经过三级配电装置配送电力。按照《规范》的规定，即由总配电箱（一级箱）或配电室的配电柜开始，依次经由分配电箱（二级箱）、开关箱（三级箱）到用电设备。这种分三个层次逐级配送电力的系统就称为三级配电系统。它的基本结构形式如图9.3所示。

所谓二级保护，是指在总配电箱和开关箱内应安装漏电保护器，即线路上发生漏电时能自动断开电路，起到保护作用。

所谓"一机、一箱、一闸、一漏"，是指一台移动设备（机器）应配置一个配电箱（开关箱），里面只有一把闸刀和一个漏电保护器。

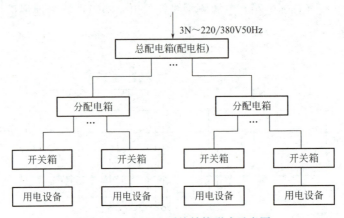

图 9.3　三级配电系统结构形式示意图

任务 9.2　施工现场用电负荷计算及配电装置选择

供电系统要能够可靠正常运行，就必须正确选择系统中的所有设备及配件，包括电力变压器、开关设备、导线电缆及保护设备等。设备及配件除应满足工作电压和频率要求外，最重要的是要满足负荷电流的要求。因此有必要对系统中各环节的电力负荷进行统计计算。通过负荷的统计计算求出的、用以按发热条件选择供电系统中各元件的负荷值，称为计算负荷。计算负荷是合理选择变压器、开关、控制设备的规格及导线截面积的重要依据。

一、施工现场电力负荷计算方法

确定计算负荷的方法很多，常用的有需要系数法。在用需要系数法进行负荷计算时，首先要把工作性质相同、具有相近需要系数的同类用电设备合并成组，求出各组用电设备的计算负荷。计算负荷又分为有功计算负荷、无功计算负荷和视在计算负荷。计算负荷确定后，便可确定计算电流。它们的计算公式为如下：

有功计算负荷：$P_j = K_x P_e$

无功计算负荷：$Q_j = P_j \tan\varphi$

视在计算负荷：$S_j = P_j / \cos\varphi = \sqrt{P_j^2 + Q_j^2}$

三相负荷计算电流：$I_j = \dfrac{S_j \times 1000}{\sqrt{3} U_N}$

式中，K_x 为某类用电设备的需要系数（可根据设备种类查表获得）；P_e 为某类用电设备经过折算后的设备容量（kW）；φ 为某类用电设备的功率因数角；U_N 为电源额定线电压（V）。

下面通过实例介绍施工现场负荷的计算步骤。

【实例 9.1】某建筑施工现场，接于三相四线制电源（220/380V）。施工现场用电设备见表 9.1。试计算该工地上变压器低压侧总的计算负荷和总的计算电流。

某建筑施工现场用电设备　　表9.1

序号	用电设备名称	容量	台数	总容量	备注
1	混凝土搅拌机	10(kW)	4	40(kW)	
2	砂浆搅拌机	4.5(kW)	2	9(kW)	
3	提升机	4.5(kW)	2	9(kW)	
4	起重机	30(kW)	2	60(kW)	$\varepsilon=25\%$(暂载率)
5	电焊机	22(kV·A)	3	66(kV·A)	$\varepsilon=65\%$,$\cos\varphi=0.45$ 单机380V
6	照明			15(kW)	白炽灯

解：(1) 首先求出各组用电设备的计算负荷。

① 混凝土搅拌机组。查表得

$$K_x=0.7, \cos\varphi=0.65, \tan\varphi=1.17$$

$$P_{j1}=K_x \cdot P_{N1}=0.7 \times 40=28\text{kW}$$

$$Q_{j1}=P_{j1} \cdot \tan\varphi=28 \times 1.17=32.76\text{kV·A}$$

② 砂浆搅拌机组。查表得

$$K_x=0.7, \cos\varphi=0.65, \tan\varphi=1.17$$

$$P_{j2}=K_x \cdot P_{N2}=0.7 \times 9=6.3\text{kW}$$

$$Q_{j2}=P_{j2} \cdot \tan\varphi=6.3 \times 1.17=7.37\text{kV·A}$$

③ 提升机组。查表得

$$K_x=0.25, \cos\varphi=0.7, \tan\varphi=1.02$$

$$P_{j3}=K_x \cdot P_{N3}=0.25 \times 9=2.25\text{kW}$$

$$Q_{j3}=P_{j3} \cdot \tan\varphi=2.25 \times 1.02=2.3\text{kV·A}$$

④ 起重机组。因为起重机是反复短时工作的负荷，其设备容量要求换算到暂载率为25%时的功率。由于本例中起重机的暂载率 ε 为25%，所以可不必进行换算，即查表得

$$K_x=0.25, \cos\varphi=0.7, \tan\varphi=1.02$$

$$P_{j4}=K_x \cdot P_{N4}=0.25 \times 60=15\text{kW}$$

$$Q_{j4}=P_{j4} \cdot \tan\varphi=15 \times 1.02=15.3\text{kV·A}$$

⑤ 电焊机组。因为电焊机也是反复短时工作的负荷，在进行负荷计算时，应先将电焊机换算到暂载率为100%时的功率。查表得

$$K_x=0.45, \cos\varphi=0.45, \tan\varphi=1.99$$

$$P_{N5}=\frac{\sqrt{\varepsilon}}{\sqrt{\varepsilon_{100}}}P_N=\sqrt{\varepsilon}S_N\cos\varphi=\sqrt{0.65} \times 22 \times 0.45=8\text{kW}$$

$$P_{j5}=K_x \cdot \sum P_{N5}=0.45 \times 3 \times 8=10.8\text{kW}$$

$$Q_{j5}=P_{j5} \cdot \tan\varphi=10.8 \times 1.99=21.5\text{kV·A}$$

⑥ 照明负荷。因为照明负荷取 $K_x=1$，又 $\cos\varphi=1$（白炽灯），所以

$$P_{j6}=K_x \cdot P_{N6}=1 \times 15=15\text{kW}$$

(2) 求总计算负荷。取同时系数 $K_\Sigma=0.9$，则

$$P_{\Sigma j}=K_\Sigma \cdot \sum P_j = 0.9\times(28+6.3+2.25+15+10.8+15)=69.6\text{kW}$$

$$Q_{\Sigma j}=K_\Sigma \cdot \sum Q_j = 0.9\times(32.76+7.37+2.3+15.3+21.5+0)=71.3\text{kV}\cdot\text{A}$$

$$S_{\Sigma j}=\sqrt{P^2_{\Sigma j}+Q^2_{\Sigma j}}=\sqrt{69.6^2+71.3^2}=99.6\text{kV}\cdot\text{A}$$

(3) 求总计算电流。

$$I_{\Sigma j}=\frac{S_{\Sigma j}}{\sqrt{3}\times U}=\frac{99.6\times 1000}{\sqrt{3}\times 380}=151\text{A}$$

上述负荷的计算是选择变压器、开关、控制设备的规格及导线截面积的重要依据。

二、施工现场配电变压器的选择

在选择配电变压器时，应首先根据负载性质和对压降的要求来选择变压器的类型；其次，根据当地高压电源的电压和用电负荷需要的电压来确定变压器原、副边的额定电压。在我国，一般用户电压均为10kV，而拖动施工机械的电动机的额定电压一般都是220V或380V。所以，施工现场选择的变压器高压侧额定电压为10kV，低压侧的额定电压为220/380V。

变压器的容量应大于计算容量，即

$$S_N \geqslant S_j$$

施工现场计算负荷也可通过估算确定，且变压器的容量应大于估算的计算容量，即

$$S_N \geqslant S_J$$

式中，S_N 为选用变压器的额定容量；S_j 为计算负荷；S_J 为估算的计算负荷。

根据实例9.1中计算的视在负荷为99.6（kV·A），故变压器可选用100（kV·A）或150（kV·A）的规格。

三、施工现场配电箱的选择与设置

1. 各级配电箱的作用

施工现场实行三级配电。总配电箱（柜）是三级配电的第一级，是施工现场临时供电系统中起总用电控制、保护、电能计量、无功功率与电压质量检测的配电箱（柜）；分配电箱是三级配电的第二级，在现场总配电箱的控制下，保护、管理与向各开关箱电压的配电箱供电；开关箱是三级配电的第三级（最末一级），是接受分配电箱的控制并接受分配电箱提供的电源，直接用于控制与管理用电设备的操作箱。

2. 配电箱的设置

（1）配电箱的位置设置

总配电箱应尽量选择在现场用电负荷中心、进出线方便的地方，尽量靠近电源侧，不妨碍施工和观瞻，使电能损耗、电压损失、有色金属消耗量达到最小。

分配电箱应尽量选择在现场用电负荷或设备相对集中的地区，便于给开关箱配电和保持规范规定的安全距离。一般施工现场用电设备或负荷比较集中的地方有钢筋加工场、混凝土搅拌站、生活区照明、食堂、木材加工场等。

开关箱应设在所控制的用电设备周围便于操作的地方。

(2) 配电箱的数量设置

总配电箱应根据电源的引入路数确定。一般引入电源为一路，则总配电箱设一个即可。

分配电箱应根据供电距离、设备分散情况、单台设备容量大小及规范规定的距离确定箱子的数量。

开关箱应严格按照规范要求，遵循"一机、一箱、一闸、一漏"的原则。

任务9.3　施工现场安全用电管理与用电组织设计

一、安全用电与电气防火措施

安全用电措施包括：施工现场各类作业人员相关的安全用电知识教育和培训；可靠的外电线路防护；完备的接地接零保护系统和漏电保护系统；配电装置合理的电器配置、装设、操作以及定期检查维修；配电线路的规范化敷设等。

电气防火措施包括：针对电气火灾的电气防火教育；依据负荷性质、种类大小合理选择导线和开关电器；电气设备与易燃、易爆物的安全隔离；配备灭火器材、建立防火制度和防火队伍等。具体措施如下：

1. 施工组织设计时，根据电气设备的用电量正确选择导线截面积，从理论上杜绝线路过负荷使用。保护装置要认真选择，当线路上出现长期过负荷时，能在规定时间内动作保护线路。

2. 导线架空敷设时，其安全间距必须满足规范要求。当配电线路采用熔断器做短路保护时，熔断器额定电流一定要小于电缆线或穿管绝缘导线允许载流量的2.5倍，或明敷绝缘导线允许载流量的1.5倍。

3. 经常教育用电人员正确执行安全操作规程，避免因作业不当造成火灾。

4. 电气操作人员应认真执行规范，正确连接导线，接线柱压牢、压实。各种开关触头压接牢固，铜铝连接时有过渡端子，多股导线用端子或刷锡后再与设备安装，以防加大电阻引起火灾。

5. 配电室的耐火等级应大于三级，室内装置砂箱和绝缘灭火器。严格执行变压器的运行检修制度，每年进行不少于4次的停电清扫和检查。电动机严禁超负荷使用。电动机周围无易燃物，发现问题应及时解决，保证设备正常运行。

6. 施工现场内严禁使用电炉。使用碘钨灯时，灯与易燃物间距应大于300mm。室内禁止使用功率超过100W的灯泡，严禁使用床头灯。

7. 使用焊机时，应严格执行动火证制度，并有专人监护。施焊点周围不应存有易燃物体，并备齐防火设备。电焊机存放在通风良好的地方，防止机温过高引起火灾。

8. 现场内高大设备（塔吊、电梯等）和有可能产生静电的电气设备应做好防雷接地和防静电接地，以免雷电及触电火花引起火灾。

9. 存放易燃气体、易燃物仓库内的照明装置，应采用防爆型设备。导线敷设、灯具安装、导线与设备连接均符合临时用电规范要求。

10. 配电箱、开关箱内严禁存放杂物及易燃物体，并派专人负责定期清扫。

11. 消防泵的电源由总箱中引出专用回路供电，此回路不设漏电保护器，并设两个电源供电，供电线路在末端切换。

12. 现场建立防火检查制度，强化电气防火领导体制，建立电气防火义务消防队。

13. 现场一旦发生电气火灾时，按以下方法进行扑救：

（1）迅速切断电源，以免事态扩大。切断电源人员须戴绝缘手套，并使用带绝缘柄的工具。当火灾现场离开关较远，需剪断电线时，火线和零线应分开错位剪断，以防在钳口处短路，并防止电源线掉在地上造成短路，使人员触电。

（2）当电源线因其他原因不能及时切断时，一方面派人去供电端拉闸；另一方面在灭火时，人体的各部位与带电体应保持安全距离，同时穿戴绝缘用品。

（3）扑灭电气火灾要用绝缘性能好的灭火剂（干粉、二氧化碳）或干燥的黄砂。严禁使用导电灭火剂进行扑救。

二、临时用电组织设计

按照《建筑与市政工程施工现场临时用电安全技术标准》JGJ/T 46—2024 的规定，临时用电设备在 5 台及以上或设备总容量在 50kW 及以上者，应编制临时用电施工组织设计；临时用电设备在 5 台以下或设备总容量在 50kW 以下者，应制定安全用电技术措施及电气防火措施。这是施工现场临时用电管理应当遵循的第一项技术原则。

1. 施工现场临时用电组织设计的主要内容

（1）现场勘测。

（2）确定电源进线、变电所或配电室、配电装置、用电设备位置及线路走向。

（3）进行负荷计算。

（4）选择变压器。

（5）设计配电系统。具体包括：

1）设计配电线路，选择导线或电缆。

2）设计配电装置，选择电器。

3）设计接地装置。

4）设计防雷装置。

5）制定安全用电措施和电气防火措施。

2. 施工现场临时用电组织设计要求

（1）临时用电工程图样应单独绘制，临时用电工程应按图施工。

（2）临时用电组织设计及变更，必须履行"编制、审核、批准"程序。由电气工程技术人员组织编制，经相关部门审核及具有法人资格企业的技术负责人批准后实施。变更用电组织设计时，应补充有关图样资料。

（3）临时用电工程必须经编制、审核、批准部门和使用单位共同验收，合格后方可投入使用。

（4）临时用电施工组织设计审批手续。具体包括：

1) 施工现场临时用电施工组织设计必须由施工单位的电气工程技术人员编制，技术负责人审核。封面上要注明工程名称、施工单位、编制人并加盖单位公章。

2) 施工单位所编制的施工组织设计，必须符合《建筑与市政工程施工现场临时用电安全技术标准》JGJ/T 46—2024 中的有关规定。

3) 临时用电施工组织设计必须在开工前 15 天内报上级主管部门审核，批准后方可进行临时用电施工。施工时，要严格执行审核后的施工组织设计，按图施工。当需要变更施工组织设计时，应补充有关图样资料，同样需要上报主管部门批准。待批准后，按照修改前、后的临时用电施工组织设计对照施工。

知识梳理与总结

1. 施工现场临时供配用电的基本要求。施工现场临时用电应采用 TN-S 接零保护系统，在专用变压器供电的 TN-S 接零保护系统中，电气设备的金属外壳必须与保护零线连接。保护零线应由工作接地线、配电室（总配电箱）电源侧零线处引出。建筑施工现场临时用电应满足三级配电、二级保护和"一机、一箱、一闸、一漏"的要求。

2. 施工现场用电负荷计算。负荷计算的目的是合理选择变压器、开关、控制设备的规格及导线的截面积。施工现场负荷计算的方法是采用需要系数法，基本公式如下：

有功计算负荷：$P_j = K_x P_e$

无功计算负荷：$Q_j = P_j \tan\varphi$

视在计算负荷：$S_j = P_j / \cos\varphi = \sqrt{P_j^2 + Q_j^2}$

三相负荷计算电流：$I_j = \dfrac{S_j \times 1000}{\sqrt{3} U_N}$

3. 施工现场安全管理措施。管理措施主要包括组织措施和技术措施。组织措施是安全用电的前提，主要包括一些制度和管理措施；技术措施是安全用电的保证，主要包括专业方面措施和具体做法。

知识拓展

中国建筑的历史宗师——梁思成

在中国古建筑保护与研究领域，梁思成是不可多得的杰出代表，他不仅是中国古代建筑历史的宗师，更是古建筑保护与调查研究工作的先驱。梁思成先生一生致力于古建筑文物的勘察、测绘、制图工作，撰写了《清式营造则例》《中国建筑史》等图书，并培养了一大批中国古建筑学科建设人才，为中国建筑的研究与保护奠定了坚实基础。

梁思成的手绘图，不仅是珍贵的建筑遗产，更是匠心精神的生动体现，每一笔都透露出严谨细致、一丝不苟的工作态度。他曾在战乱时期抢救建筑文化遗产，展现了深厚的爱国情怀和强烈的社会责任感。他的故事激发我们建筑人在施工过程中传承工匠精神，具有追求极致、精益求精的职业态度。

习 题

一、选择题

1. 建筑施工现场的保护接地系统应采用（　　）系统。
   A. TT
   B. TN-C
   C. TN-S
   D. TN-C-S
2. 建筑施工现场临时用电系统的基本结构采用（　　）系统。
   A. 二级配电、二级漏电保护
   B. 三级配电、二级漏电保护
   C. 三级配电、三级漏电保护
   D. 二级配电、三级漏电保护
3. 配电箱的选择是以保证（　　）为原则。
   A. 三级配电、两级保护及"一机、二闸、一漏、一箱"
   B. 三级配电、两级保护及"一机、一闸、二漏、一箱"
   C. 三级配电、两级保护及"一机、一闸、一漏、二箱"
   D. 三级配电、两级保护及"一机、一闸、一漏、一箱"

二、简答题

1. 施工现场临时供配电应遵循怎样的基本原则？具体如何要求？
2. 施工现场负荷计算有何意义？通常采用什么方法？
3. 变压器选择的依据是什么？安装有哪些要求？
4. 施工现场 PE 线的颜色和截面有哪些规定？
5. 所有配电箱、开关箱在使用过程中，应遵循怎样的操作顺序？

数字资源二维码索引

页码	名称	二维码	页码	名称	二维码
8	1.1 电气安装工程的施工依据		15	1.10 施工三大阶段	
9	1.2 施工现场质量管理检查记录表		20	2.1 常用绝缘导线	
14	1.3 检验批质量验收记录表		28	2.2 常用通用工具	
14	1.4 分项工程质量验收记录表		34	2.3 常用电工测量工具	
15	1.5 分部(子分部)工程验收记录表		36	2.4 常用工器具、仪表使用实训任务单	
15	1.6 单位(子单位)工程质量竣工验收记录表		46	3.1 PVC管的敷设	
15	1.7 单位(子单位)工程质量控制资料核查记录表		53	3.2 钢管的敷设	
15	1.8 单位(子单位)工程安全和功能检验资料核查及主要功能抽查记录表		56	3.3 JDG管的敷设	
15	1.9 单位(子单位)工程观感质量检查记录表		56	3.4 KBG管的敷设	

续表

页码	名称	二维码	页码	名称	二维码
66	3.5 线槽配线		154	5.3 插座的安装	
75	3.6 硬母线的安装		156	5.4 开关的安装	
78	3.7 电缆桥架的安装		169	6.1 架空配电线路的安装	
79	3.8 电气竖井配线		174	6.2 电缆的敷设	
84	3.9 单芯导线的连接		191	7.1 接地装置的安装	
108	4.1 电动机的安装		217	8.1 建筑物的防雷装置组成及防雷措施	
120	4.2 配电箱的安装		220	8.2 防雷装置的安装	
139	5.1 常用电光源和灯具		233	8.3 防雷与接地装置的安装	
143	5.2 普通灯具的安装		37 92 130 159 214	实训报告及分组情况表	

参考文献

[1] 中华人民共和国住房和城乡建设部. 建筑电气工程施工质量验收规范：GB 50303—2015 [S]. 北京：中国建筑工业出版社，2016.
[2] 中华人民共和国住房和城乡建设部. 建筑工程施工质量验收统一标准：GB 50300—2013 [S]. 北京：中国建筑工业出版社，2014.
[3] 谢社初，周友初. 建筑电气施工技术 [M]. 3版. 武汉：武汉理工大学出版社，2021.
[4] 胡联红，赵瑞军. 电气施工技术 [M]. 北京：电子工业出版社，2012.
[5] 岳威. 建筑电气施工技术项目教程 [M]. 北京：北京理工大学出版社，2017.
[6] 岳井峰. 建筑电气施工技术 [M]. 北京：北京理工大学出版社，2017.
[7] 李英姿. 建筑电气施工技术 [M]. 2版. 北京：机械工业出版社，2016.
[8] 胡笳，韩兵. 安装工程施工技术交底手册 [M]. 北京：中国建筑工业出版社，2013.
[9] 刘兵. 建筑电气与施工用电 [M]. 北京：电子工业出版社，2011.